diesem Buch

ses kleine Lehrbuch führt den Ingenieur
Physiker in die wichtigsten hochfre-
nztechnischen Grundlagen ein und be-
ksichtigt dabei insbesondere ihre
endungen in Rundfunk, Richtfunk,
ellitenfunk und Radar. Vorausgesetzt
den beim Leser nur die Kenntnis der
gemeinen Grundlagen der Elektrotechnik
die einfachsten Begriffe aus der
nrichtentechnik. Die Behandlung beginnt
eils bei den physikalischen Grundlagen
umspannt den ganzen Bereich bis zur
nplarischen Systemanwendung.

Skriptum bildet Inhalt und Ergänzung
er Vorlesung, die die Studierenden
ktrotechnik an der T.U. Braunschwei
die Hochfrequenztechnik einführt. E
aber so ausführlich abgefaßt, daß
auch zum Selbststudium und zur
arbeitung eignet. Es wendet sich an
Studierenden der Elektrotechnik un
sik an Universitäten und Fachhoch-
ulen sowie an Elektroingenieure,
ktroniker und Physiker in der Praxis.

Hochfrequenztechnik in Funk und Radar

Von Dr.-Ing. H.-G. Unger
Dr. rer. nat. h. c. Dr.-Ing. E. h. mult.
o. Professor an der
Technischen Universität Braunschweig

4., überarbeitete und erweiterte Auflage
Mit 206 Bildern

B. G. Teubner Stuttgart 1994

Prof. Dr.-Ing. Hans-Georg Unger
Dr. rer. nat. h. c. Dr.-Ing. E. h. mult.

1926 geboren in Braunschweig. Studium der Elektrotechnik,
Dipl.-Ing. (1951), Dr.-Ing. (1954) an der Technischen
Hochschule Braunschweig. Entwicklungsingenieur und Leiter
der Mikrowellenforschung bei Siemens (1951 - 1955), Mit-
glied des technischen Stabes und Abteilungsleiter in den
Bell Telephone Laboratories, USA (1956 - 1960). Seit 1960
ord. Professor und Direktor des Institutes für Hochfre-
quenztechnik der Technischen Hochschule Braunschweig,
jetzt Technische Universität. Veröffentlichungen über
Elektromagnetische Theorie, Mikrowellen, Elektronik und
Wellenleiter sowie Quantenelektronik und optische
Nachrichtentechnik.

Die Deutsche Bibliothek - CIP-Einheitsaufnahme

Unger, Hans-Georg:
Hochfrequenztechnik in Funk und Radar / von H. G. Unger. -
4., überarb. und erw. Aufl. - Stuttgart : Teubner, 1994
  (Teubner-Studienskripten ; 18 : Elektrotechnik)

  ISBN 3-519-30018-4
NE: GT

© B. G. Teubner Stuttgart 1994

Printed in Germany
Gesamtherstellung: Druckhaus Beltz, Hemsbach/Bergstraße

Vorwort

Während einerseits meist alle elektrischen Vorgänge und Anwendungen mit
Frequenzen zwischen dem Hör- und dem optischen Bereich zur Hochfrequenztechnik gezählt werden, gelten andererseits die Nachrichtentechnik und
die Elektronik als eigene Gebiete. Hochfrequenztechnisch arbeiten dann im
engeren Sinne nur noch solche Anordnungen, bei denen Laufzeiteffekte von
Teilen und Feldern vorkommen. Damit bilden Funk und Radar die Domäne der
Hochfrequenztechnik. Aber auch die schnelle Nachrichtenübertragung und
-verarbeitung gehören dazu sowie viele medizinische und industrielle
Anwendungen.

Dargestellt und gelehrt werden diese Gebiete oft im Rahmen der Nachrichtentechnik und Elektronik und müssen dann durch eine geeignete Darstellung der Hochfrequenztechnik ergänzt werden. Dieses Studienskriptum liefert die Ergänzung. Vorausgesetzt werden die Grundlagen der Elektrotechnik sowie der Nachrichtentechnik und Elektronik. Es werden mit den Antennen und der Wellenausbreitung, mit Senderöhren und Sendern, mit Empfangs-
verstärkern und -mischern solche Hochfrequenzvorgänge und -schaltungen
behandelt, die in den einfachen Darstellungen der Nachrichtentechnik und
Elektronik fehlen. Am Beispiel der wichtigsten Funk- und Radarsysteme
wird die praktische Anwendung dieser Hochfrequenzeinrichtungen erläutert.

Um den Rahmen dieses Skriptums nicht zu sprengen, werden manche Sachver-
halte nur verständlich gemacht und zur genauen Begründung wird auf andere
Lehrbücher verwiesen. Das Skriptum bildet Inhalt und Ergänzung zu einer
Vorlesung, die die Studierenden der Elektrotechnik der TU Braunschweig in
die Hochfrequenztechnik einführt. Es ist aber so ausführlich abgefaßt,
daß es sich auch zum Selbststudium und zur Einarbeitung eignet.

Diese vierte Auflage ist gegenüber der vorhergehenden erweitert um die
digitale Trägerfrequenztechnik und geht auf ihre Anwendungen beim Mobilfunk und Richtfunk sowie beim Satellitenfunk ein. Auch Satelliten-Fernsehen wird zusätzlich behandelt.

Braunschweig, November 1993   H.-G. Unger

Inhaltsverzeichnis

	Einleitung	8
1	Antennen	11
1.1	Die lineare Antenne als Strahler	11
1.2	Kenngrößen von Antennen	19
1.2.1	Richtdiagramm und Antennengewinn	19
1.2.2	Strahlungswiderstand und Eingangswiderstand	24
1.2.3	Wirkfläche und Übertragungsfaktor	30
1.3	Einfache Antennenformen	38
1.3.1	Verlängerte und schwundmindernde Vertikalantennnen	38
1.3.2	Rahmen- und Ferritantennen	41
1.3.3	Faltdipol und Breitbanddipole	45
1.4	Gruppenstrahler	49
1.5	Drahtantennen mit Wanderwellen	57
1.5.1	Langdrahtantennen	57
1.5.2	V-Antennen und Rhombusantennen	59
1.5.3	Wendelantennen	61
1.6	Flächen- und Schlitzstrahler	62
1.6.1	Flächenstrahler	66
1.6.2	Schlitzstrahler	77
2	Wellenausbreitung	80
2.1	Bodenwelle	80
2.2	Raumwelle und Ionosphäre	82
2.3	Beugungsgrenzen der freien Ausbreitung	87
2.4	Reflexionen und Mehrfachempfang	90
2.5	Troposphärische und ionosphärische Streuung	92
2.6	Absorption in der Troposphäre	93
2.7	Ausbreitung in den technischen Wellenbereichen des Funkspektrums	94
3	Senderöhren	95
3.1	Vakuumdioden	95
3.2	Vakuumtriode	102
3.3	Sendeverstärker	107
3.3.1	A-Betrieb	108
3.3.2	B-Betrieb	109
3.3.3	C-Betrieb	112
3.3.4	Betrieb im Grenzzustand	114
3.3.5	Sendeverstärker mit Strahltetrode	116
3.4	Aufbau von Sendetrioden	118
3.5	Klystron	120
3.6	Wanderfeldröhre	125
3.6.1	Aufbau und Wirkungsweise einer Wanderfeldröhre	125
3.6.2	Stabilität	127
3.6.3	Frequenzabhängigkeit der Verstärkung	127
3.7	Magnetron	128
3.7.1	Elektronenbahnen in gekreuzten Feldern	128
3.7.2	Elektronenwechselwirkung mit Kettenleiterwellen	130
3.7.3	Das Magnetron als Oszillator	132

4	Hochfrequenz-Empfang	134
4.1	Hochfrequenzvorverstärkung	135
4.1.1	Der MESFET	136
4.1.2	Hochfrequenzverstärker mit MESFETs	148
4.2	Überlagerungsempfang	151
4.2.1	MESFET-Mischer	151
4.2.2	Diodenmischer	153
4.3	Empfangsempfindlichkeit und Rauschen	157
4.3.1	Widerstandsrauschen	158
4.3.2	Die Rauschzahl von Vierpolen	160
4.3.3	MESFET-Verstärkerrauschen	161
4.3.4	Dioden-Mischer-Rauschen	164
5	Rundfunktechnik	166
5.1	AM-Rundfunksender	167
5.2	FM-Rundfunksender	170
5.3	Hörrundfunk-Empfänger	172
5.4	Fernseh-Sender	174
5.5	Fernsehempfänger	177
6	Richtfunktechnik	178
6.1	Frequenzmodulation	179
6.2	Sendeleistung	182
6.3	Das Richtfunksystem FM 1800/6000	183
7	Digitale Trägerfrequenztechnik	188
7.1	Amplitudentastung (ASK)	188
7.2	Zweiphasenumtastung (2-PSK)	193
7.3	2-PSK mit Differenzcodierung (2-DPSK)	196
7.4	Vierphasenumtastung (4-PSK)	198
7.5	Höherwertige Trägerumtastung	201
7.6	Zweifrequenzumtastung (2-FSK)	205
7.7	Das Mobilfunknetz D	207
7.8	Digitale Richtfunksysteme	212
8	Satellitenfunk	216
8.1	Streckendämpfung und Frequenzbereiche	217
8.2	Leistungspegel, Verstärkung und Rauschzahlen	219
8.3	Modulationsverfahren und Vielfachzugriff	221
8.4	Aufbau eines Nachrichtensatelliten	224
8.5	Bodenstation	227
8.6	Satelliten-Fernsehen	228
9	Radar	229
9.1	Radarquerschnitt und Reichweite	229
9.2	Impulsradarverfahren	232
9.3	Impulsmodulation	234
9.4	Sende-Empfangs-Duplexer	236
9.5	Aufbau von Impulsradaranlagen	237
9.6	Sekundärradar	240

Einleitung

Hochfrequenztechnik ist ganz allgemein die Technik der schnellen Vorgänge. Sie befaßt sich mit den Prinzipien schneller Vorgänge, den besonderen Problemen, die mit ihnen auftreten, der theoretischen und praktischen Lösung dieser Probleme und der Anwendung schneller Vorgänge, um bestimmte Wirkungen zu erzielen oder Funktionen zu erfüllen.

Dabei ist schnell natürlich nur ein relativer Begriff, den wir bei Bewegungsvorgängen am besten mit der Laufzeit festlegen. Wenn die Laufzeit von Teilen oder Feldern durch eine Anordnung nicht mehr klein ist gegen die Dauer des Vorganges, dann sprechen wir von einem schnellen Vorgang. Wenn beispielsweise die Belichtungszeit bei einer photographischen Aufnahme so kurz ist, daß sie mit den Zeiten vergleichbar wird, die zum Öffnen und Schließen des optischen Verschlusses verstreichen, so haben wir es mit einem schnellen Vorgang zu tun. Die Laufzeit für den Verschluß wird hier durch die Massenträgheit der Verschlußteile bestimmt.

Auch elektrische Ladungsträger haben eine Massenträgheit und bewegen sich immer nur mit endlicher Geschwindigkeit, die oft noch durch Hindernisse im Laufraum entscheidend begrenzt wird, so beispielsweise für bewegliche Ladungsträger im praktisch unregelmäßigen Gitter eines Festkörperkristalles. Ebenso wandern Felder und Wellen immer nur mit endlicher Geschwindigkeit, und zwar elektromagnetische Felder höchstens mit Lichtgeschwindigkeit.

Wir sehen damit schon, daß der Begriff "schnell" sich auf ganz verschiedene Zeitspannen bezieht, je nachdem, ob wir es mit mechanischen oder mit elektrischen Vorgängen zu tun haben. Wenn es sich um einen periodischen Vorgang handelt oder wenn wir einen sonstwie ablaufenden Vorgang durch Fourieranalyse in sein Schwingungsspektrum zerlegen, so ist die Periode des Vorganges bzw. seiner größten Schwingungskomponenten ein gutes Maß für die Dauer des Vorganges und die Grundfrequenz ein Maß dafür, wie schnell er ist.

In der konventionellen Mechanik beginnt mit diesem Maß die Hochfrequenztechnik im allgemeinen schon bei 100 Hz. In der Akustik, wo die

Schallgeschwindigkeit Laufzeiten bestimmt, beginnt die Hochfrequenztechnik auch schon bei 300 Hz bis 1 kHz. In der Elektrotechnik, in der
zunächst einmal die Lichtgeschwindigkeit für Felder und Wellen maßge-
bend ist, beginnt die eigentliche Hochfrequenztechnik aber erst bei
300 MHz. Bei dieser Frequenz wird nämlich die elektromagnetische Wellenlänge im freien Raum gerade λ = 1 m und kommt damit in die Größenordnung der Abmessung von handlichen Anordnungen.

Die elektrische Hochfrequenztechnik beginnt also nach diesen Überlegungen erst bei 300 MHz. Ein typischer elektrischer Hochfrequenzeffekt ist
aber die Abstrahlung elektromagnetischer Energie in den Raum und ihre
drahtlose Übertragung. Auf diesem Effekt beruht die ganze Funktechnik
mit ihren Anwendungen zum Signalübertragen und Messen. Die Antennen
müssen die Größenordnung der Wellenlänge haben oder größer sein, um
wirksam zu strahlen. Darum müssen zur Abstrahlung längerer elektromagnetischer Wellen die Antennen entsprechend groß sein. Weil nun in der
Funktechnik nicht nur mit m-Wellen und kürzeren, sondern auch mit längeren Wellen bis zu einigen km Wellenlänge gearbeitet wird, beginnt
die elektrische Hochfrequenztechnik nicht erst bei 300 MHz, sondern
für die funktechnischen Anwendungen schon bei 30 kHz.

Die wichtigste Anwendung findet die Hochfrequenztechnik, wie schon an-
geklungen, in der Nachrichtenübertragung wie beim Rund- und Richtfunk
sowie in der Funkmeßtechnik für Navigation und Ortung (Radar). Außerdem wird sie noch industriell und medizinisch angewandt, wobei meistens
die HF-Energie vom Stoff absorbiert wird und ihn so beeinflußt oder verändert. Auch hier kommt es sehr auf die Frequenz an; die Absorption
hängt von Stoff zu Stoff verschieden von der Frequenz ab.

Die industriellen und medizinischen Anwendungen der HF-Technik sind
recht vielseitig und verschiedenartig. Sie werden in diesem Text aber
nicht behandelt, sondern es wird in die Grundlagen der HF-Technik hier
nur am Beispiel der funktechnischen Anwendungen eingeführt. Dabei spielen Senden und Empfangen elektromagnetischer Wellen und ihre Ausbreitung im freien und erdnahen Raum die wichtigste Rolle. Aber auch die
Schwingungserzeugung, Modulation und Verstärkung zum Senden sowie die
Demodulation beim Empfang werden behandelt. Für die Ortung mit Radar

kommt es schließlich auch noch auf die Reflexion der Wellen am Meßobjekt an.

Zu allen diesen Problemen sollen hier die jeweils einfachsten Lösungen dargestellt und es soll erläutert werden, wie entsprechende Anordnungen und Schaltungen zu bemessen sind. An repräsentativen Beispielen wird dann noch gezeigt, wie mit diesen Anordnungen und Schaltungen Funksysteme aufgebaut werden.

1 Antennen

Licht ist eine elektromagnetische Welle sehr hoher Frequenz. Von ihm
weiß man, daß elektromagnetische Energie ausgestrahlt und durch den
freien Raum übertragen werden kann. Die elektromagnetischen Eigenschaften des freien Raumes, dargestellt durch die elektrische Feldkonstante ε_0
und die magnetische Feldkonstante μ_0, sind frequenzunabhängig; darum wandern elektromagnetische Wellen aller anderen Frequenzen im freien Raum
genauso wie auch Licht, und zwar mit der Geschwindigkeit

$$c = \frac{1}{\sqrt{\mu_0\,\varepsilon_0}} \ . \tag{1.1}$$

Die Strahlungsquellen und -empfänger haben je nach Frequenz aber ganz
verschiedene Form und Größe. In hohen Bereichen des Frequenzspektrums
wie beim Licht sind die primären Strahlungsquellen angeregte Atome oder
Moleküle, die ihre Anregungsenergie in Form von Photonen abgeben und
in klassischer Betrachtungsweise wie Hertzsche Dipole [1,S.164] strahlen. Mit sekundären Elementen wie Hohlspiegeln kann diese primäre Strahlung gebündelt und so in bestimmte Richtungen gelenkt werden. In
den niederen Bereichen des elektromagnetischen Spektrums bei den Mittel-
und Langwellen der Rundfunktechnik wird mit den sogenannten linearen
Antennen gesendet und damit oft auch empfangen. Unter dem Begriff der
linearen Antenne werden dabei alle Strahlerformen zusammengefaßt, die
aus geraden Drähten oder Stäben bestehen und schlank, also viel länger
als dick sind. Wegen ihrer Bedeutung auch für andere Frequenzbereiche
sollen sie hier zunächst behandelt und mit ihnen als Beispiel die wichtigsten Eigenschaften und Kenngrößen von Antennen erklärt werden.

1.1 Die lineare Antenne als Strahler

Bild 1.1 zeigt eine Versuchsanordnung mit einer linearen Antenne senkrecht auf einer leitenden Platte. Die Antenne wird an ihrem Fußpunkt
durch ein Koaxialkabel gespeist. Zur Beobachtung ihres plattennahen
Strahlungsfeldes dient eine zweite lineare Antenne, die an ihrem Fußpunkt einen HF-Leistungsindikator, beispielsweise in Form einer Glühlampe, hat.

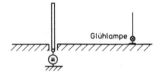

Bild 1.1

Lineare Antenne auf leitender Ebene
mit Empfangsantenne und Glühlampe
zur Beobachtung des Strahlungsfeldes

Diese Anordnung kann als Modell einer Rundfunkübertragung im Mittel-
und Langwellenbereich dienen. Dabei stellt die lineare Antenne den
Sendemast dar, und die Metallplatte bildet den Erdboden nach. Die mittlere Leitfähigkeit des Erdbodens ist zwar mit $\sigma = 10^{-5}$ S/cm wesentlich
kleiner als im Metall, aber im eingeschwungenen Zustand ist bis zur Frequenz $f = \sigma / 2\pi\varepsilon = 5$ MHz für eine mittlere relative Dielektrizitätskonstante $\varepsilon_r = 4$ des Erdbodens die Leitungsstromdichte mit dem Phasor $\vec{J} =$
$\sigma \cdot \vec{E}$ immer noch größer als der Verschiebungsstrom mit dem Phasor $\omega\varepsilon \cdot \vec{E}$.
Darum verhält sich der Erdboden unterhalb dieser, seiner sogenannten
dielektrischen Relaxationsfrequenz, wie ein elektrischer Leiter.

Die lineare Antenne auf der leitenden Ebene in Bild 1.1 bildet aber
nicht nur Rundfunksendemasten für Mittel- und Langwellen nach, sondern
verhält sich zusammen mit ihrem Spiegelbild zu der leitenden Ebene nach
Bild 1.2 wie eine lineare Antenne im freien Raum. Nach der Bildtheorie
[2, S. 50] ist nämlich das Feld um einen stromdurchflossenen Leiter über
einer vollkommen leitenden Ebene genauso verteilt, wie um den Leiter im

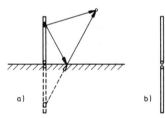

freien Raum mit seinem Spiegelbild,
in dem auch spiegelbildliche Ströme
fließen. Die Strahlung des primären
Leiters wird an der leitenden Ebene
reflektiert; das reflektierte Strahlungsfeld ist so verteilt, als ob es
im freien Raum von dem Spiegelbild
mit spiegelbildlicher Stromverteilung
kommt.

Bild 1.2
a) Lineare Antenne über leitender
   Ebene mit Spiegelbild
b) Äquivalente Dipolantenne im
   freien Raum

Die lineare Antenne stellt mit ihrem
Spiegelbild eine Dipolantenne dar,
wie sie für Kurz-,Ultrakurz- und Dezimeterwellen einzeln oder in Gruppen verwandt wird.

Zur Berechnung des Strahlungsfeldes dieser linearen Antenne im freien Raum wie auch aller anderen Antennen, die aus elektrischen Leitern im freien Raum bestehen, bedient man sich des Satzes von den effektiven Quellen [2, S. 89] oder einer speziellen Form des Huygenschen Prinzips [2, S. 69] . Danach ist das bei einer Kreisfrequenz ω eingeschwungene Strahlungsfeld von vollkommenen elektrischen Leitern mit Oberflächenströmen wie in Bild 1.3a gleich dem Strahlungsfeld dieser Oberflächenströme allein, die ohne die Leiter im freien Raum nach Bild 1.3b eingeprägt fließen.

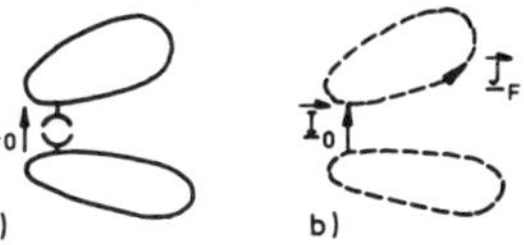

Der Dipolantenne in Bild 1.4a ist demnach die Strahlungsquelle in Bild 1.4b äquivalent, welche nur aus eingeprägten Flächenströmen besteht, die im freien Raum ebenso verteilt sind wie die tatsächlichen Oberflächenströme an der Dipolantenne. Vorausgesetzt, daß die tatsächlichen Oberflächenströme bekannt sind, ist damit

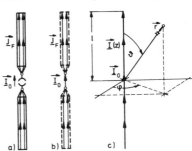

Bild 1.3

Allgemeine stromerregte Antenne und äquivalente Strahlungsquelle mit eingeprägten Flächenströmen

das Strahlungsproblem auf die Aufgabe zurückgeführt, das Feld von eingeprägten Strömen im freien Raum zu berechnen. Die Lösung dieser Aufgabe

Bild 1.4

a) Dipolantenne mit Oberflächenströmen

b) Äquivalente Strahlungsquelle mit eingeprägten Flächenströmen im freien Raum

c) Stromfaden als konzentrierte Näherung für den eingeprägten Flächenstrom

führt auf die Integraldarstellung mit dem <u>Vektorpotential</u> [2,S. 24]

$$\vec{\underline{A}}(\vec{r}) = \iint_{F'} \vec{\underline{J}}_F(\vec{r}') \frac{e^{-jk|\vec{r}-\vec{r}'|}}{4\pi|\vec{r}-\vec{r}'|} \, dF' \quad , \tag{1.2}$$

aus der sich der Phasor des magnetischen Feldes zu

$$\vec{\underline{H}} = \text{rot } \vec{\underline{A}} \qquad (1.3)$$

und der Phasor des elektrischen Feldes zu

$$\vec{\underline{E}} = \frac{1}{j\omega \, \varepsilon_0} \text{ rot } \vec{\underline{H}} \qquad (1.4)$$

ergeben. $k = \omega\sqrt{\mu_0 \varepsilon_0}$ ist die Wellenzahl des freien Raumes, $\vec{r}'$ der Ortsvektor zum Flächenelement dF' des eingeprägten Flächenstromes und $\vec{r}$ der Ortsvektor zum Aufpunkt, in dem das Feld berechnet werden soll. In Gl. (1.2) sind die Komponenten von $\vec{r}'$ die Integrationsvariablen. Bild 1.5 zeigt diese Ortsvektoren für eine allgemeine Flächenstromverteilung.

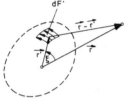

Jedes Flächenelement dF' des eingeprägten Flächenstromes der Flächenstromdichte $\vec{\underline{J}}_F$ bildet einen Hertzschen Elementardipol des Momentes

$$\vec{\underline{I}} l = \vec{\underline{J}}_F dF' \, . \qquad (1.5)$$

Bild 1.5

Zur Integraldarstellung des Strahlungsfeldes mit dem Vektorpotential

wird.

Im Strahlungsfeld der gesamten Antenne überlagern sich die Beiträge aller Elementardipole, was im Vektorpotential $\vec{\underline{A}}$ durch Integration über alle Flächenstromelemente berücksichtigt wird.

Als unabdingbare Voraussetzung für diese Rechnung muß man die Stromverteilung auf den Antennenleitern kennen. Oft kann man sie aus den physikalischen Verhältnissen gut abschätzen. Die Dipolantenne ist dafür ein gutes Beispiel. Man geht zur Abschätzung des Stromes von der symmetrischen und am Ende leerlaufenden Doppelleitung in Bild 1.6a aus, zu der die Dipolantenne zusammengefaltet werden kann. Am offenen Ende kann kein Strom fließen. Im übrigen verteilt sich der

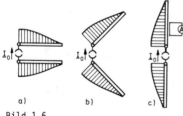

Bild 1.6

Spreizung einer offenen Zweidrahtleitung mit sinusförmiger Stromverteilung zur Dipolantenne

Strom sinusförmig als stehende Welle mit Stromknoten am Ende und in Abständen $n\frac{\lambda}{2}$ vom Ende sowie Strommaxima in Abständen $(2n-1)\frac{\lambda}{4}$ vom Ende. Dabei steht n für ganze Zahlen und $\lambda = c/f$ ist die Wellenlänge im freien Raum bzw. auf der Leitung [3,S.35].

Um die anschließende Überlegung besser zu übersehen, soll die Leitung wie in Bild 1.6 nur etwa $\lambda/4$ lang oder noch kürzer sein. Diese Leitung wird nun entsprechend Bild 1.6b und c wieder zur Dipolantenne aufgespreizt. Dabei ändert sich die Stromverteilung nur wenig, bleibt also im wesentlichen sinusförmig. Daß die Stromverteilung auch nach Aufspreizung noch ungefähr sinusförmig ist, kann durch Abtastung des magnetischen Feldes mit einer induktiven Schleife nachgeprüft werden.

Die Aufspreizung der offenen Leitung zur Dipolantenne läßt aber nicht nur die Stromverteilung abschätzen, sondern gibt auch Aufschluß über die Natur des Strahlungsfeldes. In der Doppelleitung ist mit der kosinusförmig verteilten Span-

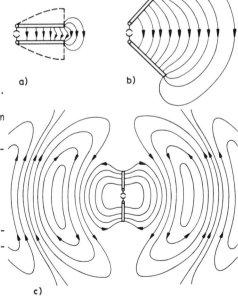

Bild 1.7
Das elektrische Feld der offenen Zweidrahtleitung wird bei der Spreizung zu ungefähr kreisbogenförmigen Linien auseinandergezogen. Bei der Dipolstrahlung lösen sich die halbkreisförmigen Feldlinien und schließen sich zu nierenförmigen Schleifen.

a) b)

c)

nung der stehenden Welle ein transversales elektrisches Feld verbunden, dessen Linien also abgesehen vom Leitungsende nur in Querschnittsebenen verlaufen (Bild 1.7a). Wird die Leitung zur Dipolantenne aufgespreizt, so ziehen sich diese Feldlinien etwa auf Kreisbogen auseinander, deren Mittelpunkt im Fußpunkt der Antenne liegt (Bild 1.7b und c).

Auf der Leitung wird Energie am Anfang eingespeist, wandert zum offenen Ende, wird dort fast ganz reflektiert und wandert wieder zum Anfang
zurück. Die resultierende Eingangsleistung ist darum sehr klein und der
Eingangswiderstand praktisch blind. An der Dipolantenne wandert die am
Fußpunkt eingespeiste Energie in dem Feld mit nahezu kreisförmigen elektrischen Feldlinien radial nach außen. Im Bereich der Kugelfläche, auf
der die Dipolspitzen liegen, wird sie aber nur teilweise reflektiert.
Ein Teil der Energie löst sich vom Dipol und wird abgestrahlt. Die elektrischen Feldlinien schließen sich dabei in nierenförmigen Schleifen.

Mit diesen Überlegungen läßt sich nicht nur die Abstrahlung von der
linearen Antenne anschaulich verstehen, sondern es kann damit auch das
Strahlungsfeld berechnet werden. Dazu sind aber normalerweise noch zwei
Vereinfachungen zulässig. Einmal kann für das Strahlungsfeld genügend
schlanker Antennen der äquivalente Flächenstrom in Bild 1.4b durch den
Stromfaden gleicher Gesamtstromstärke in Bild 1.4c angenähert werden.
Das Flächenintegral für das Vektorpotential in (1.2) geht dabei in das
Linienintegral

$$\underline{\vec{A}}(\vec{r}) = \int_l \underline{\vec{I}}(r') \frac{e^{-jk|\vec{r}-\vec{r}'|}}{4\pi |\vec{r}-\vec{r}'|} \, dl' \qquad (1.6)$$

längs des Stromfadens über.

Zum anderen interessiert man sich oft nur für das Strahlungsfeld im
großen Abstand von der Antenne. Für dieses sog. Fernfeld [2,S.42] läßt
sich die allgemeine Formel (1.2) für eingeprägte Flächenströme entsprechend

$$\underline{\vec{A}}(\vec{r}) = \frac{e^{-jkr}}{4\pi r} \iint_{F'} \underline{\vec{J}}(\vec{r}') \, e^{jkr'\cos\xi} \, dF' \qquad (1.7)$$

vereinfachen, während für eingeprägte Stromfäden wie bei linearen
Antennen die Fernfeldformel

$$\underline{\vec{A}}(\vec{r}) = \frac{e^{-jkr}}{4\pi r} \int_l \underline{\vec{I}}(r') \, e^{jkr'\cos\xi} \, dl' \qquad (1.8)$$

gilt. In beiden Formeln ist ξ der Winkel zwischen Quellpunkt- und Auf-
punktvektor, so wie er schon in Bild 1.5 eingetragen wurde. Im Fernfeld

vereinfachen sich aber nicht nur die Integrale für das Vektorpotential, auch die Rotation in (1.3) und (1.4) läßt sich leichter bilden. Weil das Feld sich schnell, und zwar in seiner Phase nur in $\vec{r}$-Richtung ändert, brauchen nur die Ableitungen nach r, und zwar mit dem Faktor $\frac{\partial}{\partial r}$ = -jk berücksichtigt zu werden. In Kugelkoordinaten,deren Ursprung möglichst im Zentrum der Antenne gewählt wird, gilt darum für die transversalen Komponenten des Fernfeldes [2, S. 45]

$$\underline{E}_\vartheta = \eta_0 \, \underline{H}_\varphi = -j\omega \, \mu_0 \underline{A}_\vartheta \qquad (1.9)$$

$$\underline{E}_\varphi = -\eta_0 \, \underline{H}_\vartheta = -j\omega \, \mu_0 \underline{A}_\varphi$$

mit $\eta_0 = \sqrt{\mu_0/\varepsilon_0}$ als Feldwellenwiderstand des freien Raumes. Die radialen Komponenten sind im Fernfeld verschwindend klein.

$$\underline{E}_r = \underline{H}_r = 0$$

Nach (1.9) verhält sich das Fernfeld lokal wie eine homogene,ebene Welle: Es ist rein transversal zur Ausbreitungsrichtung $\vec{r}$, und das elektrische Feld steht senkrecht auf dem magnetischen Feld. Über größere Bereiche bildet das Fernfeld eine Kugelwelle mit sphärischen Phasenfronten, die mit der Geschwindigkeit

$$\frac{\omega}{k} = c$$

radial wandern. Die Feldamplituden nehmen dabei entsprechend

$$|\vec{\underline{A}}| \sim \frac{1}{r}$$

ab.

Um das Strahlungsfeld der linearen Antenne zu berechnen, werden die polare Achse der Kugelkoordinaten in den Stromfaden von Bild 1.4c gelegt und ihr Ursprung in den Antennenfußpunkt. Damit wird nach (1.6) die Komponente $\underline{A}_\varphi = 0$, und die einzigen von Null verschiedenen Komponenten des Fernfeldes sind $\underline{E}_\vartheta$ und $\underline{H}_\varphi$ mit

$$\underline{E}_\vartheta = \eta_0 \, \underline{H}_\varphi \; .$$

Jeder Elementardipol $\underline{I}(z)dz$ des Stromfadens liefert einen Beitrag

$$d\underline{E}_\vartheta = j \, \frac{\omega \, \mu_0}{4\pi \, r} \, e^{-jkr} \sin\vartheta \, e^{jkz\cos\vartheta} \, \underline{I}(z)dz \qquad (1.10)$$

zum Fernfeld. Je zwei zu z = 0 symmetrische Elementardipole liefern

$$d\underline{E}_\vartheta = j \frac{\omega\,\mu_0}{2\pi\,r} e^{-jkr} \sin\vartheta \cos(kz\cos\vartheta)\underline{I}(z)dz \qquad (1.11)$$

Durch den Gangunterschied $2kz\cos\vartheta$ zwischen beiden Elementardipolen hängt die Überlagerung beider Felder mit dem Faktor $\cos(kz\cos\vartheta)$ vom polaren Winkel ab, der noch durch die Richtungsabhängigkeit des einzelnen Elementardipolfeldes mit dem Faktor $\sin\vartheta$ zu ergänzen ist.

Für das Gesamtfeld der linearen Antenne ist nun noch über sämtliche Elementardipole des Stromfadens zu integrieren.

$$\underline{E}_\vartheta = n_0\underline{H}_\varphi = j \frac{\omega\,\mu_0}{2\pi\,r} e^{-jkr} \sin\vartheta \int_0^1 \underline{I}(z)\cos(kz\cos\vartheta)dz \qquad (1.12)$$

Wenn hier mit der sinusförmigen Stromverteilung der offenen Doppelleitung gerechnet wird, folgt

$$\underline{E}_\vartheta = n_0\underline{H}_\varphi = j \frac{n_0\underline{I}_0}{2\pi\,r} e^{-jkr} \frac{\cos(kl\cos\vartheta) - \cos kl}{\sin kl \sin\vartheta} \ . \qquad (1.13)$$

Die Feldkomponenten hängen wegen der Rotationssymmetrie der linearen Antenne bezüglich der polaren Achse nicht vom Umfangswinkel φ ab. Sie ändern sich aber wegen der Gangunterschiede zu den Elementardipolen und wegen der Richtungsabhängigkeit des Elementardipolfeldes mit dem polaren Winkel ϑ . Dementsprechend wird zwar in alle Richtungen φ die gleiche Leistung abgestrahlt, nicht aber in alle Richtungen ϑ .

Die Leistungsdichte der Strahlung wird nach dem komplexen Energiesatz [2, S.9] durch den Realteil des komplexen Poyntingvektors

$$\vec{\underline{S}} = \vec{\underline{E}} \times \vec{\underline{H}}^* \qquad (1.14)$$

aus den Phasoren der Felder beschrieben. Im Fernfeld hat $\vec{S}$ nur eine radiale Komponente, die nach (1.9) reell ist. Die lineare Antenne hat danach die <u>Strahlungsdichte</u>

$$S_r = \frac{n_0}{4\pi^2 r^2} \left|\underline{I}_0\right|^2 \left(\frac{\cos(kl\cos\vartheta) - \cos kl}{\sin kl \sin\vartheta}\right)^2 \ . \qquad (1.15)$$

Diese Formel soll hier für zwei Sonderfälle ausgewertet werden. Oft wird die Länge der linearen Antenne im freien Raum gerade so bemessen, daß sie eine halbe Wellenlänge der auszustrahlenden Frequenz ist. Bei diesem sog. $\lambda/2$-Dipol ist

$$S_r = \frac{\eta_0 \left|\underline{I}_0\right|^2}{4\pi^2 r^2} \left[\frac{\cos\left(\frac{\pi}{2}\cos\vartheta\right)}{\sin\vartheta} \right]^2 . \tag{1.16}$$

Wenn die lineare Antenne dagegen kürzer als $\lambda/4$, d.h. $kl < \frac{\pi}{4}$ ist, kann man mit den Taylorentwicklungen für die Kosinusfunktionen in (1.15) rechnen und erhält für die Strahlungsdichte dieser sog. kurzen linearen Antenne

$$S_r = \frac{\eta_0 l^2 \left|\underline{I}_0\right|^2}{4\,\lambda^2 r^2} \sin^2\vartheta . \tag{1.17}$$

In beiden Sonderfällen ist die Strahlungsdichte für $\vartheta = \frac{\pi}{2}$, also in der Äquatorialebene, am größten und nimmt nach beiden Richtungen zum Pol hin ab.

1.2 Kenngrößen von Antennen

Die wichtigsten elektromagnetischen Eigenschaften von Antennen für den Einsatz in Funksystemen lassen sich durch eine Reihe von Kenngrößen erfassen. Diese Kenngrößen sollen in den folgenden Abschnitten erläutert und einfache Berechnungsverfahren für sie angegeben werden. Um diese Kenngrößen und ihre Berechnung zu veranschaulichen, werden sie jeweils für die kurze lineare Antenne und den $\lambda/2$-Dipol ausgewertet. Insbesondere die kurze lineare Antenne ist nämlich nach Aufbau und Eigenschaften eine der einfachsten Antennen bzw. das einfachste Modell für eine Antenne. Darum lassen sich mit ihr die wichtigsten Antenneneigenschaften gut erklären.

1.2.1 Richtdiagramm und Antennengewinn

Das Fernfeld einer jeden Strahlungsanordnung bildet lokal eine homogene, ebene Welle. In ihr steht das elektrische Feld senkrecht auf dem magnetischen Feld. Beide Felder schwingen miteinander in Phase, und ihre Beträge stehen zueinander im Verhältnis des Wellenwiderstandes

$n_0 = \sqrt{\mu_0/\epsilon_0}$ des freien Raumes. Der Poyntingvektor zeigt in diesem Fernfeld vom Zentrum der Antenne fort in radialer Richtung und ist reell. Das Fernfeld transportiert also nur Wirkleistung, und zwar in radialer Richtung.

Der Betrag dieses reellen Poyntingvektors, also die Strahlungsdichte, nimmt umgekehrt proportional zum Quadrat des Abstandes r von der Antenne ab. Außerdem hängt die Strahlungsdichte von der Richtung ab. Keine praktische Antennenanordnung strahlt die Energie genau gleichmäßig in alle Richtungen aus. Einen Überblick über die Verteilung der Strahlung einer Antenne in die verschiedenen Raumrichtungen gibt die Richtcharakteristik der Antenne. Um diese zu zeichnen, sucht man das absolute Maximum der Strahlungsdichte $S_r(\vartheta,\varphi)$, welches im allgemeinen nur in einer Raumrichtung, also für ganz bestimmte Werte der Winkel ϑ und φ auftritt. Zu diesem Maximum $S_{r\,max}$ setzt man die Strahlungsdichte in allen anderen Richtungen ins Verhältnis und trägt dieses Verhältnis über ϑ und φ auf. Normalerweise wählt man Polarkoordinaten und trägt im sog. Richtdiagramm $S_r(\vartheta,\varphi) / S_{r\,max}$ als Radius über φ als Winkel für konstantes ϑ auf oder umgekehrt über den Winkel ϑ für konstantes φ. Um einen größeren Wertebereich von S_r zu erfassen, kann $S_r(\vartheta,\varphi) / S_{r\,max}$ auch in Dezibel logarithmisch aufgetragen werden.

Die kurze lineare Antenne strahlt maximal in Richtung $\vartheta = \frac{\pi}{2}$, und zwar mit

$$S_{r\,max} = \frac{n_0 l^2 |\underline{I}_0|^2}{4\lambda^2 r^2} \ . \tag{1.18}$$

Vom Winkel φ hängt die Strahlungsdichte wegen der Rotationssymmetrie nicht ab. Die Strahlungscharakteristik dieser Antenne lautet

$$\frac{S_r(\vartheta,\varphi)}{S_{r\,max}} = \sin^2\vartheta \ . \tag{1.19}$$

Bild 1.8 zeigt die Richtcharakteristik in Polarkoordinaten in ihrer ϑ-Abhängigkeit.

Auch der $\lambda/2$-Dipol strahlt maximal in Richtung $\vartheta = \frac{\pi}{2}$, aber anders als die kurze lineare Antenne, nämlich mit

Bild 1.8

Richtdiagramm des λ/2-Dipoles (-----)
und der kurzen linearen Antenne (———)

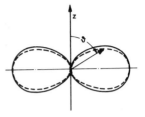

$$S_{r\,max} = \frac{\eta_0 |I_0|^2}{4\pi^2 r^2} \,. \qquad (1.20)$$

Seine Strahlungscharakteristik lautet darum

$$\frac{S_r\,(\vartheta,\varphi)}{S_{r\,max}} = \frac{\cos^2\,(\frac{\pi}{2}\cos\vartheta)}{\sin^2\vartheta} \qquad (1.21)$$

und ist im Richtdiagramm von Bild 1.8 als gestrichelte Linie mit eingetragen. Sie unterscheidet sich von der Strahlungscharakteristik der kurzen linearen Antenne nur geringfügig durch eine etwas schmalere Keule
in äquatorialer Richtung.

Durch besondere Gestaltung der Antenne kann man ihre Strahlungsdichte
in bestimmte Raumrichtungen konzentrieren. Ein Maß für die Richtfähig-
keit einer Antenne bildet der Antennengewinn. Zu seiner Definition
zieht man neben der eigentlichen Antenne eine Bezugsantenne heran. Meistens dient als Bezugsantenne sogar ein fiktiver Kugelstrahler,der in
alle Raumrichtungen gleichmäßig strahlt. Mit P als gesamter Strahlungsleistung ist die Strahlungsdichte dieser sog. isotropen Antenne

$$S_{ref} = \frac{P}{4\pi r^2} \,. \qquad (1.22)$$

Für die eigentliche Antenne berechnet man nun die Strahlungsdichte
$S_r(\vartheta,\varphi)$ im gleichen Abstand r und für die gleiche Eingangsleistung P
wie bei der Bezugsantenne. Der Antennengewinn ist dann als Verhältnis
der Strahlungsdichte $S_r(\vartheta,\varphi)$ der eigentlichen Antenne zur maximalen
Strahlungsdichte $(S_{ref})_{max}$ der Bezugsantenne bei gleichen r und P
definiert:

$$g \equiv \frac{S_r(\vartheta,\varphi)}{(S_{ref})_{max}} \qquad . \qquad (1.23)$$

Mit der isotropen Antenne als Bezugsantenne gilt

$$g \equiv \frac{S_r(\vartheta,\varphi)}{P} \, 4\pi \, r^2 \qquad . \qquad (1.24)$$

Für die jeweilige Antennenanordnung und mit einer bestimmten Bezugsantenne hängt der Antennengewinn nur noch von den Winkelkoordinaten ϑ und φ ab. g gibt als Faktor an, wieviel man in einer bestimmten Richtung ϑ und φ an Strahlungsdichte gegenüber der maximalen Strahlungsdichte der Bezugsantenne gewinnt oder unter Umständen auch verliert.

Um den Antennengewinn zu bestimmen, muß man die Strahlungsdichte $S_r(\vartheta,\varphi)$ zur Eingangsleistung P der Antenne in Beziehung setzen. Zu diesem Zweck kann man zunächst die insgesamt ausgestrahlte Leistung durch Integration über die ganze Strahlung ermitteln. Für eine Antenne im freien Raum wählt man dazu eine Kugel mit dem Mittelpunkt im Zentrum der Antenne und mit dem Fernfeldradius r. Über diese Kugel integriert man die Strahlungsdichte gemäß:

$$P_s = r^2 \int_{\vartheta=0}^{\pi} \int_{\varphi=0}^{2\pi} S_r(\vartheta,\varphi)\sin\vartheta \, d\vartheta \, d\varphi \qquad . \qquad (1.25)$$

Die so ermittelte Strahlungsleistung P_s unterscheidet sich von der Eingangsleistung P der Antenne um die Antennenverlustleistung P_v. Die Verluste praktischer Antennen entstehen in den Ohmschen Widerständen der Leiter und durch Absorption der Isolierstoffe. Sie spielen aber normalerweise nur bei Mittel- oder Langwellenantennen eine Rolle, wo die Antennenleiter so lang gegenüber ihrem Durchmesser sind, daß ihr Wirkwiderstand sich bemerkbar macht, und wo die Erdoberfläche als Bestandteil der Antennenanordnung verlustbehaftet ist.

Man berücksichtigt die Antennenverluste mit dem Antennenwirkungsgrad, in dem gemäß

$$\eta_A = \frac{P_s}{P} = \frac{P-P_v}{P} \qquad (1.26)$$

Strahlungsleistung zu Eingangsleistung ins Verhältnis gesetzt werden. Für eine Antenne im freien Raum ergibt sich nunmehr als Eingangs-leistung

$$P = \frac{r^2}{\eta_A} \int\limits_{\vartheta=0}^{\pi} \int\limits_{\varphi=0}^{2\pi} S_r(\vartheta,\varphi)\sin\vartheta \; d\vartheta \; d\varphi \quad , \tag{1.27}$$

und der Antennengewinn mit dem Kugelstrahler als Bezugsantenne folgt gemäß (1.24) zu

$$g = \frac{\eta_A \; 4\pi \; S_r(\vartheta,\varphi)}{\int \int S_r(\vartheta,\varphi)\sin\vartheta \; d\vartheta \; d\varphi} \quad . \tag{1.28}$$

Bei der kurzen linearen Antenne ist mit einem Strom $\underline{I}_0$ im Fußpunkt die Strahlungsleistung

$$P_s = \frac{2\pi}{3} \; \eta_0 |\underline{I}_0|^2 \; \frac{l^2}{\lambda^2} \quad . \tag{1.29}$$

Ohne Antennenverluste ($\eta_A = 1$) ergibt sich damit ein Antennengewinn

$$g = \frac{3}{2} \sin^2\vartheta \quad . \tag{1.30}$$

Für den $\lambda/2$-Dipol läßt sich, wie für alle anderen linearen Antennen das Integral in (1.27) nicht mehr mit elementaren Funktionen darstellen. Es ergibt sich vielmehr als Strahlungsleistung

$$P_s = \frac{\eta_0 |\underline{I}_0|^2}{4\pi} \; (C+\ln 2\pi - Ci(2\pi)) = 0,194 \; \eta_0 |\underline{I}_0|^2 \tag{1.31}$$

mit C = 0,5772 als der Eulerschen Konstanten und Ci(2π) als dem Integral-kosinus gemäß

$$Ci(x) = \int\limits_{\infty}^{x} \frac{\cos u}{u} \; du \tag{1.32}$$

bei x = 2π. Der maximale Antennengewinn des $\lambda/2$-Dipols für $\vartheta = \frac{\pi}{2}$ ist

$$g_{max} = 1,64 \tag{1.33}$$

und nur etwas höher als

$$g_{max} = \frac{3}{2} \qquad (1.34)$$

für die kurze lineare Antenne.

1.2.2 Strahlungswiderstand und Eingangswiderstand

An den Eingangsklemmen einer jeden Sendeantenne läßt sich mit dem Verhältnis aus Spannung und Strom ein Eingangswiderstand definieren. Dieser Eingangswiderstand ist von Bedeutung, wenn die Antenne direkt oder über eine Antennenleitung an einen Sender angeschlossen wird. Um die verfügbare Sendeleistung auszunutzen, muß die Antenne an den Wellenwiderstand der Leitung oder den Innenwiderstand des Senders möglichst gut, und zwar konjugiert komplex angepaßt werden.

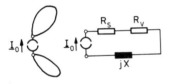

Bild 1.9

Stromerregte Antenne und Reihenersatzschaltung für den Eingangswiderstand

Der Eingangswiderstand ist im allgemeinen komplex und kann nach Bild 1.9 als Reihenschaltung von Wirk- und Blindwiderständen dargestellt werden. Die Eingangsleistung P der Antenne ist die Wirkleistung, welche der Sender auf die Antenne überträgt. Sie teilt sich gemäß $P = P_v + P_s$ in Verlust- und Strahlungsleistung auf. Die Wirkkomponente R des Eingangswiderstandes kann dementsprechend in einen Verlustwiderstand

$$R_v = P_v / |\underline{I}_0|^2 \qquad (1.35)$$

und den Strahlungswiderstand

$$R_s = P_s / |\underline{I}_0|^2 \qquad (1.36)$$

getrennt werden. R_s bildet die Komponente des Ersatzwiderstandes der Antenne, welche die Strahlungsleistung aufnimmt.

Die Darstellung des Antenneneingangswiderstandes mit einer Reihenersatzschaltung aus Blindwiderstand und Verlust- und Strahlungswiderständen ist nur dann angebracht, wenn die Strahlungsleistung sich aus dem Eingangsstrom berechnen läßt, wie z. B. bei der linearen Antenne mit der

Näherung für die Stromverteilung. Aus Gl.(1.36) hebt sich unter diesen
Umständen der Strom heraus, und es ergibt sich eine Formel zur Berechnung des Strahlungswiderstandes.

Wenn dagegen die Strahlungsleistung
im Fernfeld nur durch die Eingangs-
spannung dargestellt werden kann,
ist eine Parallelersatzschaltung
gemäß Bild 1.10 für den Eingangswiderstand zu wählen. Der Strahlungsleitwert läßt sich in diesen
Fällen aus

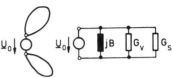

Bild 1.10

Spannungserregte Antenne und
Parallelersatzschaltung für den
Eingangsleitwert

$$G_s = P_s/|\underline{U}_0|^2 \tag{1.37}$$

berechnen.

Für die kurze lineare Antenne und den $\lambda/2$-Dipol gelten Reihenersatz-
schaltungen für den Eingangswiderstand. Der Strahlungswiderstand der
kurzen linearen Antenne folgt aus (1.29) und (1.36) zu

$$R_s = \frac{2\pi}{3} \eta_0 \frac{l^2}{\lambda^2} \ . \tag{1.38}$$

Beim $\lambda/2$-Dipol ist er

$$R_s = 0,194 \eta_0 = 73,2 \ \Omega \ . \tag{1.39}$$

Die Blindkomponenten des Eingangswiderstandes bzw. des Eingangsleitwer-
tes lassen sich nicht so einfach beschreiben oder berechnen wie die
Wirkkomponenten aus Strahlungs- und Verlustleistung. In diesen Blindkomponenten spiegelt sich die Blindleistung wieder, welche im Nahfeld
der Antenne gespeichert wird.

Noch einigermaßen einfach kann man den Eingangsblindwiderstand nach
Größe und Frequenzabhängigkeit bei den linearen Antennen abschätzen.
Dazu geht man wieder von der am Ende leerlaufenden Leitung aus, zu der
die lineare Antenne zusammengefaltet werden kann. Wenn man von den Leitungsverlusten absieht, ist ihr Eingangswiderstand gemäß

$$Z = -j Z_0 \cot kl \tag{1.40}$$

rein imaginär mit Z_0 als Wellenwiderstand der Leitung.

Für die kurze lineare Antenne mit $kl \ll 1$ verhält sich dieser Eingangs-widerstand wie der eines Kondensators der Kapazität

$$C = \frac{1}{c Z_0} \quad , \tag{1.41}$$

während er für den $\lambda/2$-Dipol mit $kl \approx \frac{\pi}{2}$ sich wie ein Reihenresonanz-kreis mit Induktivität L und Kapazität C entsprechend

$$L = \frac{1}{2} \frac{Z_0}{c} \qquad C = \frac{81}{\pi^2 c Z_0} \tag{1.42}$$

verhält.

In alle diese Blindelemente der konzentrierten Ersatzschaltungen geht der Wellenwiderstand der Leitung ein, der seinerseits vom Abstand und Durchmesser der Leiter abhängt.

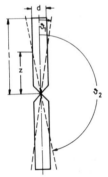

Bild 1.11

Lineare Antenne mit im Bereich z äquiva-lenter Doppelkegel-leitung

Wenn die Zweidrahtleitung zur linearen Antenne aufgeklappt wird, entsteht eine Art inhomogene radiale Leitung, die sich in einigem Abstand vom Fußpunkt gemäß Bild 1.11 ähnlich wie eine <u>Doppel-kegelleitung</u> mit den Kegelwinkeln

$$\vartheta_1 = \pi - \vartheta_2 = \arctan \frac{d}{2z} \tag{1.43}$$

verhält. Dabei ist d der Durchmesser der Anten-nenleiter und z der Abstand vom Fußpunkt. Solch eine Doppelkegelleitung hat den Wellenwider-stand [4, S. 26]

$$Z_0 = \frac{n_0}{\pi} \ln \cot \frac{\vartheta_1}{2} \quad . \tag{1.44}$$

Nach dieser Vorstellung bildet die lineare An-tenne eine inhomogene Doppelkegelleitung mit ver-änderlichem Kegelwinkel ϑ_1 gemäß (1.43) und daher auch mit einem von der Ausbreitungskoordinate z abhängigen Wellenwiderstand, der für schlanke Antennen durch

$$Z_0 = \frac{n_0}{\pi} \ln \frac{4z}{d} \tag{1.45}$$

angenähert wird. Als weitere Näherung ersetzt man diese inhomogene Leitung durch eine homogene Leitung mit dem Wellenwiderstand, den die Doppelkegelleitung auf halbem Wege bei $z = \frac{1}{2}$ hat:

$$Z_0 = \frac{n_0}{\pi} \ln \frac{2l}{d} \quad . \tag{1.46}$$

Mit dieser Näherung für Z_0 in (1.41) und (1.42) lassen sich die Blindwiderstände am Fußpunkt der kurzen linearen Antenne und am $\lambda/2$-Dipol

Bild 1.12
Ersatzschaltungen
für Eingangswiderstände

  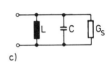

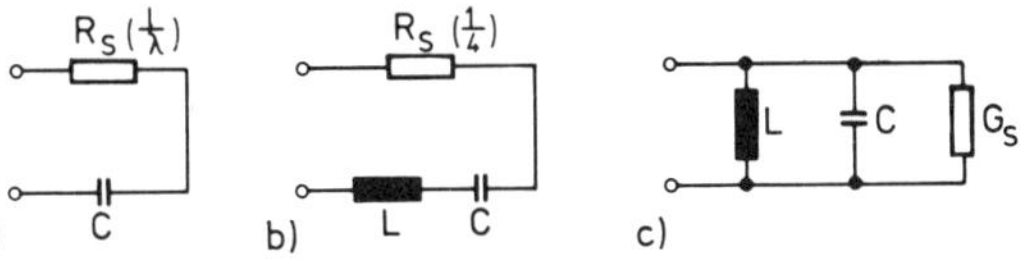

a)   b)   c)

a) kurze lineare Antenne   b) $\lambda/2$-Dipol   c) λ-Antenne

abschätzen. Ihre Fußpunktersatzschaltungen bestehen gemäß Bild 1.12 aus diesen Blindwiderständen in Reihe mit den Strahlungswiderständen und gegebenenfalls Verlustwiderständen aus den Leitungsverlusten. Bei der kurzen linearen Antenne liegt eine verhältnismäßig kleine Kapazität in Reihe zum Strahlungswiderstand. Der $\lambda/2$-Dipol hat bei der Bemessungsfrequenz keinen Blindwiderstand.

Anhand dieses Leitungsmodelles für die lineare Antenne kann der Eingangsblindwiderstand nun auch für andere Antennenlängen als beim $\lambda/2$-Dipol oder der kurzen linearen Antenne abgeschätzt werden. Er verhält sich wie der Eingangswiderstand einer am Ende offenen Leitung in Serie mit dem jeweiligen Strahlungswiderstand. Bild 1.13 zeigt die Ortskurve des Eingangswiderstandes einer linearen Antenne, die diese Vorstellung bestätigt.

Bei Annäherung an $l = \lambda/2$ versagt diese Abschätzung, hier führt die Näherung für

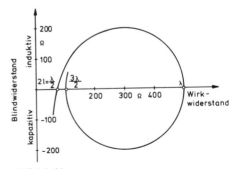

Bild 1.13
Eingangswiderstand einer linearen Antenne mit dem Schlankheitsgrad $2\,l/d \approx 1000$

die Stromverteilung zu einem Stromknoten im Fußpunkt, so daß sich kein Strahlungswiderstand mehr berechnen läßt. Diese sog. Ganzwellenantenne ist im Sinne von Bild 1.10 spannungserregt, und zwar hängt ihre Fußpunktspannung $\underline{U}_0$ wie bei dem leerlaufenden Leitungsmodell gemäß

$$\left|\underline{U}_0\right| = Z_0 \left|\underline{I}_{max}\right| \tag{1.47}$$

mit dem Strom $\underline{I}_{max}$ im Strombauch zusammen. Der Strahlungsleitwert folgt aus

$$G_s = \frac{P_s}{Z_0^2 \left|I_{max}\right|^2} \quad , \tag{1.48}$$

wobei man für P_s als Strahlungsleistung im Fernfeld dieser Ganzwellenantenne aus (1.25)

$$P_s = 0,264 \; \eta_0 \left|I_{max}\right|^2 \tag{1.49}$$

erhält, so daß

$$G_s = 0,264 \frac{\eta_0}{Z_0^2} \tag{1.50}$$

gilt. Der Blindleitwert am Fußpunkt der λ-Antenne folgt aus dem Eingangswiderstand (1.40) der Modell-Leitung im Bereich $kl \simeq \pi$ als Leitwert eines Parallelresonanzkreises aus

$$L = \frac{2}{\pi^2} \cdot \frac{1}{c} Z_0 \quad \text{und} \quad C = \frac{1}{2c \, Z_0} \tag{1.51}$$

Bild 1.12c zeigt die Ersatzschaltung für den Eingangswiderstand der λ-Antenne, welche auch durch die Ortskurve des Bildes 1.13 im Bereich $\lambda \simeq 2\,l$ bestätigt wird.

Diese verhältnismäßig einfachen Näherungen für den Eingangswiderstand linearer Antennen versagen, wenn die Antennen zu dick sind. Der sog. Schlankheitsgrad der Antenne muß dafür schon

$$\frac{2\,l}{d} > 10$$

sein. Für dickere Antennen und andere Antennenformen gibt es im allgemeinen kein Leitungsmodell mehr, mit dem Blindwiderstände abgeschätzt werden können.

Ein allgemeines Verfahren zur Berechnung des Eingangswiderstandes von stromerregten Antennen benutzt die äquivalente Strahlungsquelle mit eingeprägten Flächenströmen, wie sie schon in Bild 1.3 eingeführt wurde, und wie sie Bild 1.4b für die lineare Antenne zeigt. An die Stelle der Antennenleiter treten im freien Raum eingeprägte Flächenströme $\vec{J}_F$ von derselben Größe wie die Ströme auf den Leitern der wirklichen Antenne. Das elektrische Feld $\vec{E}$, das diese Flächenströme erzeugt, läßt sich mit dem Vektorpotential $\vec{A}$ nach (1.2) und (1.4) berechnen. Mit diesem elektrischen Feld $\vec{E}$, den Flächenströmen $\vec{J}_F$ und dem Eingangsstrom $\underline{I}_0$ kann man nun den Eingangswiderstand Z der Antenne folgendermaßen bestimmen [2, S.114]

$$Z = - \frac{1}{\underline{I}_0^2} \int\limits_F \int (\vec{\underline{E}} \cdot \vec{\underline{J}}_F) \, dF \qquad (1.52)$$

Das Flächenintegral erstreckt sich dabei über alle Flächenströme, d.h. über die ganze Leiteroberfläche der wirklichen Antenne. Daß diese Formel stimmt, wenn man mit den genauen Flächenströmen rechnet, ist leicht einzusehen: Auf der Oberfläche vollkommener Leiter verschwindet nämlich das tangentiale elektrische Feld und mit ihm das innere Produkt $\vec{\underline{E}} \cdot \vec{\underline{J}}_F$. Das Flächenintegral in (1.52) reduziert sich darum auf ein kurzes Linienintegral zwischen den Fußpunkten der Antenne, zwischen denen ein Strom der Stärke $\underline{I}_0$ eingeprägt ist und eine Spannung $\underline{U}_0$ besteht. Aus (1.52) wird in diesem Falle

$$Z = \frac{\underline{U}_0 \underline{I}_0}{\underline{I}_0^2} = \frac{\underline{U}_0}{\underline{I}_0} \quad ,$$

also das Spannungs-Strom-Verhältnis des Eingangswiderstandes.

Gl.(1.52) bildet aber auch eine gute Näherung für den Eingangswiderstand, wenn die Flächenströme $\vec{J}_F$ nicht genau bekannt sind, sondern sie nur abgeschätzt werden können, wie es z. B. bei den linearen Antennen mit dem Modell der leerlaufenden Leitung geschieht. Gl.(1.52) ist nämlich gegenüber Abweichungen der $\vec{J}_F$ von der genauen Stromverteilung unempfindlich. Für reelle Stromverteilungen, die also überall auf den Antennenleitern die gleiche Phase haben, ist (1.52) sogar ein stationärer Ausdruck, der sich für Berechnungen des Eingangswiderstandes mit Variationsverfahren eignet [4, S. 42].

Bei spannungserregten Antennen läßt sich in entsprechender Weise der
Eingangsleitwert aus Fußpunktspannung und den Flächenströmen der äquivalenten Strahlungsquelle mit ihrem elektrischen Feld berechnen.

1.2.3 Wirkfläche und Übertragungsfaktor

Die Wirkfläche einer Antenne wird hier zunächst für den Betrieb als
Empfangsantenne definiert. Später wird sich aber noch herausstellen,
daß die Wirkfläche auch als Kenngröße für Sendeantennen dienen kann.

Auf eine Empfangsantenne soll eine homogene, ebene Welle der Strahlungsdichte S einfallen, wie sie als Fernfeld von irgendeiner Sendeantenne
kommen kann. Beim Abschluß der Empfangsantenne mit einer wenigstens
teilweise Ohmschen Last nimmt sie eine Wirkleistung P auf. Die Wirkfläche A der Antenne wird damit definiert als

$$A = \frac{P}{S} \ . \tag{1.53}$$

Sie bildet also jene Fläche, durch welche die einfallende Welle der
Strahlungsdichte S gerade soviel Leistung, nämlich AS führt, wie die
Antenne empfängt. Die Antenne fängt alle Leistung ein, welche durch die
Wirkfläche wandert.

Nach der einfachen Definition der Wirkfläche einer bestimmten Antenne
gemäß Gl.(1.53) ist sie abhängig von der Orientierung der Antenne zur
einfallenden Welle und von dem Abschlußwiderstand. Zu einer von Orientierung und Lastwiderstand unabhängigen und allein für die jeweilige Antenne charakteristischen Wirkfläche kommt man, wenn man sie für optimale Orientierung und Leistungsanpassung definiert. Die Leistung P wird
dann also für einen Lastwiderstand berechnet, der konjugiert komplex
zum Eingangswiderstand der Antenne ist, und die Antenne wird dabei so
im Feld der einfallenden Welle orientiert, daß die Empfangsleistung
ihren größtmöglichen Wert hat.

Die Wirkfläche soll hier nur für eine Antennenform berechnet werden.
Später wird nämlich noch eine universelle, von der Antennenform unabhängige Größe für das Verhältnis A/g von Wirkfläche zu Antennengewinn

abgeleitet, und um diese universelle Größe zu bestimmen, braucht man
die Wirkfläche von nur einer einzigen Antennenform.

Bild 1.14
a) Kurze lineare Antenne
   als Empfangsantenne
b) Antennen-Ersatzschal-
   tung mit Leerlauf-
   spannung U und
   Innenwiderstand Z

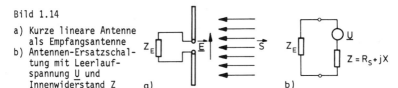

Um die Rechnung nicht unnötig zu erschweren, wählen wir als einfachste
Antennenform zur Bestimmung der Wirkfläche die kurze lineare Antenne.
Gemäß Bild 1.14 wird sie zur einfallenden Welle der Strahlungsdichte S
optimal orientiert, d. h. die Antenne wird in Richtung des elektrischen
Feldes $\vec{E}$ gelegt. Strahlungsdichte und Feldstärke der homogenen, ebenen
Welle hängen nach

$$S = \frac{|\vec{E}|^2}{\eta_0} \qquad (1.54)$$

miteinander zusammen.

Um die Wirkleistung P zu bestimmen, welche die Antenne empfängt und an
den Lastwiderstand Z_E abgibt, bedient man sich der Zweipolquelle mit
Leerlaufspannung U und Innenwiderstand $Z = R_S + jX$, welche die Empfangsantenne bezüglich ihrer Klemmen bildet. Bei verlustloser Antenne hat
dieser Innenwiderstand als Wirkkomponente den Strahlungswiderstand, der
für die kurze lineare Antenne nach Gl. (1.38)

$$R_S = \frac{2\pi}{3} \eta_0 \frac{l^2}{\lambda^2}$$

beträgt. Zur Leistungsanpassung wird der Eingangswiderstand des Empfängers konjugiert komplex zum Antennenwiderstand, also entsprechend

$$Z_E = Z^* = R_S - jX$$

gewählt.

Die Leerlaufspannung U der Zweipolersatzquelle für die Antenne wird von
dem elektrischen Feld $\vec{E}$ der einfallenden Welle influenziert. Sie ist
demgemäß proportional zu dieser Feldstärke. Für die kurze lineare Antenne ist sie außerdem umso größer je länger die Antenne ist, denn sie

erfaßt einen mit der Antennenlänge wachsenden Bereich des elektrischen
Feldes. Genauere Überlegungen [2, S.119] führen auf folgende einfache
Formel für die Leerlaufspannung der kurzen linearen Antenne:

$$\underline{U} = -\underline{E}l \quad . \tag{1.55}$$

Das ist gerade die Spannungsdifferenz im ungestörten Feld der einfallenden Welle über die halbe Antennenlänge.

Der an die Zweipolquelle angepaßte Verbraucher nimmt bei dieser Leerlaufspannung die Wirkleistung

$$P = \frac{|\underline{U}|^2}{4R_s} = \frac{3|\vec{\underline{E}}|^2 \lambda^2}{8\pi \, \eta_0} \tag{1.56}$$

auf. Damit folgt aus (1.53) und (1.54) die Wirkfläche der kurzen linearen Antenne zu

$$A = \frac{3}{8\pi} \lambda^2 \quad . \tag{1.57}$$

Sie hängt nicht von den Abmessungen der Antenne ab, sondern nur von λ,
d. h. der Frequenz der einfallenden Welle.

Dieses Ergebnis überrascht zunächst, denn nach ihm kann man die Leistung

$$P = \frac{3}{8\pi} \lambda^2 S \tag{1.58}$$

empfangen, gleichgültig,wie kurz die Antenne auch immer ist.

Tatsächlich wird mit kürzerer Antenne die Widerstandsanpassung zum
Empfang dieser Leistung aber immer schwieriger und schließlich durch
Antennenverlust und Blindwiderstand vereitelt. Ein Zahlenbeispiel soll
diese Verhältnisse veranschaulichen. Für den Empfang einer Welle mit
$\lambda = 10$ m hat die kurze lineare Antenne die beachtliche Wirkfläche von
$10 m^2$, könnte also einer einfallenden Welle die ganze Leistung entziehen, welche sie durch diesen Querschnitt führt, selbst wenn sie beispielsweise nur $2l = 20$ cm lang ist. Ihr Strahlungswiderstand wäre dann
aber nur $R_s \approx 0,08 \, \Omega$, der Verlustwiderstand der Antenne läßt sich gegenüber diesem kleinen Widerstand nicht mehr vernachlässigen. Unmöglich
ist darüber hinaus die konjugiert komplexe Anpassung, denn bei einem

Schlankheitsgrad von $\frac{2l}{d}$ = 20 verhält sich der Blindwiderstand $\frac{1}{\omega C}$ zum
Strahlungswiderstand wie $\frac{1}{\omega C R_s}$ = 36000. Selbst wenn diese Anpassung
z. B. mit supraleitenden Induktivitäten bei einer Frequenz ermöglicht werden sollte, so wäre der damit gebildete Resonanzkreis so scharf, daß er nur bei sehr langsamen Signalen einschwingen würde.

Wirklich ausnutzen läßt sich die hohe Wirkfläche für λ = 10 m erst mit einer Antenne, die länger als 2 m ist und damit R_s > 8 Ω sowie bei einem Schlankheitsgrad von $\frac{2l}{d}$ = 200 ein Verhältnis $1/\omega C R_s$ < 65 von Wirk- zu Blindwiderstand hat.

Nach der Definition (1.53) ist die Wirkfläche einer Antenne zunächst nur eine abstrakte Rechengröße. Anhand der Strömungslinien der Strahlungsdichte $\vec{S}$ läßt sie sich aber auch als geometrische Fläche darstellen [5].

Dichte und Richtung des Wirkleistungsflusses in einem elektromagnetischen Wechselfeld gibt der Realteil des komplexen Poyntingvektors (1.14) an. Die Feldlinien dieses reellen Vektors bilden die Strömungslinien der mittleren Feldenergie.

Bild 1.15

Strömungslinien
der mittleren
Feldenergie bei
einer kurzen,
linearen Empfangs-
antenne mit konju-
giert komplex an-
gepaßtem Lastwi-
derstand im Feld
einer homogenen
ebenen Welle.
Dargestellt sind
die Energieströ-

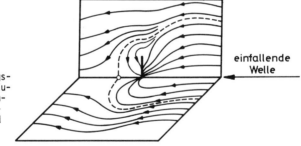

einfallende
Welle

mungslinien in der Antennen-Äquatorialebene und der dazu senkrechten parallel zur Ausbreitungsrichtung der einfallenden Welle [5].

Wenn, wie in Bild 1.15, eine kurze lineare Empfangsantenne parallel zum elektrischen Feld einer einfallenden homogenen, ebenen Welle steht und für maximale Leistungsaufnahme konjugiert komplex angepaßt ist, verlaufen die Strömungslinien des Wirkleistungsflusses so wie es Bild 1.15 für zwei Ebenen senkrecht und parallel zur Antenne zeigt. Die gestrichelten Linien trennen Strömungslinien, die in der Antenne enden, von allen anderen. Nur Wirkleistung, die innerhalb dieser gestrichelten Linien fließt, erreicht die Antenne. Senkrecht zur Ausbreitungsrichtung der einfallenden Welle grenzen die gestrichelten Linien damit eine Fläche ein, durch die alle Wirkleistung fließt, welche die Antenne empfängt.

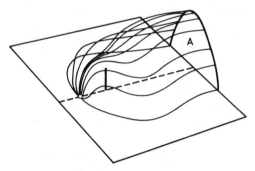

Bild 1.16

Die gestrichelten Linien von Bild 1.15, ergänzt durch entsprechende Linien im Raum zwischen den beiden Ebenen, bilden eine Röhre, die sich hinter der Antenne einschnürt und innerhalb der alle Wirkenergie fließt, welche die Antenne empfängt [5].

In genügend großem Abstand vor der Antenne bildet sie gemäß Bild 1.16 die physikalische Wirkfläche der Antenne und hat dieselbe Größe wie nach der Definition (1.53).

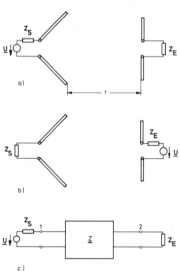

Bild 1.17

Funkübertragung im freien Raum
a) Funkübertragung von S nach E
b) Funkübertragung von E nach S
c) Vierpolersatzschaltung der Funkübertragung

Um die Übertragungsdämpfung auf einer Funkstrecke zu berechnen und gleichzeitig eine Beziehung zwischen Wirkfläche und Gewinnfaktor zu erhalten, wird die Anordnung für Funkübertragung im freien Raum in Bild 1.17 ins Auge gefaßt. Der Sender hat eine Leerlaufspannung $\underline{U}$ und einen Innenwiderstand Z_S, der für möglichst kleine Übertragungsverluste leistungsmäßig an den Eingangswiderstand der

Sendeantenne angepaßt sein soll. Aus demselben Grunde soll auch der Eingangswiderstand des Empfängers konjugiert komplex an die Empfangsantenne angepaßt sein. A_E soll die Wirkfläche der Empfangsantenne sein und A_S die Wirkfläche der Sendeantenne, wenn sie als Empfangsantenne arbeitet. Antennenverluste sollen vernachlässigt werden, der Wirkungsgrad beider Antennen also 100 % sein. Der Abstand r zwischen beiden Antennen soll so groß sein, daß die Empfangsantenne im Fernfeld der Sendeantenne liegt und umgekehrt. Außerdem sollen beide Antennen optimal zueinander orientiert sein.

Unter diesen Bedingungen ist die Strahlungsdichte des Senders an der Empfangsantenne

$$S_S = \frac{P_S \, g_S}{4\pi \, r^2} \quad , \tag{1.59}$$

wobei P_S die Eingangsleistung der Sendeantenne und

$$g_S = \frac{S_S}{P_S} \, 4\pi \, r^2$$

ihren Gewinn gegenüber dem isotropen Strahler darstellen.

Aus der Definition für die Wirkfläche der Empfangsantenne

$$A_E = \frac{P_E}{S_S} = \frac{P_E}{P_S} \, \frac{4\pi \, r^2}{g_S}$$

folgt die Empfangsleistung

$$P_E = \frac{P_S g_S A_E}{4\pi \, r^2} \quad .$$

Als Übertragungsfaktor ist das Verhältnis der Leistungen

$$\frac{P_E}{P_S} = \frac{g_S \, A_E}{4\pi \, r^2} \tag{1.60}$$

definiert.

Wenn man umgekehrt mit der Empfangsantenne sendet und mit der Sendeantenne empfängt, also nach Bild 1.17b die Spannungsquelle in Reihe mit dem Empfängerwiderstand schaltet, gilt für den Übertragungsfaktor

$$\frac{P'_E}{P'_S} = \frac{g_E A_S}{4\pi r^2} \tag{1.61}$$

mit g_E als Gewinn der Empfangsantenne und A_S als Wirkfläche der Sendeantenne.

Bezüglich der Klemmenpaare der beiden Antennen bildet die Funkübertra-
gungsanordnung einen Vierpol wie in Bild 1.17c, der sich durch seine
<u>Widerstandsmatrix</u>

$$\underline{Z} = \begin{bmatrix} Z_{11} & Z_{12} \\ Z_{21} & Z_{22} \end{bmatrix} \tag{1.62}$$

darstellen läßt. Wenn die Antennen und der umgebende Raum nur aus isotropen Stoffen bestehen, auch wenn alle darin enthaltenen anisotropen
Stoffe symmetrische Permeabilitäts- und Dielektrizitätstensoren haben,
sind nach dem <u>Reziprozitätstheorem</u> der Ersatzvierpol reziprok und seine
Widerstandsmatrix symmetrisch [2, S.66].

$$Z_{12} = Z_{21}$$

Die Übertragungsfaktoren in (1.60) und (1.61) entsprechen im Vierpol-
ersatzbild 1.17c der <u>Leistungsverstärkung</u> bei Anpassung also der maximalen Leistungsverstärkung. Sie lautet bei Übertragung von 1 nach 2

$$G_m = \frac{Z_{21}^2}{2\mathrm{Re}(Z_{11})\mathrm{Re}(Z_{22})-\mathrm{Re}(Z_{12}Z_{21})+ \sqrt{2\mathrm{Re}(Z_{11})\mathrm{Re}(Z_{22})-\mathrm{Re}(Z_{12}Z_{21})}} \tag{1.63}$$

und ist bei Reziprozität unabhängig von der Übertragungsrichtung.

Demzufolge ist auch der Übertragungsfaktor bei der Funkübertragung unabhängig von der Übertragungsrichtung, d. h.

$$\frac{P_E}{P_S} = \frac{P'_E}{P'_S}$$

Daraus folgt weiter

$$\frac{A_S}{g_S} = \frac{A_E}{g_E}$$

Das Verhältnis von Wirkfläche zu Gewinn ist also unabhängig von der jeweiligen speziellen Antennenanordnung und für jede Antenne gleich. Um dieses Verhältnis ein für allemal zu bestimmen, wird auf die kurze lineare Antenne zurückgegriffen, für die

$$g_{max} = \frac{3}{2} \quad \text{und} \quad A = \frac{3}{8\pi} \lambda^2$$

ist. Daraus folgt ganz allgemein

$$\frac{A}{g} = \frac{\lambda^2}{4\pi} . \tag{1.64}$$

Der Übertragungsfaktor läßt sich nun entweder mit den Wirkflächen darstellen

$$\frac{P_E}{P_S} = \frac{A_S A_E}{\lambda^2 r^2} \tag{1.65}$$

oder mit den Gewinnfaktoren

$$\frac{P_E}{P_S} = (\frac{\lambda}{4\pi r})^2 g_S g_E . \tag{1.66}$$

Die letzte Beziehung ist folgendermaßen physikalisch zu interpretieren:

$$\text{Übertragungsfaktor} = \begin{pmatrix} \text{Übertragungsfaktor} \\ \text{m. Kugelstrahlern} \end{pmatrix} \begin{pmatrix} \text{Gewinn d.} \\ \text{Sendeantenne} \end{pmatrix} \begin{pmatrix} \text{Gewinn d.} \\ \text{Empfangsant.} \end{pmatrix}$$

Praktisch rechnet man meist mit logarithmischen Dämpfungsmaßen in Dezibel und benutzt dann beispielsweise folgende Zahlenwertgleichung für die sog. Funkfelddämpfung: (1.67)

$$\frac{a}{dB} \equiv 10 \cdot \log_{10} \frac{P_S}{P_E} = 92,4 + 20 \cdot \log_{10}(\frac{r}{km}) + 20 \cdot \log_{10}(\frac{f}{GHz}) - 10 \cdot \log_{10} g_S - 10 \cdot \log_{10} g_E$$

Für eine Übertragung mit $\lambda/2$-Dipolen ($g_E = g_S = 1,64$) bei f = 1 GHz über r = 10 km ergibt sich daraus eine Funkfelddämpfung von a = 108,1dB. Diese schon relativ hohe Dämpfung unterstreicht die Notwendigkeit, die Übertragungsverluste insbesondere bei hohen Frequenzen mit Antennen hoher Gewinnfaktoren zu mindern.

1.3   Einfache Antennenformen

Die lineare Antenne mit ihren Sonderformen der kurzen Antenne und des
λ/2-Dipols wird längst nicht allen Forderungen gerecht, die man an
praktische Antennen stellt. Je nach Frequenzbereich und jeweiliger Aufgabe wurden sehr viele verschiedenartige Antennen entwickelt, von denen
hier nur die wichtigsten in ihrer prinzipiellen Form behandelt werden
können. Die Berechnung der Kenngrößen dieser Antennen muß dabei durch
weitere Verfahren ergänzt werden.

1.3.1   Verlängerte und schwundmindernde Vertikalantennen

Als Sendeantennen für den Rundfunk im Bereich der Mittel- und Langwellen dienen lineare Antennen, die vertikal über dem Erdboden aufgerich-
tet werden. Eine einfache Form mit günstigem Eingangswiderstand bildet
die λ/4-lange Vertikalantenne über Erde. Ihr Strahlungswiderstand ist
halb so groß wie beim λ/2-Dipol im freien Raum, also

$$R_s = 36,6 \ \Omega \ , \tag{1.68}$$

während ihre Strahlungscharakteristik der λ/2-Dipolstrahlung entspricht.
Um den Verlustwiderstand der Erde zu mindern, wird ein strahlenförmiges

Netz von Erdleitern vom Fußpunkt der Antenne ausgelegt (Bild 1.18).

Bild 1.18

Vertikalantenne mit Erdnetz zur Ver-
minderung der Erdstromverluste

Während die λ/4-Vertikalantenne sich für Mittelwellen bis λ = 600 m
noch mit erträglichem Aufwand ausführen läßt, muß man bei Langwellen im
Bereich λ = 1...2 km mit Antennenhöhen arbeiten, die kürzer als λ/4
sind. Unter den Bedingungen der kurzen linearen Antenne würde sich hier
gemäß

$$R_s = \frac{\pi}{3} \ \eta_0 \ \frac{h^2}{\lambda_0^2} \tag{1.69}$$

nur ein sehr kleiner Strahlungswiderstand ergeben, zu dem außerdem noch der Verlustwiderstand und die verhältnismäßig kleine Kapazität

$$C = \frac{h}{c\,Z_0} \qquad (1.70)$$

in Reihe liegen.

Um die Impedanz- und Strahlungsverhältnisse bei begrenzter Höhe h zu verbessern, wird die Vertikalantenne an ihrer Spitze L- oder T-förmig oder auch mit einem Schirm belastet. Die Leiter an der Spitze dieser

Bild 1.19
Vertikalantennen mit
Endkapazität
a) L-Antenne
b) T-Antenne
c) Schirmantenne
d) Leitungsmodell
mit Endkapazität

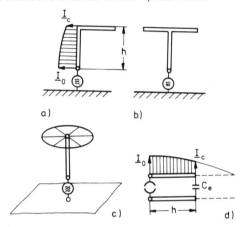

L-, T- bzw. Schirmantennen wirken wie Endkapazitäten, die nach Bild 1.19 die Modelleitung und damit auch die Antenne elektrisch verlängern und für eine gleichförmige Stromverteilung entlang des Vertikalmastes sorgen. Die Endkapazität C_e verlängert die Leitung effektiv um

$$l_c = \frac{\lambda}{2\pi}\ \arctan\ \omega C_e\, Z_0, \qquad (1.71)$$

so daß sich schon bei einer Antennenhöhe

$$h = \frac{\lambda}{4} - l_c \qquad (1.72)$$

Resonanz einstellt mit einem Strahlungswiderstand, der bei dem nahezu gleichförmig verteilten Strom im Vertikalmast gleich dem halben Strahlungswiderstand des Hertzschen Dipols im freien Raum, nämlich

$$R_s = \frac{4}{3}\ \pi\ \eta_0\ \frac{h^2}{\lambda^2} \qquad (1.73)$$

ist.

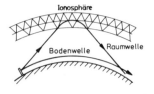

Bild 1.20

Nahschwund durch Interferenz
von Boden- und Raumwelle

Die Strahlung einer Sendeantenne kann nach Bild 1.20 auf zwei verschiedenen Wegen den Empfänger erreichen: Auf kürzestem Wege längs der Erdoberfläche als sog. Bodenwelle und nach Reflexion an der Ionosphäre als sog. Raumwelle. Nahe dem Sender überwiegt die Bodenwelle; in großer Entfernung kommt nur noch die Raumwelle an. In einem Zwischengebiet fallen Boden- und Raumwelle gleich stark ein und führen durch Interferenz zum sog. Nahschwund. Der besonders beim Mittelwellenrundfunk störende Nahschwund läßt sich mit einer Strahlungscharakteristik der Sendeantennen mindern,

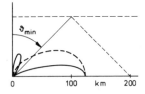

Bild 1.21

Vertikale Richtdiagramme
der λ/4-Vertikalantenne
(-----) und der schwund-
mindernden Vertikalantenne
(———)

deren vertikales Richtdiagramm nach Bild 1.21 bei bestimmten kritischen Erhebungswinkeln im Bereich von $(\frac{\pi}{2} - \vartheta) = 30^{\circ}$ bis 70° ein Minimum oder sogar eine Nullstelle hat. Zu dieser Unterdrückung der Steilstrahlung eignen sich Vertikalantennen mit einer elektrischen Länge zwischen $\frac{\lambda}{2}$ und $\frac{3}{5} \lambda$. Ihr Vertikaldiagramm hat ein gegenüber der λ/4-Vertikalantenne flacheres Hauptmaximum, dem sich nach einer Nullstelle ein Nebenmaximum anschließt. Die Erweiterung der schwundarmen Zone mit einer schwundmindernden Antenne gegenüber der Zone mit kürzerer

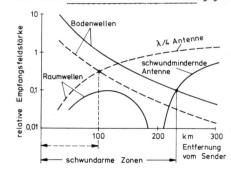

Bild 1.22

Feldstärken von Boden-und Raumwellen in Abhängigkeit von der Entfernung

Antenne zeigt Bild 1.22. Die Versorgungsfläche eines Rundfunksenders im Mittelwellenbereich wird damit erheblich vergrößert.

Eine schwundmindernde Antenne
kann ebenso wie die λ/4-hohe
Antenne am Fußpunkt entsprechend Bild 1.23a gespeist
werden. Die Stromverteilung
weicht dann aber wegen der
Strahlungs- und Wärmeverluste
von der reinen Sinusvertei-
lung ab. Insbesondere bildet sich im Abstand λ/2 von
der Spitze kein Stromknoten
mehr aus. Dadurch glättet
sich auch die Strahlungs-
charakteristik und hat nicht mehr das tiefe Minimum der Steilstrahlung.

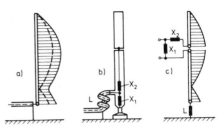

Bild 1.23
Schwundmindernde 3 λ/5-Vertikalantenne
a) Stromverteilung bei Fußpunktspeisung
b) Rohrmast mit Obenspeisung
c) Ersatzschaltung mit Stromverteilung
   bei Obenspeisung

Eine günstigere Stromverteilung liefert die sog. Obenspeisung der Antenne oberhalb des Stromknotens nach Bild 1.23b. Bei der Obenspeisung
fließt durch den Stromknoten nur der relativ kleine Strom, der die Verluste des unteren Antennenteiles deckt.

Praktisch werden die freischwingenden Rohrmasten von Rundfunk-Sende-
antennen über ein Koaxialkabel obengespeist, das zu einer Spule gewickelt ist und nahe dem Fußpunkt in das Rohr eingeführt wird. Der Mast
ist an der oberen Speisestelle isolierend geteilt und unten durch einen
Fußisolator vom Erdpotential getrennt. Die koaxiale Speiseleitung setzt
sich über Blindwiderstände zur Anpassung bis zur Mastteilung fort und
erregt von dort die Außenseite beider Rohrteile zur schwundmindernden
Strahlung. Bild 1.23c zeigt die Ersatzschaltung dieser Obenspeisung,
in der L die Induktivität des spulenförmigen Außenmantels vom Speise-
kabel bezeichnet. Ähnlich wie die Endkapazität wirkt auch diese Fuß-
punktsinduktivität verlängernd auf die Antenne bzw. ihr Blindwiderstand
verhindert den Kurzschluß der HF-Spannung mit dem Erdpotential.

1.3.2   Rahmen- und Ferritantennen

Für den Rundfunkempfang im Bereich der Mittel- und Langwellen und für
Peilempfang eignet sich die Rahmenantenne. In Form der Ferritantenne

findet man sie heute in den meisten Rundfunkempfängern.

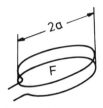

Bild 1.24

Kreisrunde Rahmen-
antenne mit n = 2
Windungen der Fläche
$F = \pi a^2$

Bei Mittel- und Langwellen sind die Rahmenab-
messungen, wie beispielsweise der Durchmesser
des kreisrunden Rahmens in Bild 1.24 immer klein
gegen die Wellenlänge. Das elektromagnetische
Feld einer solchen Rahmenantenne entspricht dem
Feld eines harmonisch schwingenden magnetischen
Dipols [1, S.168] und ist dual [2, S.33] zum
Feld des Hertzschen Dipoles, wenn das magneti-
sche Moment $j\omega\mu\underline{I}nF$ der Rahmenantenne an die
Stelle des elektrischen Momentes $\underline{I}l$ des Hertzschen Dipoles tritt. Dabei ist F die Fläche
des Rahmens, n seine Windungszahl und $\underline{I}$ der

Phasor des Rahmenstromes. Im einzelnen hat dann das magnetische Feld $\vec{\underline{H}}$
der Rahmenantenne dieselbe Verteilung wie das elektrische Feld $\vec{\underline{E}}$ des

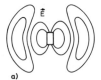

a)   b)

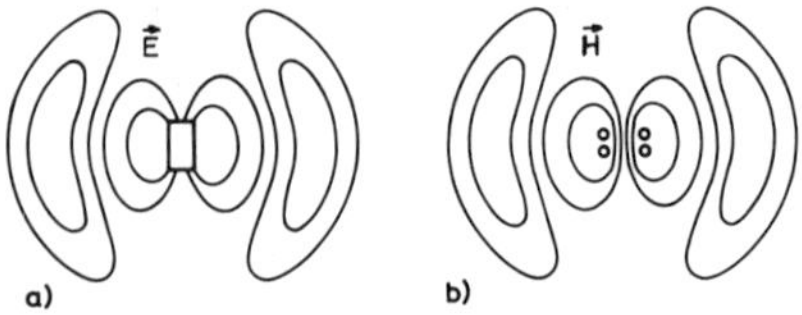

Bild 1.25

Strahlungsfelder
a) Hertzscher Dipol
b) Rahmenantenne (Magnetischer Dipol)

Hertzschen Dipoles, während
das elektrische Feld $\vec{\underline{E}}$ der
Rahmenantenne mit entgegenge-
setzter Richtung wie das magnetische Feld des Hertzschen
Dipoles verteilt ist. Bild
1.25 veranschaulicht diese
Feldverteilungen von Hertz-
schem Dipol und Rahmenantenne.

Im Fernfeld haben Hertzscher Dipol und Rahmenantenne bei gleichen Mo-
menten auch die gleiche Strahlungsdichte, so daß aus (1.17) mit den Sub-
stitutionen $\eta_0 \rightarrow \frac{1}{\eta_0}$ und $\underline{I}l \rightarrow \omega\mu\underline{I}nF$ für die Rahmenantenne

$$S_r = \pi^2 \eta_0 \frac{n^2 F^2}{\lambda^4} \frac{|\underline{I}|^2}{r^2} \sin^2\vartheta \qquad (1.74)$$

folgt. Von der Rahmenantenne wird damit die Wirkleistung

$$P_s = \frac{8\pi^3}{3} \eta_0 \frac{n^2 F^2}{\lambda^4} |\underline{I}|^2 \qquad (1.75)$$

ausgestrahlt, und sie hat den Strahlungswiderstand

$$R_s = \frac{8\pi^3}{3} \eta_0 \left(\frac{nF}{\lambda^2}\right)^2 . \qquad (1.76)$$

Der maximale Gewinn, bezogen auf den Kugelstrahler, ist ohne Antennenverluste ebenso wie beim Hertzschen Dipol g = 3/2, so daß die Rahmenantenne ohne Verluste auch die gleiche Wirkfläche

$$A = \frac{3\lambda^2}{8\pi}$$

wie der Hertzsche Dipol hat. Damit würde sich bei Leistungsanpassung die Wirkleistung

$$P_E = AS = \frac{3\lambda^2}{8\pi} \eta_0 |\vec{\underline{H}}|^2$$

aus einer Welle der Strahlungsdichte S = $\eta_0 |\vec{\underline{H}}|^2$ empfangen lassen. Die Zweipolersatzquelle der Rahmenantenne hat danach die Leerlaufspannung

$$|\underline{U}_0| = \sqrt{4R_s P_E} = \omega \mu_0 nF|\vec{\underline{H}}| \qquad (1.77)$$

wie sie der Fluß $\underline{\Phi} = \mu_0 |\vec{\underline{H}}|F$ des Empfangsfeldes durch die Rahmenfläche F bei n Windungen induziert. Praktisch bildet sich diese Leerlaufspannung zwar aus, weil aber der Ohmsche Verlustwiderstand R_v des Rahmens immer viel größer als der Strahlungswiderstand ist, wird der größte Teil von P_E in R_v absorbiert. Der Wirkungsgrad der Rahmenantenne ist deshalb sehr klein, ebenso wie sich Gewinn und Wirkfläche um diesen Wirkungsgrad verringern. R_v dominiert im Wirkwiderstand der Rahmenantenne, und um möglichst viel Leistung zu empfangen, muß an diesen Verlustwiderstand und nicht an den Strahlungswiderstand angepaßt werden.

Erhöhen lassen sich Leerlaufspannung, Strahlungswiderstand und Wirkungsgrad, wenn die Rahmenantenne mit einem Ferritkern gefüllt wird. Für möglichst gute Wirkung soll der Ferritkern lang gestreckt, also stabförmig sein. Bild 1.26 zeigt, wie solch ein Ferritstab das magnetische Feld der zu empfangenden Welle auf sich konzentriert.

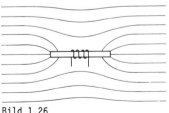

Bild 1.26

Konzentration des magnetischen Flusses in einer Ferritantenne

Mit seiner sehr hohen Permeabilität bietet der Ferritstab den magnetischen Feldlinien einen sehr kleinen magnetischen Widerstand, also einen sehr bequemen Weg, den auch Feldlinien nehmen, die sonst am Stab vorbeilaufen würden. Diese Feldlinien machen extra einen Umweg. Bei einem langen und schlanken Ferritstab, parallel zum magnetischen Feld $\vec{H}_0$, führt die Bedingung, daß an der Grenzfläche das tangentiale magnetische Feld stetig sein muß, auf die Näherung

$$\underline{B} = \mu_r \, \mu_0 \, \underline{H}_0 \tag{1.78}$$

für die magnetische Induktion im Stabe. Damit erhöht sich die Leerlaufspannung um den Faktor μ_r auf

$$|\underline{U}_0| = \omega \, \mu_r \, \mu_0 \, nF |\underline{H}_0| \tag{1.79}$$

gegenüber dem Luftrahmen. Wenn man von den Antennenverlusten absieht, ändert sich der Gewinn der Ferritantenne nicht gegenüber der Rahmenantenne, denn die Strahlungscharakteristik beider Antennen ist gleich der des Hertzschen Dipoles. Darum hat aufgrund von (1.64) die Ferritantenne auch die gleiche Wirkfläche wie die Rahmenantenne, so daß die maximale Empfangsleistung bei Anpassung unverändert bleibt. Einen anderen Wert erhält mit

$$R_s = \frac{|U_0|^2}{4P_E}$$

nach (1.75) und (1.79) nur der Strahlungswiderstand. Er erhöht sich um den Faktor μ_r^2 auf

$$R_s = \frac{8\pi^3}{3} \, \eta_0 \, \mu_r^2 \, (\frac{nF}{\lambda^2})^2 \; . \tag{1.80}$$

Dadurch verbessert sich auch der Wirkungsgrad wesentlich. Allerdings kommen bei der Ferritantenne zu den Wärmeverlusten im Wicklungswiderstand noch die Verluste im Ferritkern, die aus dielektrischen und magnetischen Verlusten bestehen. Der Antennenwirkungsgrad von Ferritantennen liegt wegen aller Verluste unter 10^{-5}. Bei Luftrahmen erreicht man dagegen aber nur einen Wirkungsgrad von 10^{-7}. Als wesentlicher Vorteil der Ferritantenne gegenüber dem Luftrahmen kann man wegen der Flußkonzentration auf das μ_r-fache mit kleinen Querschnittsflächen F arbeiten und nach (1.79) doch noch ausreichende Empfangsspannungen erzielen.

Die Ferritantenne zum Empfang von Mittel- und Langwellen wird normalerweise direkt in den Empfänger eingebaut. Ihre Wicklung bildet die Induktivität eines Parallelresonanzkreises im Empfängereingang zur Vorselektion eines Senders. An den Eingang des nachfolgenden Transistorverstärkers oder Mischers wird dieser Kreis dann mit einer Sekundärwicklung auf den Ferritstab angekoppelt, wobei mit dem Windungsverhältnis die richtige Widerstandstransformation eingestellt wird.

1.3.3. Faltdipol und Breitbanddipole

Zum Empfang von Ultrakurzwellen eignen sich Dipolantennen, weil hier z.B. der $\lambda/2$-Dipol noch eine handliche Länge hat. Dieser $\lambda/2$-Dipol wird aber meist entsprechend Bild 1.27a als Faltdipol ausgeführt. Man kann ihn dann nämlich in der Mitte seines durchgehenden Stabes an einer Antennenhalterung montieren und an beide Enden des unterbrochenen Stabes eine symmetrische Doppelleitung zum Empfänger anschließen, ohne daß diese einfache, freitragende Konstruktion noch irgendein isolierendes Dielektrikum braucht. Um die Antennenleitung mit ihrem Wellenwiderstand an den Faltdipol anzupassen, muß man seinen Eingangswiderstand kennen. Wir ermitteln ihn hier, indem wir nur eine Hälfte des Faltdipols als vertikale Faltantenne auf der Symmetrieebene als leitender Ebene gemäß Bild 1.27b betrachten. Wenn wir nun noch diese Faltdipolhälfte um 90° klappen, so daß sie parallel zur leitenden Ebene verläuft, bildet sie eine $\lambda/4$-lange, symmetrische Dreifachleitung. Ihre Gegentaktwelle ist am Ende kurzgeschlossen, während ihre Gleichtaktwelle am Ende leer läuft. Am Anfang ist einer der beiden Antennenleiter mit der leitenden Symmetrieebene verbunden, also kurzgeschlossen, während am anderen ein Leiter der Antennenleitung liegt, sie also im Sendebetrieb dort gespeist würde. Angeregt wird aber unter diesen Bedingungen nur die Gleichtaktwelle, denn die Gegentaktwelle ist sowohl am Ende als mit einem Leiter auch am Anfang kurzgeschlossen und kann sich darum überhaupt nicht ausbilden. Mit dem Leerlauf am Ende hat die

Bild 1.27
a) $\lambda/2$-Faltdipol
b) Faltdipolhälfte über leitender Ebene
c) Symmetrische Zweiphasenleitung aus parallel zur leitenden Ebene geklappter Dipolhälfte

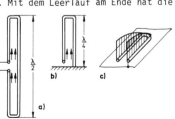

allein angeregte Gleichtaktwelle dort einen Stromknoten und ihre gleichphasigen Ströme verteilen sich als stehende Viertelwelle gemäß Bild 1.27c.
Wenn die Faltdipolhälfte wieder zur Vertikalantenne aufgeklappt wird,
bleibt diese Gleichtakt-Stromverteilung im wesentlichen erhalten, ebenso
wie auch beim ganzen Faltdipol im freien Raum. Gegenüber dem einfachen
$\lambda/2$-Dipol verdoppelt sich also bei gleichem Eingangsstrom im Faltdipol
die effektive Stärke der strahlenden Stromverteilung, ohne sich sonst zu
ändern. Dadurch bleibt auch die Strahlungscharakteristik unverändert,
aber die Strahlungsdichte und Gesamtstrahlungsleistung vervierfachen sich.
Bei unverändertem Eingangsstrom steigt damit der Strahlungswiderstand auf
das Vierfache von Gl. (1.39) also auf

$$R_s = 293 \ \Omega. \tag{1.81}$$

Damit läßt sich der $\lambda/2$-Dipol gut an symmetrische Doppelleitungen anpassen, denn diese haben bei normalen Leiterabmessungen und Abständen
einen Wellenwiderstand etwa dieser Größe. Praktisch mißt man etwas kleinere Werte als nach Gl. (1.81) für den Eingangswiderstand. Weil nämlich
normalerweise bei UKW-Antennen verhältnismäßig dicke Leiterstäbe verwendet werden, ist schon der Eingangswiderstand des einfachen $\lambda/2$-Dipols
kleiner als 73,2 Ω, und zwar nur 60 bis 65 Ω. Damit liegt dann auch der
Eingangswiderstand des Faltdipols im Bereich von 240 bis 260 Ω. Er kann
durch die Wahl des Leiterabstandes und insbesondere der Durchmesserver-
hältnisse bei verschieden dicken Leitern in weiten Grenzen beeinflußt
werden. Je dicker einer der beiden Leiter ist, einen umso größeren Teil
des Gesamtstromes der Gleichtaktwelle übernimmt er. Dadurch wird der Teil-
strom im Eingangsleiter verschieden vom Strom im durchgehenden Leiter.

Bild 1.28 zeigt, wie dadurch das Über-
setzungsverhältnis ü des Faltdipol-
widerstandes R zum Eingangswiderstand
R_s des $\lambda/2$-Dipols in Abhängigkeit vom
Leiterabstand a beeinflußt wird. Auch
die Blindkomponente des Eingangswiderstandes hat beim Faltdipol im Verhältnis zum Wirkwiderstand kleinere
Werte und hängt nicht so stark von
der Frequenz ab. Diese Blindkomponente wird nach (1.40) durch den Wellen-

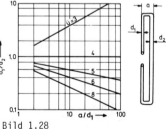

Bild 1.28

Transformationsverhältnis ü = R/R$_s$
für den Eingangswirkwiderstand des
Faltdipols

widerstand Z_0 der zum Dipol aufgeklappten Leitung bestimmt. Beim Faltdipol
ist es der Wellenwiderstand für die Gleichtaktwelle, der mit dem Leiterpaar
an Stelle eines einfachen Leiters viel kleiner ausfällt als beim einfachen
$\lambda/2$-Dipol. Als Antennenleitung läßt sich an den Faltdipol am einfachsten
eine symmetrische Doppelleitung anschließen. Tatsächlich dienen aber meist
Koaxialleitungen als Antennenleitung, weil ihr Außenleiter sie gegen
hochfrequente Störungen abschirmt. Normale Koaxialleitungen haben jedoch
einen Wellenwiderstand von typischerweise nur 60 Ω und sind unsymmetrisch.
Man braucht also einen Transformator, der von etwa 60 Ω auf den Strahlungswiderstand des Faltdipols nach Gl. (1.81) transformiert und zwar mit
einem symmetrischen (balancierten) Zugang für den Faltdipol und einen un-
symmetrischen für die koaxiale Antennenleitung. Bild 1.29 zeigt einen
solchen Symmetriertrafo, englisch auch Balun genannt. Für das Widerstands-
verhältnis 4 braucht man ein Wicklungs-
verhältnis von n_2/n_1 = 2 kann also die
drei Wicklungsteile von Bild 1.29 zusammen, d.h. trifilar wickeln und zwar
normalerweise auf einen Ringkern aus
Ferrit, um Streuinduktivitäten klein
zu halten.

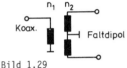

Bild 1.29
Symmetriertrafo (Balun) für den
symmetrischen Eingang von
Dipolen

Manche Dipol- oder Vertikalantennen sollen nicht nur bei einer Frequenz
oder in einem schmalen Frequenzband senden oder empfangen, sondern über
sehr breite Bänder bis zu mehr als einer Oktave wirkungsvoll arbeiten.
Begrenzt wird das Frequenzband schlanker Dipol- oder Vertikalantennen in
erster Linie durch die Blindkomponenten des Eingangswiderstandes. Abseits
der Frequenzen, für welche $1 = \lambda/4$ oder
$\lambda/2$ ist, wachsen diese Blindkomponenten
nach Bild 1.30 stark an, und die auf
der Antennenleitung ankommende Leistung
wird mehr und mehr reflektiert.

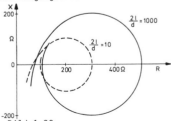

Um die Antenne besser an die Leitung anzupassen, kann man die Blindkomponenten
des Eingangswiderstandes entweder kom-
pensieren oder sie reduzieren. Die

Bild 1.30
Eingangswiderstand von linearen
Antennen verschiedenen Schlank-
heitsgrades

beste Wirkung erzielt man mit beiden Maßnahmen zusammen.

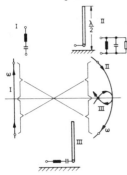

Bild 1.31

Kompensation des Eingangsblindwiderstandes einer
λ/2-Vertikalantenne mit
Reihenresonanzkreis

Die Kompensation des Eingangsblindwiderstandes zeigt Bild 1.31 am Beispiel einer λ/2-Vertikalantenne. Diese Vertikalantenne entspricht dem λ-Dipol im freien Raum; sie hat in der Umgebung ihrer Resonanzfrequenz die Widerstandscharakteristik eines Parallelresonanzkreises. In der komplexen Widerstandsebene bildet ihre Ortskurve einen Kreis, der die reelle Achse bei der Resonanzfrequenz schneidet. Mit einem Reihenresonanzkreis läßt sich diese Ortskurve auf eine kleine Schleife um den gewünschten Eingangswiderstand zusammenziehen und damit über ein breites Band anpassen.

Bei einem λ/2-Dipol bzw. einer λ/4-Vertikalantenne hat der Eingangswiderstand Reihenresonanzcharakter, der in entsprechender Weise mit einem Parallelresonanzkreis kompensiert werden kann.

Um den Eingangsblindwiderstand von vornherein zu reduzieren, ist z. B. für den λ/2-Dipol bzw. die λ/4-Vertikalantenne nach (1.40) der Wellenwiderstand Z_0 der Modell-Leitung möglichst klein zu halten. Auch beim λ-Dipol bzw. der λ/2-Vertikalantenne erreicht man die Reduktion des Eingangsblindwiderstandes mit kleinem Wellenwiderstand Z_0, denn ganz allgemein zieht ein kleiner Wellenwiderstand die Ortskurve des Eingangswiderstandes nach Bild 1.30 auf kleine Durchmesser zusammen. In diesem Bild wurde der Wellenwiderstand mit dem Schlankheitsgrad der Antenne herabgesetzt. Die gestrichelte Ortskurve gilt also einfach für eine dickere Antenne.

Man kann aber auch, um den Eingangswiderstand besser anzupassen, die Dipol- oder Vertikalantennen so formen, daß sich nicht nur der Wellenwiderstand mindert, sondern überhaupt die Welle auf der Eingangsleitung allmählich in die Raumwelle des Strahlungsfeldes transformiert wird. Diese Wellen-

Bild 1.32
Breitbandvertikalantennen mit
Transformation der Koaxialleitungs-
welle in Raumwelle über Kegellei-
tungen
a) Kegelantenne
b) Doppelkegelantenne
c) Kelchstrahler

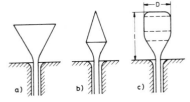

transformation leistet die Kegelantenne nach Bild 1.32a. Von der koaxialen Speiseleitung geht die Welle allmählich zur Kegelleitung über und
wird erst am abrupten Ende des Kegels nur noch teilweise reflektiert. Um
auch die Fehlanpassung durch diese Endreflexion noch zu mindern, läßt
man den Kegel in einem umgekehrt aufgesetzten Kegel auslaufen (Bild
1.32b), oder man setzt den Kegel in Kugelscheiben und Zylindern bzw. in
einer Kalotte fort. Bei der Kombination von Kegel, Kugelscheibe und Zy-
linder entsteht der sog. Kelchstrahler in Bild 1.32c, dessen Eingangswiderstand bei Bemessung für Anschluß an eine 60 Ω-Koaxialleitung Bild
1.33 zeigt. Die Strahlungscharakteristik
dieser Breitbandantennen unterscheidet
sich im Bereich $l \geq \frac{\lambda}{2}$ nicht wesentlich von
denen der linearen Antenne entsprechender
Länge.

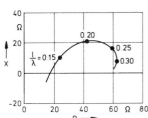

1.4 Gruppenstrahler

Die lineare Antenne, ebenso wie die
aus ihr abgeleiteten Breitbandantennen
und auch die Rahmenantenne haben alle
eine Symmetrieachse und darum auch eine

Bild 1.33

Eingangswiderstand eines
Kelchstrahlers mit Kegellei-
tungswellenwiderstand Z_0 =
60 Ω und l/D = 1

rotationssymmetrische Strahlungscharakteristik. In dieser Hinsicht werden
sie in der Klasse der Rundstrahler zusammengefaßt. In Abhängigkeit vom
Winkel ϑ zur Symmetrieachse haben sie alle eine Richtcharakteristik, die
beispielsweise bei der schwundmindernden Antenne zur Unterdrückung der
Steilstrahlung besonders ausgeprägt ist. Um auch in Abhängigkeit vom Umfangswinkel φ eine Richtcharakteristik zu erhalten, ordnet man oft mehrere lineare Antennen, wie z. B. $\lambda/2$-Dipole, in bestimmten Abständen und

Orientierung zueinander an. Solche Kombination von einzelnen Strahlern in Gruppen nennt man Gruppenstrahler. Das Feld der Einzelstrahler addiert sich dabei in den Richtungen, in denen es zeitlich in Phase schwingt, während es sich in anderen Richtungen durch destruktive Interferenz auslöscht.

Auch die lineare Antenne läßt sich als Gruppenstrahler auffassen, in dem jeder infinitesimale Leiterabschnitt wie ein Hertzscher Dipol strahlt. Nur hat man dabei eine kontinuierliche Folge unendlich vieler Elementarstrahler, deren Strahlungsfelder sich zu einer bestimmten Richtcharakteristik in Abhängigkeit vom Winkel ϑ zur Achse überlagern.

Bei den diskreten Gruppenstrahlern tritt an die Stelle des Linienintegrals der linearen Antenne eine Summe über die Felder der Einzelstrahler. Jedes Glied der Summe enthält dabei den jeweiligen Richtfaktor des Einzelstrahlers.

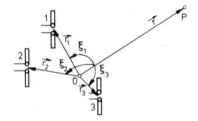

Für eine Gruppe von identischen linearen Antennen, die wie in Bild 1.34 parallel zueinander orientiert sind, leistet jeder Einzelstrahler, wenn er im Zentrum O der Gruppe liegt, nach (1.13) den Beitrag

Bild 1.34

Zur Berechnung des Fernfeldes eines Gruppenstrahlers

$$\underline{E}_\vartheta^{(n)} = \eta_0 \, \underline{H}_\varphi^{(n)} = F \, \underline{I}_n$$

Dabei soll $\underline{I}_n$ der Phasor für den Eingangsstrom des Strahlers n sein, und in dem Feldfaktor F werden mit

$$F = \frac{j \, \eta_0}{2\pi \, r} \, e^{-jkr} \, \frac{\cos(kl\cos\vartheta) - \cos kl}{\sin kl \, \sin\vartheta} \tag{1.83}$$

alle übrigen Faktoren von (1.13) zusammengefaßt. Wird dieser Einzelstrahler nun von O um $\vec{r}_n$ verschoben, so ist sein Fernfeld

$$\underline{E}_\vartheta^{(n)} = F \, \underline{I}_n \, e^{jkr_n \cos \xi_n}$$

mit ξ_n als Winkel zwischen $\vec{r}_n$ und $\vec{r}$. Dabei ist r_n so klein gegen r vorausgesetzt, daß man noch mit den Fernfeldformeln bei dieser Verschiebung rechnen kann. Das Fernfeld der ganzen Gruppe folgt dann aus der Summe

$$\underline{E}_\vartheta = F \sum_n \underline{I}_n e^{jkr_n \cos\xi_n} \tag{1.84}$$

aller Einzelfelder.

Bild 1.35
Gruppenstrahler aus parallelen $\lambda/2$-Dipolen
im Abstand $\lambda/4$ mit 90^0 Phasenverschiebung
der Erregung

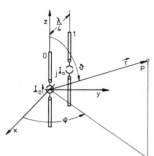

Als einfaches Beispiel und um daraus praktische Richtantennen zu entwickeln, fassen
wir zwei $\lambda/2$-Dipole ins Auge, die gemäß
Bild 1.35 den Abstand $\lambda/4$ voneinander haben und um 90^0 gegeneinander
phasenverschoben mit gleicher Stromstärke $|\underline{I}_0|$ angeregt werden. Die kar-
tesischen Koordinaten der beiden Antennenfußpunkte und des Aufpunktes P
sind

$$\vec{r}_0 = 0 \; ; \; \vec{r}_1 = \left\{ \begin{array}{c} -\frac{\lambda}{4} \\ 0 \\ 0 \end{array} \right. \; ; \; \vec{r} = \left\{ \begin{array}{c} r\sin\vartheta\,\cos\varphi \\ r\sin\vartheta\,\sin\varphi \\ r\cos\vartheta \end{array} \right.$$

Damit wird

$$\cos\xi_1 = \frac{\vec{r}_1 \cdot \vec{r}}{r_1 r} = -\sin\vartheta\,\cos\varphi \; ,$$

so daß aus (1.84)

$$\underline{E}_\vartheta = F_D \underline{I}_0 (1 + je^{-j\frac{\pi}{2}\sin\vartheta\cos\varphi}) \tag{1.85}$$

folgt, mit

$$F_D = \frac{j\,\eta_0}{2\pi\,r} e^{-jkr} \frac{\cos(\frac{\pi}{2}\cos\vartheta)}{\sin\vartheta} \tag{1.86}$$

als Feldfaktor für den $\lambda/2$-Dipol.

Die Überlagerung beider Strahlungsfelder läßt sich am leichtesten in der
xy-Ebene, also für $\vartheta = \frac{\pi}{2}$ übersehen. Vom Dipol 0 kommt in der Klammer von Gl.
(1.85) der Term 1 und vom Dipol 1 bei $\vartheta = \frac{\pi}{2}$ der Term $e^{j\frac{\pi}{2}(1-\cos\varphi)}$. Für

$\varphi = 0$ sind beide Terme gleichphasig, denn Dipol 1 hat gegenüber 0 eine Phasenvoreilung $\pi/2$, die für $\varphi = 0$ durch den Gangunterschied $\lambda/4$ wieder aufgehoben wird. In dieser Richtung strahlt die Gruppe darum am stärksten. Für $\varphi = \pi$ sind beide Terme gegenphasig, denn die Phasenvoreilung $\pi/2$ und der Gangunterschied $\lambda/4$ addieren sich hier zu einer Phasenverschiebung π zwischen den Feldkomponenten. In Richtung $\varphi = \pi$ strahlt die Dipolgruppe überhaupt nicht.

Gemäß der Richtcharakteristik

$$\frac{S_r(\vartheta,\varphi)}{S_r(\frac{\pi}{2},0)} = \frac{\cos^2(\frac{\pi}{2}\cos\vartheta)}{\sin^2\vartheta} \cos^2\left[\frac{\pi}{4}(\sin\vartheta\cos\varphi -1)\right] \qquad (1.87)$$

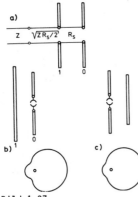

zeigt Bild 1.36 das Richtdiagramm dieser Dipolgruppe für $\vartheta = \frac{\pi}{2}$.

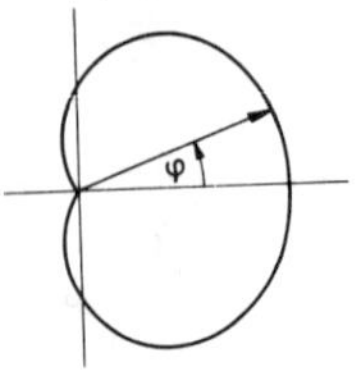

Bild 1.36
Richtdiagramm der beiden Dipole in Bild 1.35 in der Ebene $\vartheta = \pi/2$

Zur Anregung dieser Dipolgruppe mit Strahlungsmaximum in Richtung $\vartheta = \frac{\pi}{2}$, $\varphi = 0$ kann man nach Bild 1.37a eine symmetrische Speiseleitung zuerst mit Dipol 1 verbinden und dann über den Abstand $\lambda/4$ zum Dipol 0 weiterführen. Man erhält dabei die richtige Phasenvoreilung von Dipol 1 gegenüber Dipol 0. Mit dem $\lambda/4$-Leitungstransformator des Wellenwiderstandes $\sqrt{Z\,R_s/2}$ wird außerdem an den Wellenwiderstand Z der Speiseleitung angepaßt.

Statt beide Dipole direkt zu speisen, kann man auch,wie in Bild 1.37b, nur den Dipol 0 speisen. Es wird dann durch Strahlungskopplung im kurzgeschlossenen Dipol 1 eine sinusförmige Stromverteilung erregt, deren Stärke und Phase von

Bild 1.37
a) Mit Phasenverschiebung gespeiste Dipolgruppe
b) Dipol mit strahlungsgekoppeltem Reflektor-Dipol und äquatoriales Richtdiagramm
c) Dipol mit strahlungsgekoppeltem Direktor und äquatorialem Richtdiagramm

der Länge dieses passiven Dipols und seinem Abstand zum erregten Dipol abhängen. Wenn man diesen Dipol etwas länger als λ/2 macht und ihn dichter als λ/4 an den primären Dipol rückt, hat sein durch Strahlungskopplung erregter Strom die Größe und Phasenverschiebung, die wie bei Bild 1.37a zu einem Richtdiagramm ähnlich Bild 1.36 führt. Er wirkt dann wie ein <u>Reflektor</u>, der die vom primären Dipol ausgestrahlte Welle zurückwirft, so daß nur nach der anderen Seite gestrahlt wird.

Macht man dagegen den strahlungsgekoppelten Dipol etwas kürzer als λ/2 und läßt ihn etwa im Abstand λ/4 vom primären Dipol, so eilt sein strahlungsgekoppelter Strom in der Phase um etwa 90° nach und sein Strahlungsfeld addiert sich zum primären Strahlungsfeld in der Richtung dieses sekundären Dipols, während sich beide Felder in der entgegengesetzten Richtung nahezu aufheben. In dieser Form wirkt der sekundäre Dipol also als <u>Strahlungsdirektor</u>.

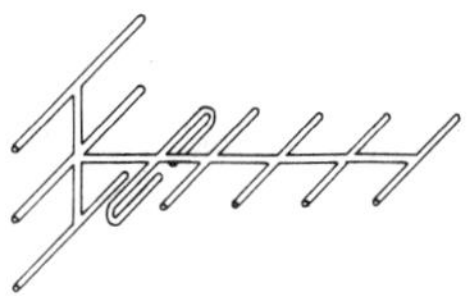

Man kann nun zur Erhöhung der Richtwirkung sowohl <u>Reflektor-</u> als auch <u>Direktordipole</u> an einem primär erregten Dipol anbringen. Dabei benutzt man oft sogar eine ganze Reihe von Direktoren bis zu 20 an der Zahl, während man sich meist auf einen Reflektor beschränkt und diesen zur Minderung der Rückstrahlung höchstens noch mit weiteren Stäben zu einer reflektierenden Wand ausbaut (Bild 1.38). Diese Strahleranordnungen mit primärem Dipol, einem Reflektor und mehreren Direktoren heißen nach ihrem Erfinder auch <u>Yagi-Antennen</u>. Sie gehören zur allgemeinen Klasse der <u>Längsstrahler</u>, weil bei ihnen die Hauptstrahlungskeule in die Richtung zeigt, längs der auch die Strahlerelemente angeordnet sind.

Bild 1.38
Yagi-Antenne mit primärem Faltdipol, 4 Direktoren und Reflektorwand

Im Gegensatz dazu haben die <u>Querstrahler</u> ihre Hauptstrahlungskeule quer zur Ausdehnung der Antenne. Ein solcher

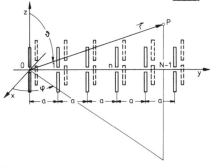

Bild 1.39   Dipolzeile mit Reflektoren

Querstrahler ergibt sich, wenn mehrere Dipole nach Bild 1.39 nebeneinander in einer Zeile angeordnet und gleich stark sowie gleichphasig erregt werden. Statt einzelner Dipole wählt man aber auch Dipolpaare nach Bild 1.37 oder Dipole im Abstand $\lambda/4$ vor einer reflektierenden Wand. Ein solcher Dipol strahlt nach der Bildtheorie vor der leitenden Wand ebenso wie dieser Dipol zusammen mit seinem gegenphasig erregten Spiegelbild, also einem gegenphasig erregten Dipol im Abstand $\lambda/2$ hinter dem primären Dipol. Das Fernfeld der Vorwärtsstrahler sowohl nach Bild 1.37a als auch nach Bild 1.40 läßt sich gemäß

$$\underline{E}_\vartheta = F_{DR} \, \underline{I}_o$$

darstellen, wobei für die Dipolgruppe in Bild 1.37a nach (1.85)

$$F_{DR} = \frac{j \, n_0}{2\pi \, r} \, e^{-jkr} \, \frac{\cos(\frac{\pi}{2}\cos\vartheta)}{\sin\vartheta} \, (1+je^{-j\frac{\pi}{2} \sin\vartheta\cos\varphi}) \quad (1.88)$$

gilt, während sich für den Dipol vor der reflektierenden Wand

$$F_{DR} = \frac{j \, n_0}{2\pi \, r} \, e^{-jkr} \, \frac{\cos(\frac{\pi}{2}\cos\vartheta)}{\sin\vartheta} \, (1+e^{-j\pi \sin\vartheta \cos\varphi}) \quad (1.89)$$

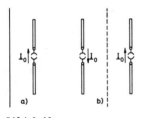

Bild 1.40
a) $\lambda/2$-Dipol vor leitender Wand
b) äquivalente Dipolgruppe mit Bildstrahler

ergibt. Mit diesem Fernfeldfaktor für Dipol mit Reflektor läßt sich nach der allgemeinen Formel (1.84) nun das Fernfeld einer ganzen Zeile N solcher gleichphasig erregter Dipole mit Reflektoren berechnen. In den Koordinaten des Bildes 1.39 hat der Vektor $\vec{r}_n$ zum n-ten Dipol nur eine y-Komponente gemäß

$$y_n = na \, ,$$

so daß

$$\cos \xi_n = \sin\vartheta \sin\varphi$$

ist. Damit wird

$$\underline{E}_\vartheta = F_{DR}\underline{I}_o \sum_{n=0}^{N-1} e^{jnka\sin\vartheta \sin\varphi} \, .$$

Die Summe bildet eine geometrische Reihe, die sich folgendermaßen zusammenfassen läßt:

$$\underline{E}_\vartheta = F_{DR}\underline{I}_0 \frac{e^{jNka\sin\vartheta \ \sin\varphi} - 1}{e^{jka\sin\vartheta \ \sin\varphi} - 1}$$

$$= F_{DR}\underline{I}_0 \ e^{j\frac{N-1}{2} \ ka\sin\vartheta \ \sin\varphi} \ \frac{\sin(\frac{N}{2} \ ka\sin\vartheta \ \sin\varphi)}{\sin(\frac{1}{2} \ ka\sin\vartheta \ \sin\varphi)}$$

Abgesehen von einem Phasenfaktor führt also die Zeilenkombination gleichförmig erregter Dipole zu folgendem zusätzlichen Feldrichtfaktor

$$D = \frac{\sin(\frac{N}{2} \ ka\sin\vartheta \ \sin\varphi)}{\sin(\frac{1}{2} \ ka\sin\vartheta \ \sin\varphi)} \ . \tag{1.90}$$

Wenn nicht gerade a ein ganzzahliges Vielfaches n von λ ist, nimmt dieser
Richtfaktor auch dem Betrage nach seinen größten Wert in Richtung der
xz-Ebene, also für $\varphi = 0$ an. In dieser Richtung überlagern sich nämlich
die Beiträge aller Strahlerelemente gleichphasig, während sie sich für
alle anderen φ-Werte durch die Gangunterschiede mehr oder weniger gegenseitig aufheben. Bei $a = n \lambda$ überlagern sie sich auch in Richtung von
$\vartheta = \varphi = \frac{\pi}{2}$ gleichphasig, und es gibt hier noch einmal ein absolutes
Maximum des Feldes. Für möglichst gute Querstrahlung wählt man $a = \frac{\lambda}{2}$.
Dann heben sich die Felder von je zwei Zeilenelementen in Zeilenrichtung
gerade gegenseitig auf.

In der Äquatorialebene für $\vartheta = \frac{\pi}{2}$ vereinfacht sich der Zeilenrichtfaktor
zu

$$D = \frac{\sin(N\pi \ \frac{a}{\lambda} \ \sin\varphi)}{\sin(\pi \ \frac{a}{\lambda} \ \sin\varphi)} \ . \tag{1.91}$$

In Abhängigkeit von φ geht dieser Faktor zum ersten Male
bei $N\pi \ \frac{a}{\lambda} \ \sin\varphi = \pi$ gegen Null, weitere Nullstellen folgen bei ganzzahligen Vielfachen von π . Die Hauptstrah-
lungskeule nach Bild 1.41 ist also in dieser Ebene

Bild 1.41 Hauptkeule im Richtdiagramm eines
Querstrahlers

$$2\varphi = 2\arcsin\frac{\lambda}{Na} \qquad (1.92)$$

breit. Hieraus läßt sich ein ganz allgemeines Gesetz für die <u>Bündelungs-schärfe</u> von Querstrahlern erkennen. Für $\lambda \ll Na$ lautet es

$$\text{Bündelwinkel} = 2\,\frac{\text{Wellenlänge}}{\text{Strahlerbreite}} \quad .$$

Die <u>Dipolzeile</u> bündelt das Feld nur in der Äquatorialebene, während die Richtcharakteristik in der dazu senkrechten Meridianebene $\varphi = 0$ wie beim einzelnen Dipol mit Reflektor bleibt, also aus (1.88) bzw. (1.89) folgt. Um eine Bündelung auch in dieser Meridianebene zu erreichen, muß mit mehreren Dipolzeilen übereinander ein ganzes <u>Dipolfeld</u> gebildet werden.

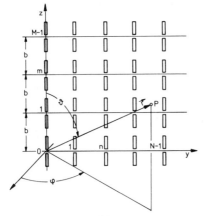

In Bild 1.42 hat der Bezugsdipol O_m der Dipolzeile m einen Ortsvektor $\vec{r}_m$, der nur eine z-Komponente $z = mb$ hat. Darum gilt für den Winkel zwischen $\vec{r}_m$ und $\vec{r}$

$$\cos\xi_m = \cos\vartheta \;.$$

Nach (1.84) hat darum das Dipolfeld aus M Zeilen das elektrische Fernfeld

Bild 1.42   Dipolfeld

$$\underline{E}_\vartheta = F_{DRZ}\underline{I}_0 \sum_{m=0}^{M-1} e^{jmkb\cos\vartheta} \;, \qquad (1.93)$$

wobei

$$F_{DRZ} = F_{DR}\, e^{j\frac{N-1}{2}\,ka\sin\vartheta\,\sin\varphi}\;\frac{\sin(\frac{N}{2}\,ka\sin\vartheta\,\sin\varphi)}{\sin(\frac{1}{2}\,ka\sin\vartheta\,\sin\varphi)} \qquad (1.94)$$

den Fernfeldfaktor der einzelnen Dipolzeile bezeichnet. Mit der Summenformel für die geometrische Reihe in (1.93) ist der Betrag des Fernfeldes

$$|\underline{E}| = |F_{DR}Z\underline{I}_0| \frac{\sin(\frac{M}{2} kb\cos\vartheta)}{\sin(\frac{1}{2} kb\cos\vartheta)} \qquad (1.95)$$

Abgesehen von dem Elementrichtfaktor F_{DR} hat das Dipolfeld in der Meridianebene $\varphi = 0$ eine ganz ähnliche Richtcharakteristik wie in der Äquatorialebene $\vartheta = \frac{\pi}{2}$. Bei quadratischem Feld mit a = b und M = N sind beide Richtdiagramme sogar identisch.

1.5   Drahtantennen mit Wanderwellen

Die Vertikalantenne und Dipolantennen sind lineare Drahtantennen, auf denen die Ströme nahezu sinusförmig verteilt sind, die also mit überwiegend stehenden Wellen angeregt werden. Im Gegensatz dazu gibt es auch Drahtantennen, die ein Strahlungsfeld mit laufenden Wellen erzeugen. Das einfachste Beispiel ist die

1.5.1   Langdrahtantenne

Sie besteht gemäß Bild 1.43 aus einem horizontalen Draht, der zusammen mit der Erdoberfläche eine Doppelleitung bildet. Am Ende wird diese Doppellei-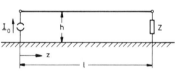
tung mit ihrem Wellenwiderstand re-   Bild 1.43   Langdrahtantenne
flexionsfrei abgeschlossen und am Anfang gespeist, so daß eine Welle der Stromverteilung

$$\underline{I}(z) = \underline{I}_0 e^{-jkz} \qquad (1.96)$$

vom Anfang zum Ende läuft.

Bild 1.44

Draht mit laufender Welle
im freien Raum

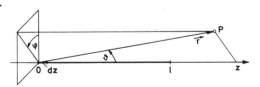

Das Element $\underline{I}_0 dz$ des Drahtes im Koordinatenursprung des Bildes 1.44 erzeugt im freien Raum das Fernfeld

$$d\underline{E}_{\vartheta} = j \frac{\eta_0 I_0 dz}{2 \lambda r} e^{-jkr} \sin\vartheta .$$

Von der Stromverteilung des ganzen Drahtes von $z = 0$ bis $z = 1$ in Bild 1.44 kommt damit im freien Raum das Fernfeld

$$\underline{E}_{\vartheta} = j \frac{\eta_0 I_0}{2 \lambda r} e^{-jkr} \sin\vartheta \int_0^1 e^{jkz(\cos\vartheta -1)} dz$$

$$= j \frac{\eta_0 I_0 1}{2 \lambda r} e^{jk(\frac{1}{2}\cos\vartheta -r)} \sin\vartheta \frac{\sin\frac{k1}{2}(\cos\vartheta-1)}{\frac{k1}{2}(\cos\vartheta -1)} . \quad (1.97)$$

Bild 1.45   Richtcharakteristik einer Langdrahtantenne mit $1 = 3\lambda$ im freien Raum

Diese bezüglich der Drahtachse z rotationssymmetrische Strahlungscharakteristik hat gemäß Bild 1.45 Maxima bei polaren Winkeln ϑ_n, die folgende Gleichung lösen:

$$\tan \frac{k1}{2} (1-\cos \vartheta_n) = \frac{k1}{2} (1-\cos \vartheta_n) (1+\cos \vartheta_n) . \quad (1.98)$$

Für lange Drähte mit $k1 \gg 1$ liegt das erste und stärkste Maximum bei kleinem ϑ_1, so daß dafür $1+\cos \vartheta_1 = 2$ gesetzt werden kann. Die transzendente Gleichung (1.98) wird mit dieser Näherung durch

$$\vartheta_1 = 0,86 \frac{\lambda}{1} \quad (1.99)$$

gelöst.

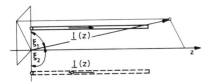

Bild 1.46   Langdrahtantenne mit Spiegelbild

Für das Fernfeld der Langdrahtantenne über dem Erdboden nimmt man hohe Bodenleitfähigkeit an und rechnet mit dem Spiegelbild gemäß Bild 1.46. Die Gruppenformel (1.84) hat für diesen Fall zwei Glieder mit $\underline{I}_1 = - \underline{I}_2$ und

$r_1 = r_2 = h$ sowie

$$\cos \xi_1 = - \cos \xi_2 = \sin\vartheta \cos\varphi .$$

Sie liefert das Fernfeld   (1.100)

$$\underline{E}_\vartheta = - \frac{\eta_0 I_0}{\lambda\ r} e^{jk(\frac{l}{2}\cos\vartheta - r)} \sin \frac{\sin\frac{kl}{2}(1-\cos\vartheta)}{\frac{kl}{2}(1-\cos\vartheta)} \sin(khsin\vartheta\cos\varphi)\ .$$

Dieses hängt nunmehr auch vom Winkel φ ab. Damit die Hauptkeule der Vertikalcharakteristik durch die Bodenreflexion nicht beeinträchtigt wird,
sollte der Faktor sin (khsinϑcosφ) für φ = 0 und ϑ_1 maximal werden. Mit
der Näherung (1.99) für kleine Winkel muß dazu

$$\frac{h}{l} = 0,291 \qquad\qquad (1.101)$$

sein. Für l = 3 λ bedeutet das h $\approx$ λ.

Die Langdrahtantenne wurde zuerst als Empfangsantenne für Langwellen benutzt. Die einfallende Welle hat wegen der Bodenverluste einen zum Erdboden geneigten Poyntingvektor; wenn er gerade um ϑ_1 gegen die Horizontale geneigt ist, wird mit der Hauptkeule empfangen. Für Langwellen kann
die Langdrahtantenne aber nur wesentlich niedriger als λ über dem Erdboden ausgespannt werden, und man muß sich mit viel weniger als dem maximalen Gewinn und nur kleinem Wirkungsgrad begnügen.

Die Hauptanwendung finden Langdrahtantennen heutzutage für Kurzwellen.
Hier werden sie in λ/2 bis λ Höhe über dem Erdboden ausgespannt. Um ihre
Richtwirkung zu verbessern, kombiniert man sie auch zu den

1.5.2 V- und Rhombusantennen

Bei den V-Antennen sind zwei Langdrahtantennen in der Horizontalen unter einem
Winkel $\alpha \approx 2\vartheta_1$ mit ϑ_1 gemäß (1.99) gegeneinander ausgespannt und im Gegentakt er-
regt. Bild 1.47 veranschaulicht, wie sich
unter diesen Bedingungen die Richtdiagramme der beiden Antennenarme zu einer
Gesamtcharakteristik mit schärferer Bündelung und höherem Gewinn überlagern.

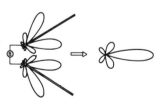

Bild 1.47 V-Antenne mit
Überlagerung der Einzeldia-
gramme zu einer Gesamtcharakteristik mit Hauptkeule

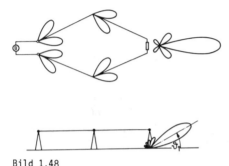

Bild 1.48

Rhombusantenne mit horizontalen und vertikalen Richtdiagrammen

Noch weiter steigern läßt sich die Richtwirkung mit den Rhombusantennen. Sie setzen sich aus zwei V-Antennen zusammen, die an ihren offenen Enden miteinander verbunden sind. Der Rhombus wird an einer Spitze im Gegentakt erregt und an der anderen mit einem Widerstand oder einer gedämpften Schluckleitung so abgeschlossen, daß wieder nur Wellen vom Speisepunkt zum Abschluß laufen. Längen, Winkel und Höhe des Rhombus über dem Boden werden so gewählt, daß sich eine Hauptkeule ergibt, die in Richtung der Hauptdiagonalen mit dem jeweils gewünschten Winkel ϑ_1 gegen die Horizontale strahlt. Das Feld in der Hauptkeule ist dann horizontal polarisiert. Um einen hohen Antennenwirkungsgrad zu erzielen, darf nur wenig Leistung bis zu dem Abschlußwiderstand wandern. Der Rhombus wird dazu möglichst lang gewählt, so daß die Wellen bis zum Abschluß durch Abstrahlung schon stark gedämpft sind. Diese Strahlungsdämpfung muß bei einer genaueren Fernfeld-Berechnung berücksichtigt werden. Praktisch erreicht man Wirkungsgrade von 50 ... 70 %.

Bei richtiger Bemessung arbeitet eine Rhombusantenne über einen Frequenzbereich von 1 bis 2 Oktaven. Das Band wird dabei weniger durch Fehlanpassung am Eingang als durch Veränderungen der Hauptstrahlungskeule mit der Frequenz begrenzt.

Normalerweise sind die Rhombusseiten (2 ... 7) λ lang und werden (1 ... 2)λ über dem Erdboden ausgespannt.   Der spitze Winkel beträgt zwischen 30^0 und 60^0. Der Eingangswiderstand für die Gegentakterregung ist 600 bis 800 Ω . Es werden Halbwertsbreiten der Hauptkeule von 10^0 bis 12^0 bei einer Nebenzipfeldämpfung von 10 dB erzielt.

Die Rhombus-Antenne findet ihre Hauptanwendung im weltweiten Kurzwellenrichtfunk. Mit dem Neigungswinkel ϑ_1 der Hauptstrahlungskeule wird dabei nach schräg oben gegen die reflektierenden Schichten der Ionosphäre ge-

strahlt. Ober den Zick - Zackweg der Welle zwischen Ionosphäre und Erdoberfläche werden dabei größte Entfernungen rings um den Erdball überbrückt.

1.5.3 Wendelantennen

Gute Richtwirkung für noch kürzere Wellen ergibt
sich, wenn die Langdrahtantenne zur Wendelantenne
aufgewickelt wird. Nach Bild 1.49 besteht sie aus
einem wendelförmigen Leiter, der mit seiner Wendelachse senkrecht zu einem ebenen Schirm aus
Metall oder Drahtgeflecht liegt. Auf der Wendel
wird durch eine koaxiale Speiseleitung eine Welle
angeregt, die längs des Wendeldrahtes mit einer
Geschwindigkeit v wandert. v nimmt bei den in
Frage kommenden Abmessungen mit der Frequenz von

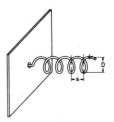

Bild 1.49
Wendelantenne mit
Windungslänge
$1 = \sqrt{\pi^2 D^2 + s^2}$

0,6c bis 0,9c zu, wobei c die Lichtgeschwindigkeit bezeichnet. Das Strahlungsfeld ist wie bei den anderen Drahtantennen wieder aus dem Strom im
Wendeldraht zu berechnen. Jedes Element der Wendel strahlt wie ein Hertzscher Dipol mit dem Strom, der durch dieses Element fließt.

Um nach Art eines Längsstrahlers in Richtung der Wendelachse zu strahlen,
müssen sich die Strahlungsfelder zweier in Achsrichtung hintereinander
liegender Wendelelemente gleichphasig überlagern. Dazu muß die Phasenver-
zögerung um eine Windung $\frac{\omega}{v} 1$ minus der Phasenverzögerung $\frac{\omega}{c} s$ der direkten
Raumwelle zwischen den Elementen also

$$\frac{\omega}{c} (1 \frac{c}{v} - s) = 2 n \pi \quad \text{mit} \quad n = 1,2,3... \qquad (1.102)$$

sein, d.h. eine volle Periode oder ein ganzzahliges Vielfaches davon. Für
n = 1 ist der Spulenumfang nahezu gleich λ_0. Dafür lautet die Längsstrahlerbedingung

$$1 = (\lambda_0 + s) \frac{v}{c} \qquad (1.103)$$

Die Windungslänge muß also um die mit dem Faktor $\frac{v}{c}$ reduzierte Wendelstei-
gung größer sein als die entsprechend reduzierte Wellenlänge $\lambda_0 \cdot v/c$.
Wird unter dieser Bedingung der Wendelstrom auf eine Ebene senkrecht zur

Wendelachse projiziert und dabei der Phasenunterschied zwischen den Punkten auf der Wendel und auf der projizierten Spur berücksichtigt, so ergibt sich die in Bild 1.50 skizzierte Verteilung für den Momentanwert der

Ströme. Auf der kreisringförmigen Projektion liegt gerade eine volle Periode. Gegenüberliegende Kreiselemente haben gleichphasige Ströme. Die gleichphasigen Halbwellen auf gegenüberliegenden Halbkreisbögen strahlen wie gleichphasige $\lambda/2$-Dipole.

Bild 1.50
Momentanwert der auf den Wendelquerschnitt projizierten Stromverteilung

Die Stromverteilung auf der kreisförmigen Projektion rotiert mit der Winkelgeschwindigkeit ω; in gleicher Weise dreht sich darum auch das Fernfeld in Richtung der Wendelachse. Die Wendelantenne strahlt also in Achsrichtung zirkular polarisierte Wellen aus.

Typische Abmessungen der Wendel, welche der Längsstrahlerbedingung mit n = 1 etwa genügen, sind 0,3 λ für den Wendeldurchmesser und 0,25 λ bis 0,3 λ für die Steigung. Solche Wendelantennen werden mit 6 bis 12 Windungen ausgeführt und haben eine Halbwertsbreite der Hauptstrahlungskeule von 35^0 bis 40^0 bei einem Gewinn bis zu 16 dB. Ihr Eingangswiderstand liegt bei 100 bis 150 Ω . Sie arbeiten über ein Frequenzband von bis zu einer Oktave. Durch Kombination mehrerer Wendelantennen auf einer gemeinsamen Grundplatte nach Art eines Querstrahlers lassen sich Bündelung und Gewinn steigern.

Wendelantennen werden im UHF-Bereich eingesetzt, wo sie handliche Abmessungen haben. Wegen der zirkularen Polarisation ihres Strahlungsfeldes eignen sie sich gut für Bodenstationen der Nachrichten- und Telemetrieverbindungen mit Satelliten, da sich deren Orientierung zu den Satelliten ständig ändert.

1.6 Flächen- und Schlitzstrahler

Bei den linearen Antennen mit stehenden Wellen sowie bei den Drahtantennen mit laufenden Wellen ebenso wie bei den Gruppenstrahlern, die sich mit ihnen bilden lassen, wurden als Strahlungsquellen die Ströme auf den Leitern angesehen. Das ist im Grunde genommen nur eine Hilfsvorstellung, um die Berechnung der Strahlungsfelder zu ermöglichen. Die eigentliche Quelle der Strahlung bilden nicht die Leiter, in ihnen breitet sich gar keine Energie aus. Die Energie wandert vielmehr im Dielektrikum zwischen und um den Leitern; nur hier kann nämlich der Poyntingvektor endliche Werte haben. Beispielsweise fließt bei der Vertikalantenne über der leitenden Ebene in

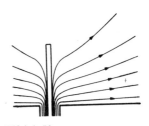

Bild 1.51

Poyntingvektorfeld für den Wirkenergiestrom an einer Vertikalantenne [5]

Bild 1.51 die Wirkenergie aus dem Dielektrikum der koaxialen Speiseleitung und wird mit Führung durch den Antennenstab in das Strahlungsfeld übergeleitet. Entsprechend stellen alle Drahtantennen nur Führungs- und Transformationselemente dar, welche die Energie aus dem Dielektrikum der Speiseleitung in das jeweils gewünschte Strahlungsfeld überleiten. Die eigentliche Strahlungsquelle ist immer die Öffnung der Speiseleitung zur Antenne.

Man hat nun auch die Möglichkeit, direkt mit der Öffnung der Speiseleitung ohne Fortsetzung von Leiterstäben in den Raum als Antenne zu arbeiten. Dazu muß man nur dieser Öffnung eine geeignete Form geben. Grundsätzlich gilt dabei, daß von solch einer Öffnung die Wellen um so leichter abgestrahlt werden je größer sie ist. Wenn beispielsweise das Ende eines

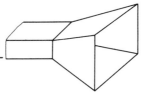

Bild 1.52

Rechteckhornstrahler

Rechteckhohlleiters wie in Bild 1.52 hornförmig erweitert wird, so wird die einfallende Hohlleiterwelle nahezu ohne Reflexion abgestrahlt. Dazu muß das Horn sich nur genügend allmählich öffnen und seine Apertur größer als einige Wellenlängen sein.

Das Strahlungsfeld aus solchen Öffnungen läßt sich wenigstens näherungsweise mit Hilfe des Huygensschen Prinzips berechnen. Nach diesem Prinzip kann jeder Punkt eines Wellenfeldes wieder als Quelle von Sekundärwellen angesehen werden. Seine strenge Formulierung für elektromagnetische Fel-

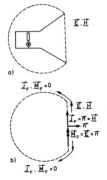

Bild 1.53

a) Hornstrahler mit Oberfläche für Huygens-Äquivalent
b) Huygens-Äquivalent des Hornstrahlers

der ist in Bild 1.53 durch einander äquivalente Anordnungen dargestellt [2, S. 69]. Bild 1.53a zeigt in Anlehnung an Bild 1.52 einen Hornstrahler, der von einem Generator mit Innenwiderstand im Inneren des Hohlleiters gespeist wird. Dieser Generator mit Innenwiderstand kann auch die Ersatz-Zweipolquelle für das Ende einer Speiseleitung im Hohlleiter sein. Die Quelle im Hohlleiter erzeugt ein Feld $\vec{E}, \vec{H}$ im Horn und außerhalb. Das gleiche Feld außerhalb des Hornes besteht nun nach dem Huygensschen Prinzip auch bei der äquivalenten Anordnung in Bild 1.53b. In ihr ist um den Hornstrahler eine geschlossene Fläche F gelegt, und an Stelle des Hornstrahlers sind elektrische Flächenströme $\vec{J}_F$ und magnetische Flächenströme $\vec{M}_F$ eingeprägt, die mit dem Feld $\vec{E}, \vec{H}$ am eigentlichen Hornstrahler folgendermaßen zusammenhängen

$$\vec{J}_F = \vec{n} \times \underline{\vec{H}} \qquad \vec{M}_F = \underline{\vec{E}} \times \vec{n} \qquad (1.104)$$

mit $\vec{n}$ als Einheitsvektor normal aus der geschlossenen Fläche heraus. Aufgrund des Huygensschen Prinzips besteht nicht nur außerhalb der geschlossenen Fläche überall das gleiche Feld $\underline{\vec{E}}, \vec{H}$ wie in der ursprünglichen Anordnung mit Horn, sondern außerdem ist auch innerhalb dieser Fläche das Feld überall Null. Im Inneren können deshalb Stoffe irgendwie verteilt sein, bzw. der Innenraum kann auch leer sein. Bei freiem Außenraum und in der äquivalenten Anordnung als leer angenommenem Innenraum ist der ganze Raum leer, und die äquivalenten Huygensquellen $\vec{J}_F$ und $\vec{M}_F$ strahlen im freien Raum.

Mit dem Huygensschen Prinzip werden neben den elektrischen Flächenströmen $\vec{J}_F$ als Quellen des Feldes noch magnetische Flächenströme $\vec{M}_F$ als zusätzliche Quellen eingeführt. Die magnetischen Flächenströme $\vec{M}_F$ sind dual zu den elektrischen Flächenströmen und erzeugen darum im homogenen Raum duale Felder. Während also das elektromagnetische Feld von $\vec{J}_F$ gemäß

$$\vec{\underline{H}} = \text{rot } \vec{\underline{A}} \qquad (1.105)$$

und mit der Maxwellschen Gleichung

$$j\omega\epsilon \ \vec{\underline{E}} = \text{rot } \vec{\underline{H}}$$

aus dem Vektorpotential

$$\vec{\underline{A}} = \iint\limits_{F'} \vec{\underline{J}}_F(\vec{r}') \ \frac{e^{-jk|\vec{r}-\vec{r}'|}}{4\pi \ |\vec{r}-\vec{r}'|} dF' \qquad (1.106)$$

berechnet werden kann, berechnet sich das Feld von $\vec{\underline{M}}_F$ in dualer Weise gemäß

$$\vec{\underline{E}} = -\text{ rot } \vec{\underline{F}} \qquad (1.107)$$

mit

$$j\omega\mu \ \vec{\underline{H}} = -\text{ rot } \vec{\underline{E}}$$

aus dem Vektorpotential

$$\vec{\underline{F}} = \iint\limits_{F'} \vec{\underline{M}}_F(\vec{r}') \ \frac{e^{-jk|\vec{r}-\vec{r}'|}}{4\pi \ |\vec{r}-\vec{r}'|} \ dF' \ . \qquad (1.108)$$

Um mit dem Huygensschen Prinzip aus den äquivalenten Flächenströmen $\vec{\underline{J}}_F$ und $\vec{\underline{M}}_F$ nach (1.104) das Strahlungsfeld zu bestimmen, muß man die Tangentialkomponenten des elektromagnetischen Feldes auf der Oberfläche des Huygens-Äquivalentes kennen. Diese Voraussetzung ist genau genommen nie erfüllt. Man kann bei Flächen- oder Öffnungsstrahlern die Oberfläche für das Huygens-Äquivalent aber meist so legen, daß auf ihr diese Tangentialkomponenten gut abzuschätzen sind. Dazu wird diese Oberfläche, im allgemeinen als Ebene, direkt auf die Öffnung der Antenne gelegt. Wie in dem Beispiel des Hornstrahlers in Bild 1.53a und b ist die Feldverteilung in der Hornapertur aus der Anregung ungefähr bekannt, und auf dem Rest der Oberfläche ist das Feld gegenüber dem Aperturfeld so klein, daß man es vernachlässigt. Die Integration in Gl.(1.106) und (1.108) erstreckt sich dann nur über die Apertur des Strahlers.

Für das Fernfeld des Strahlers lassen sich diese Integrale für die Vektorpotentiale noch folgendermaßen vereinfachen [2, S.43] :

$$\vec{\underline{A}} = \frac{e^{-jkr}}{4\pi\,r} \iint\limits_{F'} \vec{\underline{J}}_F\ (\vec{r}') \ e^{jkr'\cos\xi} dF' \qquad (1.109)$$

$$\vec{\underline{F}} = \frac{e^{-jkr}}{4\pi\,r} \iint\limits_{F'} \vec{\underline{M}}_F\ (\vec{r}') \ e^{jkr'\cos\xi} dF' \quad , \qquad (1.110)$$

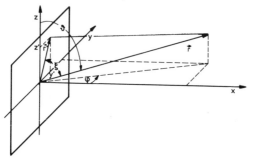

wobei ξ den Winkel zwischen $\vec{r}$ und $\vec{r}'$ in Bild 1.54 bezeichnet. Auch die sphärischen Fernfeldkomponenten lassen sich direkt durch die sphärischen Komponenten von $\vec{\underline{A}}$ und $\vec{\underline{F}}$ darstellen.

Bild 1.54 Rechteckige Apertur eines Flächenstrahles mit kartesischen Aperturkoordinaten

$$\underline{E}_\vartheta = n_0\underline{H}_\varphi = -j\omega\,\mu_0\,\underline{A}_\vartheta - jk\underline{F}_\varphi \qquad (1.111)$$

$$\underline{E}_\varphi = -n_0\underline{H}_\vartheta = -j\omega\,\mu_0\,\underline{A}_\varphi + jk\underline{F}_\vartheta \qquad (1.112)$$

Zur weiteren Vereinfachung dieser Beziehungen soll hier zwischen zwei verschiedenen Arten von Aperturstrahlern, den Flächenstrahlern und den Schlitzstrahlern unterschieden werden. Diese Namen bezeichnen die Form der Apertur. Bei den Flächenstrahlern ist die Apertur in beiden Dimensionen von der Größenordnung der Wellenlänge oder sogar groß dagegen. Bei den Schlitzstrahlern ist dagegen nur eine von dieser Größenordnung, während die andere jeweils viel kleiner ist.

1.6.1   Flächenstrahler

In einer Apertur nach Bild 1.54, deren Abmessungen größer als die Wellenlänge oder sogar groß dagegen sind, stehen die tangentialen Feldkomponenten von $\vec{\underline{E}}$ und $\vec{\underline{H}}$ normalerweise senkrecht aufeinander und nahezu im Verhältnis des Wellenwiderstandes. Dafür bietet der Rechteckhohlleiter mit seiner Grundwelle ein gutes Beispiel. Weitet man den Rechteckhohlleiter in einem genügend flachen Horn zu großer Höhe b und Breite a auf, so bleibt die sinusförmige Feldverteilung der Grundwelle über die Breitseite erhalten, und ihr Wellenwiderstand [3, S.234]

$$Z = \frac{\eta_0}{\sqrt{1 - (\lambda/2a)^2}} \qquad (1.113)$$

nähert sich dem Wellenwiderstand η_0 des freien Raumes. Wenn das Horn unter diesen Bedingungen im freien Raum endet, wird die einfallende Grundwelle fast ohne Reflexion abgestrahlt. Der Abschlußwiderstand ist also gleich dem Wellenwiderstand $Z \approx \eta_0$, so daß für die kartesischen Feldkomponenten in der Hornapertur

$$\underline{E}_z = -\eta_0 \underline{H}_y \quad (1.114) \qquad \underline{E}_y = \eta_0 \underline{H}_z \qquad (1.115)$$

gilt. Lokal verhält sich damit das Feld in einer großen Apertur wie eine homogene, ebene Welle im freien Raum.

Ist in einer großen Apertur nach Bild 1.54 das elektrische Feld in z-Richtung linear polarisiert, also $\underline{E}_y = 0$, so erhält man nach (1.104) für die äquivalenten Huygensquellen

$$\underline{J}_{Fz} = \underline{H}_y = -\underline{E}_z/\eta_0 , \quad \underline{M}_{Fy} = \underline{E}_z , \qquad (1.116)$$

und die kartesischen Komponenten der Vektorpotentiale im Fernfeld lauten

$$\underline{A}_z = \frac{-e^{-jkr}}{4\pi \eta_0 r} \iint_{F'} \underline{E}_z(\vec{r}') e^{jkr'\cos\xi} dF' \qquad (1.117)$$

$$\underline{F}_y = \frac{e^{-jkr}}{4\pi r} \iint_{F'} \underline{E}_z(\vec{r}') e^{jkr'\cos\xi} dF' \qquad (1.118)$$

Daraus ergeben sich folgende sphärische Komponenten der Potentiale

$$\underline{A}_\vartheta = -\underline{A}_z \sin\vartheta ; \quad \underline{F}_\vartheta = \underline{F}_y \cos\vartheta\sin\varphi ; \quad \underline{F}_\varphi = \underline{F}_y \cos\varphi, \qquad (1.119)$$

so daß die sphärischen Komponenten des Fernfeldes sich aus

$$\underline{E}_\vartheta = \eta_o \underline{H}_\varphi = -jk\frac{e^{-jkr}}{4\pi\ r}\ (\sin\vartheta + \cos\varphi)\iint\limits_{F'}\underline{E}_z(\vec{r}')\ e^{jkr'\cos\xi}dF' \qquad (1.120)$$

$$\underline{E}_\varphi = -\eta_o \underline{H}_\vartheta = jk\ \frac{e^{-jkr}}{4\pi\ r}\ \sin\varphi\ \cos\vartheta\iint\limits_{F'}\underline{E}_z(\vec{r}')\ e^{jkr'\cos\xi}dF' \qquad (1.121)$$

berechnen.

Um das Integral für diese Fernfeldkomponenten auszuwerten, muß man sich für bestimmte Apertur-Koordinaten entscheiden. Bei rechteckigen Aperturen sind kartesische Koordinaten vorzuziehen und bei runden Aperturen Polarkoordinaten.

Es werden zunächst rechteckige Aperturen ins Auge gefaßt und dafür die kartesischen Aperturkoordinaten (y', z') des Bildes 1.54 gewählt. Mit

$$r'\cos\xi\ =\ y'\sin\varphi\sin\vartheta\ +\ z'\cos\vartheta$$

und der Produktdarstellung

$$\underline{E}_z\ =\ \underline{E}_o\ Y(y')\ Z(z') \qquad (1.122)$$

für das Aperturfeld gilt für die in Hauptstrahlrichtung dominierenden Feldkomponenten:

$$\underline{E}_\vartheta\ =\ \eta_o\underline{H}_\varphi\ =\ -jk\underline{E}_o\ \frac{e^{-jkr}}{4\pi\ r}\ (\sin\vartheta\ +\ \cos\varphi)\int\limits_{y'}Y(y')e^{jky'\sin\varphi\sin\vartheta}dy'$$

$$\int\limits_{z'}Z(z')e^{jkz'\cos\vartheta}dz' \quad . \ (1.123)$$

Wenn also die Produktdarstellung (1.122) für das Feld in der rechteckigen Apertur möglich ist, läßt sich auch das Doppelintegral der Fernfeldformel in zwei Einfachintegrale faktorisieren:

$$\overline{Y}\ (\ -k\sin\varphi\ \sin\vartheta\ )\ =\ \int\limits_{y'}Y(y')\ e^{jky'\sin\varphi\ \sin\vartheta}\ dy' \qquad (1.124)$$

$$\overline{Z} \ (\ -kcos\vartheta \ ) = \int_{z'} Z(z')e^{jkz'cos\vartheta} \ dz' \quad . \tag{1.125}$$

Jedes der Einfachintegrale bildet in dieser Form die <u>Fouriertransformierte</u> der zugehörigen <u>Belegung</u> $Y(y')$ bzw. $Z(z')$. Die Winkelabhängigkeit des Fernfeldes und damit die Richtcharakteristik für einen rechteckigen Flächenstrahler, nämlich

$$\underline{E}_\vartheta = \eta_0 \underline{H}_\varphi = -jk\underline{E}_0 \ \frac{e^{-jkr}}{4\pi r} \ (sin\vartheta + cos\varphi)\overline{Y}(ksin\varphi sin\vartheta)\overline{Z}(kcos\vartheta) \tag{1.126}$$

folgt also direkt aus den Fouriertransformierten der Belegungsfunktionen $Y(y')$ und $Z(z')$. Der weitere Richtfaktor $(sin\vartheta + cos\varphi)$ beschreibt dabei nur noch die Winkelabhängigkeit im Fernfeld eines einzelnen Flächenelementes der äquivalenten Huygensquelle.

Die Hauptkeule hat in den Polarkoordinaten von Bild 1.54 normalerweise die Richtung $\vartheta = \pi/2$ und $\varphi = 0$. Für kleine Winkelabweichungen von dieser Hauptstrahlrichtung lautet Gl. (1.126)

$$\underline{E}_\vartheta = \eta_0 \underline{H}_\varphi = -jk\underline{E}_0 \ \frac{e^{-jkr}}{2\pi r} \ \overline{Y} \ (\ -k\vartheta) \ \overline{Z}(k\left[\vartheta - \frac{\pi}{2}\right]) \ . \tag{1.127}$$

Als Beispiel für die Strahlung einer rechteckigen Apertur soll das Fernfeld eines langen und schlanken Hornstrahlers gemäß Bild 1.55 berechnet werden. Das rechteckige Horn soll sich, ausgehend von einem Rechteckhohlleiter, in dem die Grundwelle einfällt, unter sehr flachen Winkeln so weit öffnen, daß die H_{10}-Welle an der Hornöffnung nicht reflektiert, sondern ganz abge-

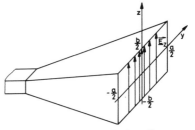

Bild 1.55 Schlankes Rechteckhorn mit Grundwellenanregung konstanter Phase in der ebenen Apertur

strahlt wird. Unter diesen Bedingungen sind Gln. (1.116) für die äquivalenten Huygensquellen erfüllt, und bei einer Leistung P der einfallenden H_{10}-Welle verteilt sich das elektrische Feld über die Hornapertur gemäß [3, S.230]

$$\underline{E}_z = \sqrt{\frac{2\,\eta_o P}{a\,b}}\ \cos\pi\,\frac{y'}{a}\ .$$

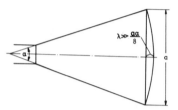

Bild 1.56

Näherungsbedingung für ein Aperturfeld konstanter Phase im schlanken Horn

Dabei wurde noch zusätzlich die gemäß Bild 1.56 sphärische Wölbung der Phasenfront vernachlässigt, und das Feld in der ebenen Hornapertur von konstanter Phase angenommen. Das ist nur zulässig, wenn $a\alpha \ll 8\lambda$, mindestens aber

$$a\,\alpha < \lambda \tag{1.128}$$

ist.

Die Faktoren des Aperturfeldes nach Gl. (1.123) können nunmehr zu

$$\underline{E}_o = \sqrt{\frac{2\,\eta_o P}{a\,b}}\ ;\quad Y = \cos\pi\,\frac{y'}{a}\ ;\quad Z = 1 \tag{1.129}$$

gesetzt werden, so daß die Fouriertransformierten von Y und Z in diesem Falle

$$\overline{Y} = \frac{2\pi\,a\,\cos(\tfrac{1}{2}\,ka\sin\varphi\,\sin\vartheta)}{\pi^2 - k^2 a^2\,\sin^2\varphi\,\sin^2\vartheta}$$

$$\overline{Z} = \frac{2\,\sin(\tfrac{1}{2}\,kb\cos\vartheta)}{k\cos\vartheta} \tag{1.130}$$

werden.

Damit lautet das Fernfeld des schlanken Rechteckhornes

$$\underline{E}_\vartheta = \eta_o\,\underline{H}_\varphi = \tag{1.131}$$

$$= -j\ \sqrt{2\frac{a}{b}\,\eta_o P}\ \frac{e^{-jkr}}{r}\cdot\frac{(\sin\vartheta + \cos\varphi)\cos(\tfrac{1}{2}ka\sin\vartheta\sin\varphi)\sin(\tfrac{1}{2}kb\cos\vartheta)}{\cos\vartheta\,(\pi^2 - k^2 a^2\,\sin^2\varphi\,\sin^2\vartheta)}$$

Für große Aperturen (ka >> 1 und kb >> 1) hat seine Hauptstrahlungskeule in der Meridian-Ebene $\varphi = 0$ die Breite

$$\Delta\vartheta = 2\,\frac{\lambda}{b}\quad, \tag{1.132}$$

während sie in der Äquatorialebene $\vartheta = \frac{\pi}{2}$ aber

$$\Delta\varphi = 3\,\frac{\lambda}{a} \qquad (1.133)$$

breit ist. Diese unterschiedlichen Öffnungswinkel der Hauptstrahlungskeule rühren von den verschiedenen Verteilungen der Huygensquellen in y'- und z'-Richtung der Apertur her. In z'-Richtung ist die Verteilung über die ganze Apertur von $-\frac{b}{2}$ bis $+\frac{b}{2}$ konstant, während sich in y'-Richtung die Huygensquellen sinusförmig über die Apertur verteilen und an den Rändern bei $y' = \pm\frac{a}{2}$ auf Null abnehmen. Die gegenüber der z'-Verteilung zu den Rändern auslaufende Verteilung des Aperturfeldes verbreitert die Hauptkeule gegenüber der konstanten Verteilung, beeinträchtigt also die Richtwirkung. Für hohe Richtwirkung muß die Apertur mit den anregenden Feldern möglichst gleichmäßig ausgeleuchtet werden.

Bevor diese gleichmäßige Ausleuchtung der Apertur aber näher ins Auge gefaßt wird, sollen zuerst noch Gewinn und Wirkfläche des schlanken Rechteckhornes bestimmt werden. Dazu wird aus Gl. (1.131) die maximale Feldstärke in Richtung der Hauptstrahlungskeule, nämlich für $\vartheta = \frac{\pi}{2}$ und $\varphi = 0$ berechnet, mit der sich als maximale Strahlungsdichte

$$S_{max} = \frac{|E_\vartheta|^2_{max}}{\eta_0} = \frac{8\,a\,b}{\pi^2 r^2 \lambda^2}P \qquad (1.134)$$

ergibt. Der Gewinn in Hauptstrahlungsrichtung ist deshalb

$$g = \frac{S_{max}}{P}\,4\,\pi\,r^2 = \frac{32\,ab}{\pi\,\lambda^2}\quad, \qquad (1.135)$$

und die entsprechende Wirkfläche für den Betrieb als Empfangsantenne

$$A = \frac{8\,ab}{\pi^2} \simeq 0{,}81\,ab\,. \qquad (1.136)$$

Die Wirkfläche des Rechteckhornes bleibt also selbst unter diesen idealen Bedingungen eines sehr kleinen Öffnungswinkels bei einer großen Apertur immer noch 19 % kleiner als die geometrische Aperturfläche.

Um festzustellen, welche Werte bei gleichmäßiger Ausleuchtung der Apertur möglich sind, soll hier nicht länger die rechteckige Apertur, sondern eine

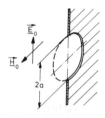

Bild 1.57

Kreisrunde Apertur
in einem ebenen
Schirm gleichmäßig
ausgeleuchtet von
einer homogenen
ebenen Welle

kreisrunde betrachtet werden. Die kreisrunde Apertur hat universellere Bedeutung und eignet sich zum Vergleich mit anderen Flächenstrahlern, weil sie bei gegebener Aperturfläche von allen Aperturformen die schärfste Bündelung ermöglicht. Wir nehmen eine kreisrunde Apertur vom Radius a an, die von einer linear polarisierten, homogenen, ebenen Welle mit der Feldstärke $\vec{E}_0$ gleichmäßig ausgeleuchtet wird, so wie man es sich nach Bild 1.57 mit einer kreisrunden Öffnung in einem undurchlässigen Schirm vorstellen kann, auf die eine homogene, ebene Welle einfällt. Bei $a \gg \lambda$ tritt die Leistung

$$P = \pi a^2 \frac{|\vec{E}_0|^2}{\eta_0} \tag{1.137}$$

durch die Apertur und wird ausgestrahlt.

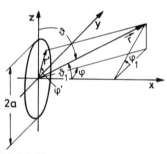

Bild 1.58

Kreisrunde Apertur mit sphärischen
Koordinaten für das Strahlungsfeld

In dem Koordinatensystem (ϑ, φ) des Bildes 1.58 hat das Fernfeld in Hauptstrahlungsrichtung nur die Komponente $\underline{E}_\vartheta$ des elektrischen Feldes. Darum soll hier wieder nur $\underline{E}_\vartheta$ nach Gl. (1.120) berechnet werden. Mit den azimutalen Winkeln φ_1 und φ' sowie dem polaren Winkel ϑ_1 von sphärischen Koordinaten, welche die Hauptstrahlungsrichtung, nämlich die x-Achse als polare Achse haben, gilt für den Winkel ξ zwischen $\vec{r}$ und $\vec{r}'$

$$\cos \xi = \sin \vartheta_1 \cos(\varphi' - \varphi_1) . \tag{1.138}$$

Das elektrische Fernfeld hat damit die ϑ-Komponente

$$\underline{E}_\vartheta = -jk\underline{E}_0 \frac{e^{-jkr}}{4\pi r}(\sin\vartheta + \cos\varphi) \int_0^a \int_0^{2\pi} e^{jkr'\sin\vartheta_1\cos(\varphi'-\varphi_1)} r' dr' d\varphi' . \tag{1.139}$$

Die Integration über φ' führt gemäß [4, S. 73]

$$\int_0^{2\pi} e^{jkr'\sin\vartheta_1 \cos(\varphi'-\varphi_1)} \, d\varphi' = 2\pi J_0(kr'\sin\vartheta_1) \qquad (1.140)$$

auf die <u>Zylinderfunktion J_0</u> erster Art und nullter Ordnung, während eine anschließende Integration über r' gemäß

$$\int_0^a r' J_0(kr'\sin\vartheta_1) \, dr' = \frac{a}{k\sin\vartheta_1} J_1(ka\sin\vartheta_1) \qquad (1.141)$$

auf die entsprechende Zylinderfunktion J_1 erster Ordnung führt. Das Fernfeld lautet also

$$\underline{E}_\vartheta = -j\underline{E}_0 \frac{a}{2r} e^{-jkr} \frac{\sin\vartheta + \cos\varphi}{\sin\vartheta_1} J_1(ka\sin\vartheta_1) \ . \qquad (1.142)$$

Für große Aperturen (ka >> 1) wird Form und Breite der Hauptstrahlungskeule im wesentlichen durch den Faktor $J_1(ka\sin\vartheta_1)/\sin\vartheta_1$ bestimmt. Sie ist dann rotationssymmetrisch zur x-Achse und

$$\Delta\vartheta_1 = 1,22 \, \frac{\lambda}{a} \qquad (1.143)$$

breit. Mit der maximalen Strahlungsdichte in Richtung $\vartheta_1 = 0$

$$S_{max} = \frac{|E_0|^2 k^2 a^4}{4 \, n_0 r^2} \qquad (1.144)$$

ist der Gewinn der kreisrunden Apertur bei gleichförmiger Ausleuchtung

$$g = 4\pi^2 \frac{a^2}{\lambda^2} \ . \qquad (1.145)$$

Ihre Wirkfläche

$$A = \pi a^2 \qquad (1.146)$$

ist gleich der Aperturfläche selbst. Das letzte Ergebnis ist für alle Aperturen zu erwarten, die in beiden Dimensionen genügend groß gegen die Wellenlänge sind und gleichmäßig ausgeleuchtet werden; unter diesen Bedingungen ist die Wirkfläche immer gleich der geometrischen Fläche.

Bündelung und Gewinn der runden Apertur mit gleichförmiger Ausleuchtung
sind stärker bzw. höher als beim Rechteckhorn mit der nur sinusförmigen
Ausleuchtung in einer Aperturdimension. Sie bilden geeignete Bezugswerte
als das Bestmögliche, was an Bündelung und Gewinn mit Flächenstrahlern
zu erreichen ist.

Praktisch aufbauen lassen sich solche Flächenstrahler am einfachsten als
Hohlleiterhörner. Unter der Bedingung (1.128) fallen solche Hörner aber
sehr lang aus. Diese Bedingung (1.128) für eine ebene Phasenfront in der
Apertur muß nun nicht nur zur Vereinfachung der Rechnung erfüllt werden,
sondern praktisch auch, um scharfe Bündelung und hohen Gewinn zu erzielen.
Bei einer sphärisch gewölbten Phasenfront in der Apertur fallen Bündelung
und Gewinn sehr schnell ab.

Um mit kurzen Baulängen eine ebene Phasenfront in der Apertur zu erhalten,
greift man zu optischen Verfahren, die bei dem großen Verhältnis von Aper-
turdurchmesser zu Wellenlänge, wie sie bei Mikrowellenantennen vorkommen,
durchaus anwendbar sind.

Praktisch am besten haben sich Parabolspiegel zur Transformation von
sphärischen Phasenfronten der primären Erregerantennen in ebene Phasenfronten des Aperturfeldes bewährt. Einige wichtige Ausführungen zeigt
Bild 1.59.

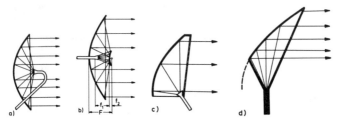

Bild 1.59 Flächenstrahler   a) Parabolantenne   c) Muschelantenne
                              b) Cassegrain-Antenne d) Hornparabol

Die einfachste, stark bündelnde Mikrowellenantenne ist die Parabolantenne.
Nach Bild 1.59a besteht sie aus einem Rotationsparaboloid als Reflektor,
in dessen Brennpunkt ein relativ kleiner primärer Erreger zum Scheitel des
Paraboloids hin strahlt. Als Primärstrahler dient bei Hohlleiterspeisung

meist ein kleiner Hornstrahler, in den der Speisehohlleiter mündet. Es
kommen aber auch andere Erregerstrahler in Frage, z.B. ein λ/2-Dipol mit
kleinem Reflektor bei koaxialer Speiseleitung.

Der Erregerstrahler soll den Parabolspiegel gleichmäßig ausleuchten, dabei aber möglichst wenig an seinen Rändern vorbeistrahlen. Vom Primärstrahler muß also eine Kugelwelle ausgehen, deren Phasenzentrum im Para-
bolbrennpunkt liegt, deren Amplitude möglichst rotationssymmetrisch verteilt sein soll und erst zum Reflektorrand sehr schnell abfallen soll.
Die Forderungen nach einer gleichmäßigen Ausleuchtung des Reflektors läßt
sich um so besser erfüllen, je länger die Brennweite des Parabols ist, weil
sich dann die Primärstrahlung in die äußeren Reflektorbereiche immer weniger gegenüber der Primärstrahlung in die Reflektormitte verdünnt. Große
Brennweiten erfordern aber entsprechende Bautiefen und lange Speiselei-
tungen.
Bei sehr großen Flächenantennen für hohen Gewinn verwendet man deshalb
Mehrspiegelsysteme in Analogie zu optischen Teleskopen. Ein solches Mehrspiegelsystem bildet die Cassegrain-Antenne nach Bild 1.59b. Ein primärer
Hornstrahler liegt in der Achse des parabolischen Hauptreflektors und
strahlt einen Fangreflektor an, der als konvexes Rotationshyperboloid
einen Brennpunkt im Strahlungszentrum des primären Hornstrahlers und den
anderen im Brennpunkt des Hauptreflektors hat. Damit wird die Hornstrah-
lung so am Fangreflektor gespiegelt, als ob sie vom Brennpunkt des Hauptreflektors kommen würde. Die effektive Brennweite

$$f = \frac{f_1}{f_2} F \qquad (1.147)$$

ist viel länger als die Brennweite F des Hauptreflektors. Als weiterer
Vorteil wird wenig am Parabolrand vorbeigestrahlt, da die Reflexions-
charakteristik des Fangreflektors an den Flanken steil abfällt. Schließlich ist die Speiseleitung sehr kurz, und die Leitungsverluste bleiben
klein. Die Cassegrain-Antenne hat sich insbesondere für die Bodenstationen
von Nachrichtensatellitensystemen und für radioastronomische Teleskope bewährt, wo es auf starke Bündelung und hohe Empfindlichkeit ankommt.

Bei der Parabolantenne ebenso wie bei der Cassegrain-Antenne wird ein Teil
der primären Strahlung vom Scheitel der Reflektoren in den Erreger zurück-

geworfen und führt zu stark frequenzabhängiger Fehlanpassung. Wenn von
dieser Reflexion nach Durchlaufen der meist langen Antennenleitungen an
der Ausgangsstufe des Senders wieder etwas reflektiert wird, gibt es starke Phasenverzerrungen, welche die Übertragung von frequenzmodulierten
Signalen stören. Darum braucht man für Mikrowellenrichtfunksysteme, die
breite Nachrichtenkanäle übertragen sollen, Richtantennen mit extrem
kleiner Fehlanpassung. Um die Fehlanpassung durch Scheitelreflexion bei
der Parabolantenne zu vermeiden, wird sie gemäß Bild 1.59c von dem primären Erreger schräg angestrahlt. Der Parabolspiegel selbst wird dann
nicht mehr rund ausgeführt, sondern aus einer parabolischen Fläche wird
nur ein trapezförmiger Teil ausgeschnitten. Die Apertur ist bei dieser
schrägen Anstrahlung vollständig frei. Überstrahlung der Ränder wird mit
Boden- und Seitenwänden abgeschirmt und die Öffnung dieses muschelförmigen
Gehäuses mit einer dünnen Fiberglasplatte wetterfest geschlossen. Diese
sog. Muschelantenne hat sich für den Breitbandrichtfunk gut bewährt. Man
erreicht mit ihr praktisch eine Wirkfläche von bis zu 60 % der Apertur.

Noch bessere Anpassung über sehr weite Frequenzbereiche wird bei hoher
Bündelung und geringer Streustrahlung mit dem Hornparabol nach Bild 1.59d
erreicht. In ihm weitet sich der Speisehohlleiter zu einem Horn auf, das
sich bis an einen Reflektor fortsetzt. Dieser Reflektor ist aus einem
Rotationsparaboloid ausgeschnitten und hat seinen Brennpunkt in der Horn-
spitze. Die Kugelwelle im Horn wird am parabolischen Reflektor um 90^0 und
in eine ebene Welle umgelenkt. Mit solchen Hornparabolen werden bei einem
Hornöffnungswinkel von 40^0 Wirkflächen von bis zu 70 % der Apertur erreicht, wobei der Reflexionskoeffizient am Eingang über mehrere Oktaven
kleiner als 1 % bleibt. Allerdings sind diese Antennen ziemlich lang und
schwer.

Zur Berechnung des Fernfeldes und der anderen Antenneneigenschaften aller
dieser Flächenstrahler mit primären Erregern und Reflektoren muß man sich
im ersten Schritt zunächst die Feldverteilung verschaffen, welche der
Erregerstrahler in der Apertur erzeugt. Die Weglänge vom Erregerstrahler
über den Reflektor zur Apertur entspricht bezüglich der Abmessungen des
Erregerstrahlers meist den Fernfeldbedingungen. In guter Näherung kann
man darum die Feldverteilung in der Apertur direkt aus der Fernfeld-Strah-

lungscharakteristik des Erregerstrahlers berechnen. Im zweiten Schritt ergeben sich dann die Fernfeldkomponenten aus den allgemeinen Flächenstrahlerformeln (1.120) und (1.121) bzw. aus einfacheren Beziehungen wie (1.126) oder (1.139) für spezielle Fälle.

1.6.2 Schlitzstrahler

Flächenstrahler bilden den Grenzfall von Aperturantennen, bei denen die Apertur in beiden Dimensionen von der Größenordnung der Wellenlänge oder sogar groß dagegen ist. Als Folge davon stehen in der Apertur elektrisches und magnetisches Feld senkrecht aufeinander und im Verhältnis n_0. Schlitzstrahler stellen dagegen den Grenzfall dar, bei denen nur eine der Aperturdimensionen so groß ist, die andere aber klein gegen die Wellenlänge.

Beispiele für solche Schlitzstrahler sind in Bild 1.60 skizziert. So zeigt Bild 1.60a einen Rechteckhohlleiter, der mit einer in den freien Halbraum strahlenden Schlitzblende abgeschlossen ist. Bild 1.60b zeigt einen leitenden Schirm mit einem Schlitz, der von einer Koaxialleitung gespeist

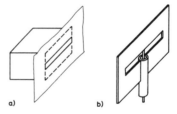

a)   b)

Bild 1.60 Schlitzstrahler
a) mit Hohlleitererregung
b) mit Koaxialleitungserregung

wird. Von dieser Koaxialleitung wird im Schlitz eine Welle angeregt, die längs des Schlitzes wie in einer Doppelleitung wandert und gemäß Bild 1.61 am Schlitz nur transversale Feldkomponenten hat. Im Schlitz verläuft das elektrische Feld parallel zum Schirm, während das magnetische Feld senkrecht auf ihm steht. Diese Konfiguration hat das Schlitz-

Bild 1.61
Nahezu transversalelektromagnetisches Feld einer Schlitzwelle

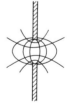

feld nun nicht nur bei der Anregung durch eine Koaxialleitung nach Bild 1.60b, sondern ganz allgemein bei Schlitzstrahlern, also beispielsweise auch bei dem Schlitzstrahler, der nach Bild 1.60a von einem Hohlleiter gespeist wird. Wenn man darum zur Berechnung des Strahlungsfeldes nach

dem Huygensschen Prinzip den Schlitzstrahler mit einer Fläche dicht auf
dem Schirm einschließt, so ergibt sich als einzige Huygenquelle im
Schlitz ein magnetischer Flächenstrom

$$\vec{\underline{M}}_F = \vec{\underline{E}} \times \vec{n} \, , \qquad (1.148)$$

der in Richtung des Schlitzes fließt. Auf dem Schirm fließen zwar auch
noch elektrische Flächenströme

$$\vec{\underline{J}}_F = \vec{n} \times \vec{\underline{H}}$$

als äquivalente Huygensquellen, diese lassen sich aber durch einen elektrischen Leiter dicht hinter der Oberfläche des Huygensäquivalentes kurzschließen und damit wirkungslos machen [2, S.71]. Bei Schlitzstrahlern in
ebenen Schirmen nach Bild 1.62 läßt sich die spiegelnde Wirkung des dann

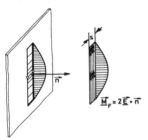

$$\vec{\underline{M}}_F = 2\vec{\underline{E}} \cdot \vec{n}$$

ebenfalls ebenen Leiters im Huygensäquiva-
lent noch durch die Bildquellen von $\underline{M}_F$ berücksichtigen [2, S.50]. Als äquivalenter
Strahler bleibt dann ein magnetischer
Flächenstrom

$$\vec{\underline{M}}_F = 2\vec{\underline{E}} \times \vec{n} \, , \qquad (1.149)$$

der an Stelle des Schlitzes im freien Raum
strahlt. Sein Strahlungsfeld ist
das zum Strahlungsfeld der linearen Antenne mit einer Stromverteilung

Bild 1.62

a) Schlitzstrahler im ebenen
   Schirm

b) Äquivalenter magnetischer
   Flächenstrom im freien
   Raum

$$\vec{\underline{I}} \mathrel{\hat{=}} \vec{\underline{K}} \equiv \vec{\underline{M}}_F \cdot s \qquad (1.150)$$

duale Feld, mit s als Schlitzbreite.
Dieses Feld kann aus dem Vektorpotential

$$\vec{\underline{F}} = \int_l \vec{\underline{K}}(\vec{r}') \frac{e^{-jk|\vec{r}-\vec{r}'|}}{4\pi \, |\vec{r}-\vec{r}'|} \, dl' \qquad (1.151)$$

berechnet werden.

Wenn beispielsweise, wie in vielen praktischen Anordnungen, der Schlitz
$\lambda/2$ lang ist, bildet er für die Schlitzwelle einen $\lambda/2$-Leitungsresonator
mit einer Sinushalbwelle des äquivalenten magnetischen Stromes $\vec{K}$ entsprechend der Sinushalbwelle des elektrischen Stromes $\vec{\underline{I}}$ beim $\lambda/2$-Dipol.

Das Strahlungsfeld der Schlitzantenne geht aus dem Feld der dualen linearen Antenne hervor, wenn elektrische und magnetische Felder miteinander
vertauscht werden. Auch alle anderen Antenneneigenschaften ergeben sich
deshalb dual zu denen der linearen Antennen.

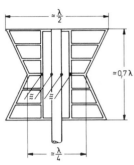

Eine besondere Form der Schlitzantenne ist
die oft für den Fernsehrundfunk als Sendeantenne verwendete Schmetterlingsantenne
nach Bild 1.63. Die Schlitzstrahler liegen
zwischen dem Tragmast und flügelförmigen
Schirmen, die als Rahmengitter leicht und
windschnittig ausgeführt werden. Zwei
Schmetterlingsantennen zu einem Drehkreuz
vereinigt und gleichphasig erregt erzeugen in der Horizontalebene eine Rundstrahlcharakteristik. Mehrere von ihnen übereinander erhöhen als Gruppenstrahler die Richtwirkung in der Horizontalen.

Bild 1.63
Schmetterlingsantenne

Wenn man, wie in Bild 1.64, den ebenen
Schirm eines einfachen Schlitzstrahlers
zu einem Rohr umbiegt, entsteht die sog.

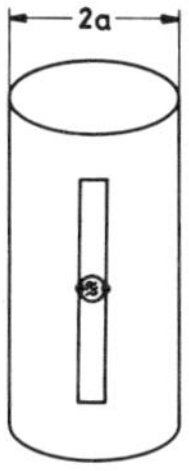

Bild 1.64
Rohrschlitz-
antenne

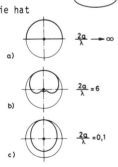

Rohrschlitzantenne. Für Rohrdurchmesser, die groß gegen die
Wellenlänge sind, strahlt sie in den Halbraum der Schlitz-
seite wie der Schlitzstrahler im ebenen Schirm. Sie hat
unter dieser Bedingung das horizontale Richtdiagramm in Bild 1.65a. Ist der Rohrdurchmesser aber
kleiner oder sogar sehr klein gegen die Wellenlänge, so nähert sich entsprechend Bild 1.65b
und c die Strahlungscharakteristik in der Ebene
senkrecht zur Rohrachse immer mehr einer Rund-
charakteristik. Die äußeren Mantelströme fließen dann vom Schlitz weg mehr und mehr in Umfangsrichtung, so daß die Antenne wie eine Viel-
zahl einzelner Kreisrahmen strahlt, welche über
die als Doppelleitung wirkenden Schlitzkanten

Bild 1.65 Horizontale
Richtdiagramme von Rohr-
schlitzantennen

parallel zueinander gespeist werden. Auch die Rohrschlitzantenne hat sich
als Sendeantenne für den Fernsehrundfunk bewährt.

2 Wellenausbreitung

Wenn eine Sendeantenne im freien Raum strahlt, breitet sich eine Welle
von ihr aus, die im Fernfeld den Charakter einer Kugelwelle hat mit einer
Feldverteilung, die entsprechend der Strahlungscharakteristik der Sendeantenne von der Richtung im Raum abhängt. Eine Empfangsantenne nimmt von
dieser Welle einen Leistungsanteil auf, der gemäß der einfachen Gleichung
(1.66) für die Funkdämpfung im freien Raum nur durch Abstand und Wellenlänge sowie den Gewinnfaktoren beider Antennen bestimmt wird.

Bei praktischer Funkübertragung auf der Erde oder im erdnahen Raum breiten
sich die Wellen aber nie ganz frei aus, sondern werden durch die Erdoberfläche und die Atmosphäre beeinflußt. Die wichtigsten Einflüsse auf die
Wellenausbreitung im erdnahen Raum sollen hier nacheinander behandelt
werden.

2.1 Bodenwelle

Bei Antennen auf der Erdoberfläche wirkt der Erdboden näherungsweise wie
ein idealer, ebener Reflektor. Diese Näherung gilt für Frequenzen, die
niedrig genug sind, daß die Leitungsstromdichte $\sigma |\vec{E}|$ im Boden sehr viel
größer ist als die Verschiebungsstromdichte $\omega\varepsilon |\vec{E}|$. Außerdem muß die Ent-
fernung zwischen Sender und Empfänger so klein sein, daß die Krümmung der
Erdoberfläche keine Rolle spielt.

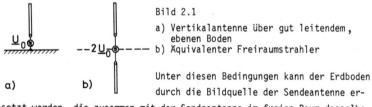

Bild 2.1
a) Vertikalantenne über gut leitendem, ebenen Boden
b) Äquivalenter Freiraumstrahler

Unter diesen Bedingungen kann der Erdboden durch die Bildquelle der Sendeantenne ersetzt werden, die zusammen mit der Sendeantenne im freien Raum dasselbe
Feld erzeugt, wie die Sendeantenne über der Erdoberfläche. Es gelten dann

wieder die Beziehung für die Funkdämpfung im freien Raum, wobei in den Gewinnfaktoren für die Antennen die Bildquellen zu berücksichtigen sind. Bild 2.1 veranschaulicht die äquivalente Freiraumausbreitung für eine vertikale Sendeantenne.

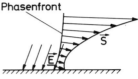

Phasenfront

Bei endlicher Leitfähigkeit absorbiert der Boden Energie aus dem Strahlungsfeld. Eine zunächst vertikal polarisierte Welle mit vertikaler Phasenfront krümmt sich dadurch, entsprechend Bild 2.2, in Bodennähe mit einer Komponente des Poyntingvektors in den Boden hinein. Außerdem nehmen durch diese Bodenabsorption Feldstärke und Strahlungsdichte in Bodennähe schneller mit der Entfernung ab als in Richtungen

Bild 2.2

Krümmung der Phasenfront sowie Neigung und Schwächung des Poyntingvektors durch Bodenabsorption einer vertikal polarisierten Welle

mit gewissen Erhebungswinkeln ($\frac{\pi}{2}$ - ϑ). Das Richtdiagramm einer Vertikalantenne in Bild 2.3 schnürt sich dadurch in Bodennähe mehr und mehr ein, bis in großen Entfernungen das Feld am Boden gegenüber dem Feld im Raum sehr klein wird. Diese Einschnürung des Richtdiagrammes und Dämpfung des bodennahen Feldes ist um so stärker, je kleiner die Leitfähigkeit des Bodens und je kürzer die Wellenlänge der vertikal polarisierten Strahlung sind.

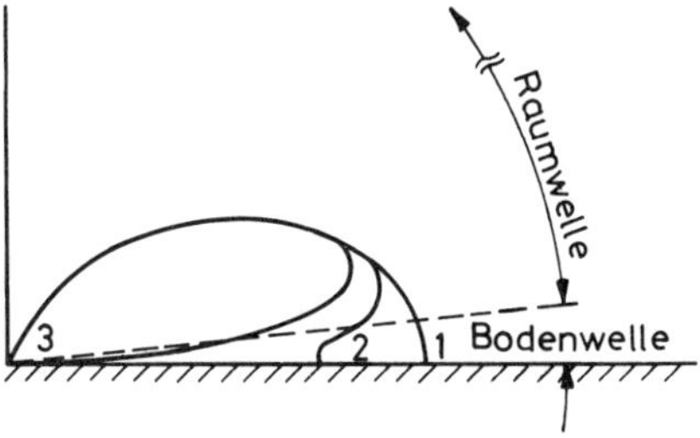

Das Fernfeld in Bodennähe wird zusätzlich auch noch durch die Krümmung der Erdoberfläche geschwächt. Diese Schwächung macht sich bei gro-

Bild 2.3

Entfernungsabhängige Einschnürung eines vertikalen Richtdiagrammes durch Bodenabsorption (1 = kleine, 2 = mittlere, 3 = große Entfernung) [6, S.644]

ßen Entfernungen bemerkbar, und zwar um so mehr, je höher die Frequenz ist. Längere Wellen werden nämlich von der Erde gebeugt und folgen auch einer gekrümmten Oberfläche, während dieser Beugungseffekt für kürzere Wellen nicht so weit reicht, und man jenseits des Senderhorizontes bald in eine Schattenzone kommt, in die nur noch ein schwaches Feld eindringt. Die Ab-

schwächung der Strahlungsdichte durch Bodenabsorption und durch Erdkrümmung läßt sich entsprechend

$$S = S_o \, 10^{-\frac{\delta}{10}} \tag{2.1}$$

mit einem Dämpfungsfaktor δ erfassen, wobei S_o die Strahlungsdichte am
bodennahen Empfangsort für ebenen Boden mit unbegrenzt hoher Leitfähigkeit bildet. Für vertikale Polarisation ist diese Dämpfung der Bodenwelle

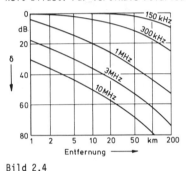

Bild 2.4

Dämpfungsfaktor für die Bodenwelle
durch Absorption und Erdkrümmung
bei relativ schlecht leitendem
Boden mit $\sigma = 10^{-3}$ S/m $\varepsilon_r = 4$
[6, S.644]

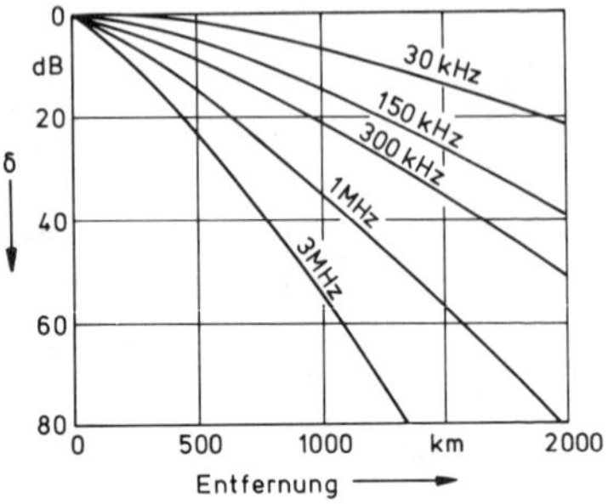

Bild 2.5

Dämpfungsfaktor für die Bodenwelle
durch Absorption und Erdkrümmung
bei Meerwasser mit $\sigma = 4$ S/m
$\varepsilon_r = 80$ [6, S.644]

in den Bildern 2.4 und 2.5 als Funktion der Entfernung vom Sender für verschiedene Frequenzen dargestellt. Die Kurven wurden für eine freie Atmosphäre und homogene Erde mit den Eigenschaften $\sigma = 10^{-3}$ S/m und $\varepsilon_r = 4$
entsprechend einem ziemlich schlecht leitenden Boden bzw. $\sigma = 4$ S/m und
$\varepsilon_r = 80$ entsprechend Meerwasser berechnet. Für kleine Entfernungen und
niedrige Frequenzen streben sie gegen $\delta = 0$. Sonst zeigen sie aber, daß
die Bodenwelle mit zunehmender Frequenz und über weite Entfernungen mehr
und mehr geschwächt wird.

2.2   Raumwelle und Ionosphäre

Raumwelle nennt man den Bereich des Strahlungsfeldes eines bodennahen
Strahlers, den die Absorption und Krümmung des Erdbodens nicht beeinflußt.
Das Fernfeld dieser Welle ergibt sich aus der Strahlungscharakteristik der

Antenne bei Erhebungswinkeln über dem Boden, für die in Bild 2.3 das Richtdiagramm nicht mehr von der Entfernung abhängt. Diese Raumwelle kann in Bodennähe natürlich nicht direkt empfangen werden.

Es gibt aber Frequenzbereiche, bei denen höhere Schichten der Atmosphäre Wellen brechen oder reflektieren und so die Raumwelle zum Erdboden zurückwerfen können. Der Höhenbereich dieser Schichten heißt Ionosphäre, weil sie aus Restgasen der Atmosphäre bestehen, die durch ultraviolette Strahlen ionisiert sind. Die Ionosphäre reicht von 80 bis 500 km Höhe über den Erdboden und hat eine Elektronendichte der Ionisation, die tages- und jahreszeitlich und je nach Aktivität der Sonnenflecken schwankt. Dabei bilden sich Schichten mit Ionisationsmaxima, wie sie als typisches Beispiel die Höhenverteilung in Bild 2.6 zeigt. Dieses Bild enthält auch die Bezeichnungen D, E, F_1 und F_2 der einzelnen Schichten. Bei Sonneneinstrahlung, also tagsüber, bilden sich alle diese Schichten mehr oder weniger stark aus und absorbieren dabei die ultravioletten Sonnenstrahlen nahezu ganz. Wegen der geringen Luftdichte rekombinieren die Ladungen insbesondere in den höheren Schichten sehr langsam, so daß von der F_2-Schicht als höchster Schicht die ganze Nacht über ein Rest bestehen bleibt.

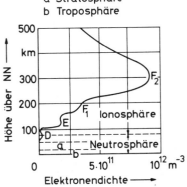

a Stratosphäre
b Troposphäre

Bild 2.6

Höhenverteilung der Elektronendichte in der Ionosphäre an einem Sommertag bei erhöhter Sonnenfleckenaktivität [6, S.662]

Auch wegen dieser geringen Luftdichte haben die ionisierten Schichten die Eigenschaften eines zwar dünnen, aber sonst nahezu idealen Plasmas: Die Ladungsträger stoßen so selten miteinander oder mit den neutralen Molekülen des Restgases zusammen, daß sie praktisch frei beweglich sind. Außerdem gibt es im Gleichgewicht keine Raumladung, also ebenso viele positive wie negative Ladungen, von denen die positiven Ionen wenigstens 1840mal schwerer als die Elektronen und darum viel träger sind. In einem hochfrequenten Wechselfeld bewegen sich darum nur die Elektronen. Das elektrische Feld $\vec{E}$ übt die Kraft $-q\vec{E}$ auf das einzelne Elektron aus und beschleunigt es gemäß

$$m\frac{d\vec{v}}{dt} = -q\vec{E} \quad . \tag{2.2}$$

Im eingeschwungenen Zustand gilt $\vec{v} = \underline{\vec{v}} \, e^{j\omega t}$, so daß die Elektronen mit dem Geschwindigkeitsphasor

$$\underline{\vec{v}} = j \frac{q}{\omega m} \underline{\vec{E}} \tag{2.3}$$

mit 90° Phasenverschiebung von $\underline{\vec{v}}$ gegenüber dem elektrischen Feld hin- und herpendeln. Bei einer Elektronendichte n bedeutet das eine Wechselstromdichte mit dem Phasor

$$\underline{\vec{J}} = -nq\underline{\vec{v}} = -j \frac{nq^2}{\omega m} \underline{\vec{E}} \quad , \tag{2.4}$$

die zusammen mit der Verschiebungsstromdichte

$$j\omega \, \varepsilon_o \underline{\vec{E}} + \underline{\vec{J}} = j\omega \, \varepsilon_o \, (1 - \frac{nq^2}{\omega^2 \, m \, \varepsilon_o}) \, \underline{\vec{E}} \tag{2.5}$$

ergibt. Die Elektronenbewegung im Wechselfeld verleiht also dem Plasma die relative Dielektrizitätskonstante

$$\varepsilon_r = 1 - \frac{\omega_p^2}{\omega^2} \tag{2.6}$$

wobei

$$\omega_p = \sqrt{\frac{nq^2}{\varepsilon_o m}} \tag{2.7}$$

die Plasmafrequenz heißt. Bild 2.7a zeigt, wie dieses ε_r von der Frequenz abhängt. Bei $\omega = \omega_p$ ist $\varepsilon_r = 0$, darüber positiv, darunter aber negativ. Wellenwiderstand $\eta = \eta_o / \sqrt{\varepsilon_r}$ und Wellenzahl $k = k_o \sqrt{\varepsilon_r}$ haben die in den Bildern 2.7b und c dargestellten Frequenzabhängigkeiten. Sie verlaufen ebenso wie Wellenwiderstand und Ausbreitungskonstante von H-Wellen in Hohlleitern mit der Grenzfrequenz $\omega_c = \omega_p$ [4, S.166].

Eine homogene, ebene Welle kann sich nur für $\omega > \omega_p$ im Plasma ungedämpft ausbreiten, für $\omega < \omega_p$ wird sie aperiodisch gedämpft. Dementsprechend ist der Wellenwiderstand auch nur für $\omega > \omega_p$ reell, für $\omega < \omega_p$ ist er rein imaginär.

Bild 2.7

a) Relative Dielektrizitätskonstante
b) Wellenwiderstand
c) Wellenzahl

in einem Plasma mit der Plasmafrequenz ω_p

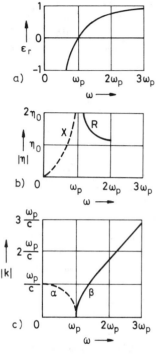

Für die einzelnen Schichten der Ionosphäre liegt die Plasmafrequenz je nach Tages- und Jahreszeit sowie je nach Aktivität der Sonnenflecken im Bereich von

$$f_p = 1...1o \text{ MHz} \qquad (2.8)$$

Wellen höherer Frequenz können sie durchdringen, bei $\omega < \omega_p$ werden sie aber reflektiert, weil dann $\varepsilon < 0$ wird. (Bild 2.8a). Schräg einfallende Wellen können auch noch zur Erde zurückgebeugt werden, wenn sie etwas höhere Frequenz als die Plasmafrequenz haben. Unter diesen Bedingungen nimmt nämlich vom unteren Rand der Schicht bis zum Ionisationsmaximum die Brechzahl $n = \sqrt{\varepsilon_r}$ ständig ab. Ein schräg einfallender Strahl wird an einem abnehmenden Brechzahlprofil stetig in Richtung des Brechzahlgradienten umgelenkt und kann schließlich total reflektiert werden. Bis zu diesem Grenzwinkel der Totalreflexion gibt es nach Bild 2.8b eine <u>tote Zone</u> auf der Erdoberfläche, in die keine reflektierte Raumwelle einfällt. Die schleichende Brechung und Totalreflexion kann entsprechend Bild

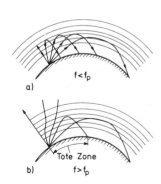

Bild 2.8 Reflexion und Brechung
in der Ionosphäre

2.8a auch schon bei $\omega < \omega_p$ und streifendem Einfall zu sehr langen Wegen in der Ionosphäre und großen Reichweiten bei der Funkübertragung führen. Neben Raumwellen, die nach einfacher Reflexion, also in einem Sprung,die Erdoberfläche wieder erreichen, treffen in größerer Entfernung vom Sender auch Raumwellen nach mehrfacher Reflexion an Ionosphäre und Erde, also mit

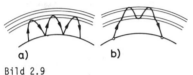

a)   b)

Bild 2.9

Ausbreitungswege der Raumwelle

a) Mehrfachreflexion mit 3 Sprüngen
b) M-Reflexion zwischen zwei
   Ionosphärenschichten

mehreren Sprüngen, die Erdoberfläche (Bild 2.9a). Schließlich kommen auch M-Reflexionen zwischen den verschiedenen Schichten der Ionosphäre nach Bild 2.9b vor.

Die Raumwelle wird auf diesen Ausbreitungswegen durch zwei verschiedene Einflüsse geschwächt: Einmal nimmt ihre Strahlungsdichte nicht nur umgekehrt proportional zum Quadrat der Länge des Ausbreitungsweges ab, sondern durch Aufspreizung des Strahles bei der Brechung in der Ionosphäre verdünnt sich die Strahlung. Zum anderen dämpfen hauptsächlich bei Tage die unteren Schichten der Ionosphäre die Raumwelle durch Absorption. Während die Strahlverdünnung nicht sehr von der Frequenz abhängt, wird die Raumwelle durch Absorption um so mehr geschwächt, je niedriger ihre Frequenz ist. Diese Absorptionsdämpfung entsteht durch unelastische Zusammenstöße der Elektronen mit den Ionen oder Molekülen und führt zu einer Komponente der Wechselstromdichte, die nicht wie (2.4) 90^0 gegen $\underline{E}$ phasenverschoben, sondern in Phase mit $\underline{E}$ ist. Ähnlich wie in widerstandsbehafteten Leitern wird durch diesen Wirkstrom Feldenergie in Wärme umgesetzt. Mit sinkender Frequenz wird der Verschiebungsstrom $j\omega\,\varepsilon_0\underline{E}$ immer kleiner gegen die Wirkstromkomponente, so daß die Absorptionsdämpfung mit sinkender Frequenz immer mehr ins Gewicht fällt. Sie wächst schließlich so weit, daß es eine untere Frequenzgrenze gibt, bis zu der überhaupt noch eine Raumwelle empfangen werden kann. Die untere Frequenzgrenze hängt sehr von der Tages- und Jahreszeit sowie von der Sonnenfleckenaktivität ab. Insbesondere in der untersten, der D-Schicht, ist die Luft noch so dicht und damit die Stoßabsorption so hoch, daß sie die Wellen mehr dämpft als bricht. Eine durch Sonneneruption bei Sonneneinstrahlung stark ausgebildete D-Schicht kann darum sogar Kurzwellen absorbieren und die ionosphärische Wellenausbreitung auf der sonnenbeschienenen Erdhälfte ganz unterbrechen.

Quantitative Berechnungen der Raumwellenausbreitung in der Ionosphäre auf Grund dieser Vorstellungen sind aber nicht sehr zuverlässig. Die Ionosphäre ändert ihre Eigenschaften von Ort zu Ort ziemlich regellos und ist auch zeitlichen Schwankungen unterworfen. Man verläßt sich darum auf Beobachtungen und statistische Daten.

Trifft die Raumwelle auf zwei verschiedenen Wegen oder zusammen mit der Bodenwelle am Empfangsort ein, so können sich beide Komponenten je nach Phasenlage addieren oder auch subtrahieren. Wegen zeitlicher Schwankungen der Übertragungswege wechselt diese Interferenz meist ständig zwischen Addition und Subtraktion, und es kommt zu Schwunderscheinungen. Wenn der Schwund das ganze vom Sender ausgestrahlte Frequenzband gleichmäßig erfaßt, schwankt nur die Amplitude. Solche Amplitudenschwankungen können durch Verstärkungsregelung im Empfänger weitgehend ausgeglichen werden. Schwunderscheinungen können bei den großen Wegdifferenzen zwischen Raum- und Bodenwelle oder zwischen verschiedenen Raumwellen, aber auch stark von der Frequenz abhängen. Dann können bei einem modulierten Träger die Seitenbänder anders schwinden als der Träger. Dadurch entstehen Signalverzerrungen, die im Empfänger nicht mehr ausgeglichen werden können.

2.3 Beugungsgrenzen der freien Ausbreitung

Boden- und Raumwelle bilden die Ausbreitungsformen von Lang-, Mittel- und Kurzwellen. Strahlung noch höherer Frequenz wird weder um die gekrümmte Erdoberfläche gebeugt noch von der Ionosphäre gebrochen oder reflektiert. Sie breitet sich vielmehr nach den Gesetzen der Optik geradlinig aus, und jedes Hindernis im Strahlengang beeinträchtigt die freie Ausbreitung.

Um die Formel (1.67) für die Funkfelddämpfung bei freier Ausbreitung anzuwenden, müßte genau genommen der ganze Raum frei sein. Näherungsweise gilt sie bei sehr hohen Frequenzen aber auch noch, wenn direkte Sichtverbindung besteht und irgendwelche Hindernisse in einem gewissen Abstand von der geraden Verbindung zwischen Sender und Empfänger liegen.

Um abzuschätzen, welche lichte Weite notwendig ist, betrachten wir die Funkstrecke in Bild 2.10 mit einer Kante, die einen Teil der Strahlung abblendet. Mit dieser Kante kann beispielsweise ein Bergrücken oder auch

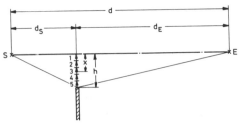

Bild 2.10 Kante als Hindernis im Strahlungsfeld einer Funkverbindung

nur der durch die Erdkrümmung erhobene Horizont nachgebildet werden. Nach dem Huygensschen Prinzip gehen von allen Punkten auf der senkrechten Ebene oberhalb der Kante Wellen aus, die sich am Empfangsort nach Betrag und Phase vektoriell überlagern. Ohne Kante kommt die Hälfte der Empfangsfeldstärke von Huygensquellen auf der oberen Halbebene. Dieser Teil wird durch die Kante in der unteren Halbebene nicht beeinträchtigt. Von den Huygensquellen auf der unteren Halbebene kommen Feldkomponenten, deren Phasoren sich in der komplexen Ebene ungefähr wie in Bild 2.11 addieren. Dabei wird zur Veran

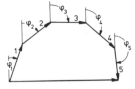

schaulichung mit fünf endlichen Bereichen und einer Summe von 5 Phasoren anstatt mit einem Kontinuum und dem Phasorenintegral gerechnet. Durch die Wegdifferenz zwischen der direkten Verbindung $\overline{SE}$ = d und dem Umweg über die Huygensquelle im Abstand x davon

Bild 2.11

Vektorielle Addition der Empfangsfeldkomponenten von Huygensquellen zwischen Sichtlinie und Kante

$$\Delta d \simeq \frac{dx^2}{2d_S d_E} \tag{2.9}$$

entsteht eine Phasendrehung

$$\varphi = k \Delta d \simeq \frac{\pi dx^2}{\lambda d_S d_E} \tag{2.10}$$

der betreffenden Feldkomponente am Empfänger. Das Empfangsfeld steigt mit sinkender Kante bis zu einem Maximum bei

$$\frac{\pi dh_1^2}{\lambda d_S d_E} = \pi \quad \text{bzw. bei} \quad h_1 = \sqrt{\frac{\lambda d_S d_E}{d}} \ . \tag{2.11}$$

Bei weiter sinkender Kante addieren sich nach dieser einfachen Vorstellung Feldkomponenten, die das Empfangsfeld wieder verkleinern. Hindernisse sollten deshalb so weit außerhalb der direkten Verbindung liegen, daß der

Umweg über ihre Kante mindestens $\lambda/2$ länger ist als die direkte Verbindung. Innerhalb dieser Zone, die auch erste Fresnel-Zone heißt, wird der Hauptteil der Energie übertragen. Wenn die erste Fresnel-Zone frei ist, kann man mit der Formel (1.67) wie bei freier Ausbreitung rechnen.

Der Rand der Fresnel-Zone bildet gemäß seiner Definition als geometrischer Ort konstanten Umwegs eine Ellipse und im Raum ein Rotationsellipsoid. Sender und Empfänger liegen in den Brennpunkten dieses Ellipsoides. Ein typisches Zahlenbeispiel soll veranschaulichen, welche lichte Weite an der kritischsten Stelle, nämlich in der Mitte zwischen Sender und Empfänger, erforderlich ist. Bei λ = 5 cm entsprechend der Richtfunkfrequenz von 6 GHz, ist mit $d_S = d_E = \frac{d}{2}$ = 20 km eine Höhe h = 22,4 m der direkten Verbindung über Grund oder Hindernis erforderlich.

Wenn ein Hindernis in die erste Fresnel-Zone eindringt, tragen immer weniger Komponenten in Bild 2.11 zum Empfangsfeld bei. Genaue Integration über alle Huygensquellen, die außerhalb der Sichtbehinderung liegen, führt auf eine Zusatzdämpfung gegenüber der Freiraumausbreitung, die für die gerade Kante des Bildes 2.10 in Bild 2.12 über dem relativen Abstand von der Sichtlinie aufgetragen ist. Entgegen der grob genäherten Darstellung in Bild 2.11 liegt das Maximum der Empfangsfeldstärke bei einer lichten Weite etwas innerhalb der ersten Fresnel-Zone (h < h_1). Dieses Maximum ist wegen der Ausblendung gegenphasiger Huygensquellen sogar höher als die Empfangsfeldstärke im freien Raum.

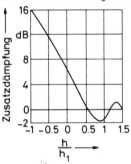

Bild 2.12

Zusatzdämpfung durch eine Kante bei der freien Ausbreitung

Wenn die Kante die Sichtlinie berührt, sinkt die Feldstärke auf die Hälfte ihres Freiraumwertes. Es entstehen dann also 6 dB Zusatzdämpfung. Bei Kantenausblendung bis zur ganzen Höhe der ersten Fresnel-Zone entstehen 16 dB Zusatzdämpfung. Wenn man solche Zusatzdämpfung in Kauf nimmt, kann man auch noch jenseits des Horizontes empfangen. Diese Beugung an der gekrümmten Erdoberfläche wird nicht nur bei der Bodenwelle des Lang- und Mittelwellenbereiches ausgenutzt, sondern auch bei Kurz- und Ultrakurzwellen bis hinauf zu 1 GHz. Bei noch kürzeren Wellen wird dann allerdings das Fresnel-Ellipsoid so schlank, daß man mit h = -h$_1$ nicht mehr weit über den Horizont hinauskommt.

Der Bedingung (2.11) für freie Ausbreitung bzw. der Zusatzdämpfung bei Sichtbehinderung nach Bild 2.12 liegt eine vollkommen homogene Atmosphäre zugrunde. Tatsächlich nimmt die Luftdichte in der Atmosphäre mit der Höhe ab. Damit sinkt auch ihre Brechzahl mit der Höhe. Strahlen werden in Richtung des Brechzahlgradienten umgelenkt, in der unteren Atmosphäre unter normalen Bedingungen also zur Erde hin. Diese Brechung läßt sich mit einem Korrekturfaktor K > 1 berücksichtigen, um den der natürliche Erdradius r$_E$ =6370 km vergrößert wird. Bei einer Normalatmosphäre ohne Schichtenbildung rechnet man mit K = 4/3.

Um die Sichtverhältnisse eines Funkfeldes zu klären, stellt man einen Geländeschnitt her. Nach Bild 2.13 trägt man dazu die Erhöhung der Erd-

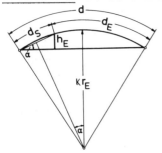

oberfläche über der Sehne auf, welche Sender und Empfänger verbindet. Als Erdradius dient dabei Kr$_E$. Mit

$$\frac{h_E}{d_S} = \sin \alpha \simeq \alpha = \frac{d - d_S}{2Kr_E} = \frac{d_E}{2Kr_E}$$

$$(2.12)$$

erhebt sich die Erdoberfläche im Abstand d$_S$ vom Sender bzw. d$_E$ vom Empfänger über diese Sehne um

Bild 2.13

Effektive Erhebung der Erdoberfläche über die Sender-Empfänger-Sehne

$$h_E = \frac{d_S d_E}{2Kr_E} \, . \qquad (2.13)$$

Zusätzliche Geländeerhebungen müssen zu h$_E$ addiert und dann die Höhen von Sende- und Empfangsantennen so gewählt werden, daß die gewünschten Sichtverhältnisse bestehen, also normalerweise die erste Fresnel-Zone frei ist.

2.4   Reflexion und Mehrfachempfang

Die Wellenausbreitung kann selbst bei freier erster Fresnel-Zone durch

Reflexionen an der Erdoberfläche oder an atmosphärischen Schichten beeinträchtigt werden. In Bild 2.14 kann die vom Sender S ausgestrahlte Welle den Empfänger E sowohl direkt als auch auf dem Umweg über die Bodenreflexion R erreichen. Die Reflexion hängt von der Beschaffenheit der reflektierenden Fläche sowie vom Einfallswinkel und Polarisation der Welle ab. Wenn bei einer Reflexionsebene

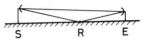

Bild 2.14
Mehrfachempfang durch Bodenreflexion

die einfallenden Wellen horizontal, d. h. senkrecht zur Einfallsebene polarisiert sind oder wenn sie vertikal, d. h. in der Einfallsebene polarisiert sind, haben auch die reflektierten Wellen die entsprechenden Polarisationen und lassen sich dann mit jeweils einem Reflexionsfaktor r darstellen. Unter diesen Bedingungen ist die Empfangsfeldstärke

$$\underline{E} = \underline{E}_0 \, (1 + r e^{-jk \, \Delta d}) \qquad (2.14)$$

mit $\underline{E}_0$ als Empfangsfeldstärke ohne Reflexion und Δd als Wegdifferenz zwischen direktem und reflektiertem Strahl. In Gl. (2.14) wird auch angenommen, daß der Sender in Richtung der Reflexion mit derselben Intensität strahlt wie in Richtung des Empfängers. Sind eine oder mehrere dieser Voraussetzungen nicht erfüllt, so muß Gl. (2.14) entsprechend modifiziert werden. Ihr allgemeiner Charakter bleibt aber erhalten. Am Empfänger überlagern sich zwei Komponenten, die sich bei Gegenphase teilweise oder sogar ganz auslöschen können.

Besonders stark reflektieren glatte Wasserflächen. Bei flachem Einfall ist der Reflexionskoeffizient beider Polarisationen betragsmäßig nahezu eins. Bei steilerem Einfall wird die vertikale Polarisation schwächer reflektiert als die horizontale. Bei Funkfeldern über See muß deshalb mit entsprechend ausgeprägtem Interferenzschwund gerechnet werden.

Landflächen mit ihrer Rauhigkeit durch Vegetation und Bebauung reflektieren nicht so stark und mehr diffus. Interferenzschwund bleibt hier meist innerhalb $\pm$ 3 dB.

Spiegelung oder partielle Reflexion kann an verschieden dicht geschichteter Luft in der Troposphäre entstehen. Solche Schichten bilden sich oft über ebenem Gelände, wie Wasserflächen oder Moorgebiete unter Windschutz.

Mit zeitlichen Schwankungen ändern sich dabei auch die Ausbreitungswege, was zu relativ langsamem Interferenzschwund führt. Meistens kann dieser Schwund durch Verstärkungsregelung im Empfänger ausgeglichen werden.

Luftschichten über der Hauptstrahlungsrichtung können Wellen so spiegeln, daß sie weit jenseits des Horizontes noch einfallen. Solche Überreichweiten sind im allgemeinen nicht erwünscht, weil sie andere Funkverbindungen auf der gleichen Frequenz stören.

2. 5   Troposphärische und ionosphärische Streuung

Überreichweiten, noch viel weiter über den Horizont hinaus als bei Luftspiegelung, entstehen durch Streuung der direkten Strahlung an Inhomogenitäten der Troposphäre und höherer Bereiche der Atmosphäre. Die Streuung unterscheidet sich von Brechung und Reflexion durch die diffuse Verteilung der Sekundärstrahlung in alle Raumrichtungen. Allerdings wird normalerweise vorwärts mehr gestreut als in anderen Richtungen.

Bild 2.15

Streuverbindung mit gemeinsamem Streuvolumen

Diese Vorwärtsstreuung stört mitunter andere Funkverbindungen, es lassen sich mit ihr aber auch Signale weit über den Horizont hinaus übertragen. Nach Bild 2.15 nimmt dabei die Empfangsantenne Streukomponenten auf, die aus dem von den Hauptkeulen der Sende- und Empfangsantennen gemeinsam erreichten Streuvolumen kommen. Von der nur schwachen Streustrahlung kann durch Vergrößerung des wirksamen Streuvolumens mehr empfangen werden. Die einzelnen Streukomponenten interferieren aber miteinander, was starke Schwunderscheinungen bedingt, die bei größerem Streuvolumen immer schneller und selektiver werden, d. h. mehr von der Frequenz abhängen. Die Bandbreite und Übertragungskapazität von Streuverbindungen sind wegen dieses selektiven Schwundes sehr begrenzt. Mit der troposphärischen Streustrahlung lassen sich Funkfelder von 200 bis 500 km Länge im Frequenzbereich von 100 bis 1000 MHz einrichten und damit bis zu 100 Fernsprechkanäle übertragen.

Die ionosphärische Streuung entsteht in den untersten Schichten der Ionosphäre und nimmt mit der Frequenz sehr schnell ab. Praktisch ausnutzen läßt sie sich deshalb nur unterhalb 100 MHz, und zwar bis 30 MHz, von wo ab die Reflexion der Ionosphäre überwiegt. In diesem Frequenzbereich werden mit ionosphärischen Streuverbindungen Entfernungen zwischen 1000 und 2000 km überbrückt.

2.6 Absorption in der Troposphäre

Die Luftschichten der Troposphäre können elektromagnetische Wellen in der oben beschriebenen Weise zwar brechen und spiegeln oder auch etwas streuen, sonst sind sie aber unter allen Wetterbedingungen für Frequenzen bis hinauf in den Gigahertzbereich ganz transparent. Ab etwa 5 GHz macht sich dann stärkere Streuung an Regen- und Nebeltröpfchen bemerkbar. Je größer der Tropfen im Vergleich zur Wellenlänge ist, desto mehr Verluste entstehen durch allseitige sog. Rayleigh-Streuung. Diese Streuverluste steigen außerdem proportional zu f^4, der 4. Potenz der Frequenz. In Bild 2.16 sind diese Verluste über der Frequenz für mäßigen und sehr starken wolkenbruchartigen Regen sowie für Nebel aufgetragen. Oberhalb 15 GHz können die Regenverluste zeitweise so wachsen, daß mit diesen Frequenzen Funkverbindungen nicht mehr zuverlässig genug sind.

Im Bereich von 23 GHz liegen Übergangsfrequenzen von molekularen Zuständen des Wasserdampfes und im Bereich um 60 GHz solche des Sauerstoffes. Sie bedingen molekulare Absorption, die in sonst klarer Luft normalen Druckes bei 23 GHz bis nahe 0,2 dB/km dämpft und bei 60 GHz sogar bis 15 dB/km. Die molekulare Absorption der Luft ist auch in Bild 2.16 aufgetragen. Abgesehen von dem Minimum zwischen 30 und

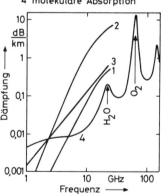

1 mäßiger Regen (5 mm/Std.)
2 starker Regen (50 mm/Std.)
3 Nebel oder Wolken
4 molekulare Absorption

Bild 2.16

Ausbreitungsdämpfung in der Troposphäre durch Regen, Nebel und molekulare Absorption von Wasserdampf und Sauerstoff

40 GHz vereitelt sie Funkübertragung auch in klarer Atmosphäre oberhalb 20 GHz.

2.7   Ausbreitung in den technischen Wellenbereichen des Funkspektrums

Das Spektrum elektromagnetischer Wellen, die sich für die Funktechnik eignen, ist frequenzmäßig nach unten durch die großen Abmessungen von Längstwellenantennen begrenzt, mit denen noch einigermaßen wirksam abgestrahlt werden kann. Nach oben begrenzen die Verluste in der Troposhäre dieses Funkspektrum.

Nach seinen Wellenlängen wird das Funkspektrum dazwischen in technische Bereiche eingeteilt, deren verschiedene Ausbreitungsformen hier auf der Grundlage der vorhergehenden Abschnitte erläutert werden:

Die Längst- und Langwellen (Kilometerwellen) im Bereich von 30 bis 300 kHz breiten sich als nur wenig gedämpfte Bodenwellen aus und reichen mehrere tausend Kilometer weit.

Die Mittelwellen (Hektometerwellen) im Bereich von 300 kHz bis 3 MHz breiten sich tagsüber praktisch nur als Bodenwelle aus und reichen dann nur etwa 100 km weit. Nachts nimmt die Absorption der unteren Ionosphärenschichten so weit ab, daß Raumwellen von höheren Schichten reflektiert werden und dann 1000 km und weiter reichen können.

Die Kurzwellen (Dekameterwellen) im Bereich von 3 bis 30 MHz haben stark gedämpfte Bodenwellen, aber ihre Raumwellen werden bei genügend flachem Einfall auf die höheren Ionosphärenschichten reflektiert und reichen mit entsprechend vielen Sprüngen rings um die Erde.

Die Ultrakurzwellen (Meterwellen) im Bereich von 30 bis 300 MHz, ebenso wie die Dezimeterwellen im Bereich von 300 MHz bis 3 GHz, breiten sich bei optischer Sicht praktisch verlustlos aus. Etwas jenseits des Horizontes gelangen entsprechend schwache Beugungskomponenten und sehr weit über den Horizont hinaus noch viel schwächere Streukomponenten.

Die Zentimeterwellen im Bereich von 3 bis 30 GHz breiten sich quasioptisch aus und werden an Luftschichten der Troposphäre gelegentlich gebrochen und gespiegelt und am Boden reflektiert. Durch Brechung sowie durch Streuung in der Luft können auch Zentimeterwellen über den Horizont hinaus reichen.

3 Senderöhren

Senderöhren sind Hochvakuumgefäße, in denen Elektronenströme auf hohe Bewegungsenergie beschleunigt werden und diese nach Steuerung durch Hochfrequenzfelder teilweise in Hochfrequenzenergie umsetzen. Die Elektronenröhre war früher das wichtigste Bauelement zur Erzeugung, Steuerung und Verstärkung hochfrequenter Schwingungen. Mit der Entwicklung der Halbleitertechnik ist sie aber immer mehr von den kleineren, einfacheren und zuverlässigeren Transistoren und anderen Halbleiterbauelementen verdrängt worden. Heute wird sie nur noch dort eingesetzt, wo bei hohen Frequenzen so hohe Leistungen erzeugt werden müssen, wie sie Halbleiterbauelemente nicht verarbeiten können.

Die Funk- und Radartechnik fordern sehr hohe Ausgangsleistungen von ihren Sendern. So sollen Rundfunksender im Dauerbetrieb bis zu 1 MW erzeugen, während von manchen Radarsendern im Impulsbetrieb sogar bis zu 10 MW Spitzenleistung verlangt werden. So hohe Leistungen lassen sich nur mit entsprechend hochentwickelten Elektronenröhren erreichen. Aber auch schon zur Erzeugung und Verstärkung von Hochfrequenzleistungen von über 10 W werden Elektronenröhren eingesetzt.

3.1 Vakuumdioden

Die Vakuumdiode, ebenso wie alle anderen Elektronenröhren, ist ein auf weniger als 10^{-3} Pa   Restdruck evakuiertes Gefäß. Es enthält dem Namen entsprechend zwei Elektroden, die Kathode und Anode. Die Kathode wird elektrisch auf so hohe Temperaturen geheizt, daß sie thermisch Elektronen emittiert. Die Anode zieht bei positiver Vorspannung gegenüber der Kathode diese Elektronen an und fängt sie teilweise auf.

3.1.1 Thermische Elektronenemission

Bild 3.1 zeigt das Energiebandmodell einer Metall-Vakuum Grenzfläche mit W_L als unterer Kante des Leitungsbandes im Metall und seinem Ferminiveau

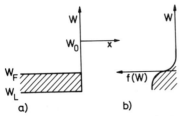

W_F innerhalb des Leitungsbandes. Die Oberfläche des Metalles erscheint im Bändermodell als Energiebarriere der Höhe $(W_0 - W_L)$. Bis zum Ferminiveau sind im Leitungsband des Metalles alle Zustände besetzt, darüber leer. Genau genommen erfolgt der Übergang von voller Besetzung bis ganz leer nach der Fermifunktion

Bild 3.1 Metall-Vakuum-Grenzfläche
a) Bändermodell
b) Fermistatistik der Elektronen-
verteilung

$$f(W) = \frac{1}{1 + \exp(\frac{W - W_F}{k_B T})} \qquad (3.1)$$

immer allmählicher, je höher die Temperatur T ist. Dabei bezeichnet $k_B = 1,38 \ 10^{-23} \ \frac{Ws}{K}$ die Boltzmannkonstante. Bei normalen Temperaturen gilt $k_B T \ll W_0 - W_F$, so daß

$$f(W_0) \simeq \exp \frac{W_F - W_0}{k_B T} \qquad (3.2)$$

wird. Die Energie W_0 haben danach bei normalen Temperaturen nur verschwindend wenige Elektronen. Es können darum auch kaum welche die Energiebarriere überwinden und austreten. Erst bei höheren Temperaturen gibt es Elektronen im Leitungsband mit soviel thermischer Energie, daß sie die Energiebarriere überwinden können. Gemäß (3.2) ist ihre Zahl proportional

$$n \sim \exp \frac{W_F - W_0}{k_B T}$$

Ermittelt man nach diesen Vorstellungen den Anteil von n, der sich auf die Grenzfläche zu bewegt und darum aus dem Metall emittiert, so folgt daraus eine Dichte des Emissionsstromes [7, S.157]

$$J = A'T^2 \exp \frac{W_F - W_0}{k_B T} \qquad (3.3)$$

mit

$$A' = \frac{4\pi \ qmk_B^2}{h^3} = 120 \ \frac{A}{(cmK)^2} \ .$$

Es bedeuten hierin q den Betrag der Ladung und m die Masse eines Elektrons, k_B ist die Boltzmannsche Konstante und $h = 6,624 \ 10^{-34} \ Ws^2$ das

Plancksche Wirkungsquantum. Bis auf die Konstante A' wird diese Beziehung experimentell verhältnismäßig gut bestätigt. Für die drei wichtigsten Gruppen von Kathodenmaterialien gibt die nachfolgende Tabelle typische Zahlenwerte an.

Material	$A' [A/(cmK)^2]$	$W_0 - W_F [eV]$	$T[K]$	$J/P_H \left[\frac{mA}{cm^2 W}\right]$
Wolfram	60...100	4,5	2500	5
Thoriertes Wolfram	3	2,6	1800	50
Bariumoxid	$10^{-3}...10^{-2}$	1,0	1100	1000

In der letzten Spalte stehen die bei der jeweiligen Temperatur T auf die Heizleistung P_H bezogenen Emissionsstromdichten. Diese Stromdichten dürfen mit Rücksicht auf die Lebensdauer der Kathoden nicht größer als $0.1...1$ A/cm^2 sein.

3.1.2 Raumladungsstrom

Wenn zwischen Kathode und Anode keine äußere Spannung liegt, läßt sich das Bändermodell darstellen, wie es das Bild 3.2a zeigt. Die Austrittsarbeit W_{0A} der Anode ist normalerweise größer als die Austrittsarbeit W_{0K} der Kathode. Wegen der verschiedenen Austrittsarbeiten bildet sich im Zwischenraum ein elektrisches Feld

$$E = \frac{W_{0A} - W_{0K}}{qd}, \qquad (3.4)$$

gegen das nur solche Elektronen bis zur Anode laufen können, deren thermische Energie um W_{0A} über dem Ferminiveau liegt. Der Anodenstrom ist deshalb um den Faktor

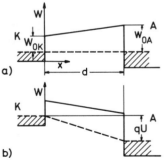

Bild 3.2 Bändermodell der Vakuumdiode
a) ohne Vorspannung
b) mit Vorspannung U an der Anode

$$\exp \frac{W_{oK} - W_{oA}}{k_B T}$$

kleiner als nach (3.3). Erst wenn die Anode um

$$U_{AK} = \frac{W_{oA} - W_{oK}}{q} \tag{3.5}$$

gegenüber der Kathode vorgespannt wird, könnten alle Elektronen, welche die Kathode verlassen, bis zur Anode gelangen und der Anodenstrom gleich dem thermischen Emissionsstrom nach (3.3) werden. Man nennt den Strom, der für $U < U_{AK}$ mit exponentieller Spannungsabhängigkeit entsprechend

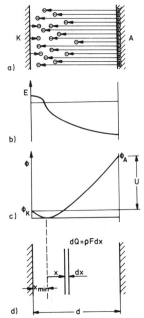

$$J \sim e^{\frac{qU}{k_B T}} \tag{3.6}$$

fließt, auch <u>Anlaufstrom</u>, weil er gegen das unter diesen Umständen verzögernde Feld anläuft. Der Strom, welcher für $U > U_{AK}$ fließen könnte, ist durch (3.3) gegeben und hängt nicht mehr von der Spannung ab, weil die Energiebarriere an der Kathode nach Bild 3.2b für $U > U_{AK}$ von konstanter Höhe bleibt. Dieser Strom heißt <u>Sättigungsstrom</u> der Diode.

Tatsächlich fließt der Sättigungsstrom normalerweise aber erst bei sehr viel höheren Anodenspannungen als U_{AK}. Nach Bild 3.3a bilden nämlich die aus der Kathode emittierten Elektronen eine Raumladung, in der die von der positiv vorgespannten Anode ausgehenden Feldlinien enden. Bei genügend dichter Raumladung greifen keine Feldlinien mehr zur Kathode durch, und der Anodenstrom wird unterhalb des Sättigungsstromes <u>raumladungsbegrenzt</u>.

Bild 3.3 Vakuumdiode mit Raumladung
a) Elektronenbahnen und elektrische Feldlinien
b) Verteilung des elektrischen Feldes
c) Potentialverteilung
d) Längskoordinate und Raumladung zur Lösung des ebenen Problems

Die elektrische Feldstärke nimmt dem Betrage nach von der Anode zur
Kathode hin ab (Bild 3.3b) und wechselt vor der Kathode sogar ihr Vorzeichen. In diesem Bereich dicht vor der Kathode laufen die Elektronen mit
ihrer thermischen Restenergie gegen das Feld an. Das Potential (Bild 3.3c)
hängt wegen der Raumladung gegenüber der linearen Verteilung ohne Raumladung durch mit einem Minimum dicht vor der Kathode, wo auch das elektrische Feld sein Vorzeichen wechselt.

Um diese Feld- und Ladungsverteilungen und letztes Endes den Strom zu berechnen, betrachten wir die ebene Anordnung in Bild 3.3d, in der Ladungsdichte ρ und Potential ϕ nur von x abhängen, nicht aber von den beiden
anderen Raumrichtungen. Die allgemeine Poissongleichung für den stationären Zustand

$$\Delta \phi = - \frac{\rho}{\varepsilon} \qquad (3.7)$$

lautet dafür einfach

$$\frac{d^2\phi}{dx^2} = - \frac{\rho(x)}{\varepsilon_0} \quad . \qquad (3.8)$$

Mit der Querschnittsfläche F der Diode ist der von der Anode zur Kathode
fließende Konvektionsstrom:

$$I = - \rho(x)\, v(x)\, F \qquad (3.9)$$

Dabei bezeichnet v(x) die Geschwindigkeit, mit der die Elektronen der
Dichte $n = - \frac{\rho(x)}{q}$ bei x laufen. Im stationären Zustand ist der Konvektionsstrom unabhängig von x gleich dem Diodenstrom. Die Geschwindigkeit
v(x) folgt bei einer Anfangsgeschwindigkeit v(0) = 0 im Potentialminimum
$\phi(0) = 0$ aus der Energiebilanz

$$\frac{1}{2}\, mv^2 = q\, \phi$$

zu

$$v = \sqrt{\frac{2q}{m}\, \phi} \quad . \qquad (3.10)$$

Wird ρ von Gl.(3.9) und v von Gl.(3.10) in (3.8) eingesetzt, so ergibt
sich folgende nichtlineare Differentialgleichung für ϕ

$$\frac{d^2\phi}{dx^2} = \frac{I}{\varepsilon_0 F} \sqrt{\frac{m}{2q \phi}} \quad . \tag{3.11}$$

Um sie zu lösen, wird

$$\phi = U(\frac{x}{d})^{\alpha}$$

angesetzt und damit schon die Randbedingungen $\phi(0) = 0$ und $\phi(d) = U$ erfüllt. Der kleine Abstand x_{min} wird hier gegenüber d ebenso wie die Potentialdifferenz zwischen Potentialminimum und Kathode vernachlässigt.

Führt man nun diesen Ansatz in die Differentialgleichung (3.11) ein, so folgt

$$\alpha(\alpha - 1)\frac{U}{d^2} (\frac{x}{d})^{\alpha-2} = \frac{I}{\varepsilon_0 F} \sqrt{\frac{m}{2qU}} (\frac{x}{d})^{-\frac{\alpha}{2}} \quad .$$

Diese Gleichung geht nur mit $\alpha = \frac{4}{3}$ auf; ein Koeffizientenvergleich ergibt für den Strom

$$I = \frac{4}{9} \frac{\varepsilon_0 F}{d^2} \sqrt{\frac{2q}{m}} U^{3/2} \quad . \tag{3.12}$$

Die $U^{3/2}$-Abhängigkeit gilt ganz allgemein für raumladungsbegrenzte Ströme unabhängig von den Elektrodenformen, wie folgende Überlegung zeigt: Aus der allgemeinen Poissongleichung

$$\Delta\phi = -\frac{\rho}{\varepsilon}$$

und der allgemeinen Beziehung

$$\rho = -\frac{J}{v} = -\frac{J}{\sqrt{\frac{2q}{m} \phi}}$$

zwischen Raumladung und Konvektionsstromdichte bei einer Anfangsgeschwindigkeit $v = 0$ für $\phi = 0$ folgt

$$\sqrt{\phi} \ \Delta\phi = \sqrt{\frac{m}{2q}} \ \frac{J}{\varepsilon_0} \quad .$$

Multipliziert man nun in dieser Gleichung das Potential jedes Ortes mit μ und die Stromdichte mit λ , so folgt

$$\mu^{3/2} \sqrt{\phi} \ \Delta\phi = \lambda \sqrt{\frac{m}{2q}} \ \frac{J}{\varepsilon_0} \quad .$$

Damit diese Gleichung erfüllt bleibt, muß $\lambda = \mu^{3/2}$ sein, d.h. wenn das Potential sich um das μ-fache ändert, ändert sich die Stromdichte um das $\lambda = \mu^{3/2}$-fache. Es besteht also zwischen <u>Raumladungs-Stromdichte</u> und Spannung die allgemeine Beziehung

$$J = f(R)U^{3/2} . \tag{3.13}$$

Dabei wird f(R) durch die Randbedingungen, d. h. durch die Geometrie des Entladungsraumes bestimmt. Bei dieser Überlegung wird nur vorausgesetzt, daß die Elektronen die Anfangsgeschwindigkeit null haben.

Für eine kreiszylindrische Vakuumdiode mit konzentrischen Elektroden der Länge l, dem Kathodendurchmesser d_k und Anodendurchmesser d_a lautet das <u>Raumladungsgesetz</u>

$$I = \frac{16}{9} \frac{\pi \varepsilon_0 l}{d_a f(\frac{d_a}{d_k})} \sqrt{\frac{2q}{m}} U^{3/2} \tag{3.14}$$

mit einem Faktor $f(\frac{d_a}{d_k})$, der gemäß Bild 3.4 mit zunehmendem Durchmesserverhältnis gegen eins strebt.

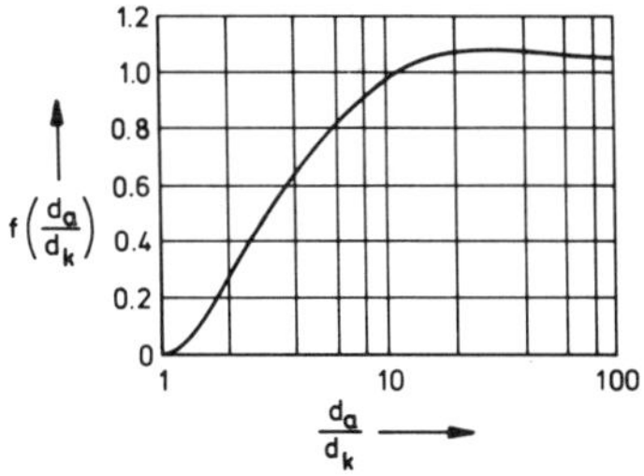

Bild 3.4
Korrekturfaktor für den Raumladungsstrom kreiszylindrischer Vakuumdioden

Anlaufstrom, Raumladungsstrom und Sättigungsstrom gehen mit wachsender Anodenspannung stetig ineinander über, so daß sich die in Bild 3.5 skizzierte Strom-Spannungs-Charakteristik für die Vakuumdiode ergibt.

Die Vakuumdiode findet in der Hochfrequenztechnik nur noch wenige Sonder-

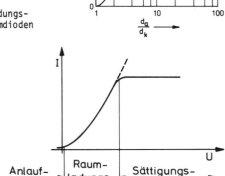

$I \sim e^{qU/(k_B T)}$ $I \sim U^{3/2}$ $I = const$

Bild 3.5   Strom-Spannungscharakteristik einer Vakuumdiode

anwendungen. Hier wurde sie nur als Grundlage für die gittergesteuerten Röhren behandelt.

3.2 Vakuumtriode

Bei der Vakuumtriode liegt im Entladungsraum zwischen Kathode und Anode ein Gitter, daß gegenüber der Kathode negativ vorgespannt ist und darum keinen Strom zieht. Mit der Spannung am Gitter lassen sich aber Ströme zur Anode leistungslos steuern und damit Spannungsänderungen verstärken.

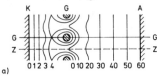

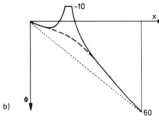

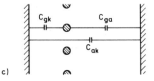

Bild 3.6

a) Planare Triode mit
   Äquipotentiallinien
b) Potentialprofile in zwei
   Schnittebenen
c) Teilkapazitäten der Triode

Bild 3.6b zeigt das Potentialgebirge der Triode in Bild 3.6a anhand zweier Schnittprofile. Die Potentiale sind wie im Bändermodell positiv nach unten aufgetragen, um das Verständnis der Elektronenbewegung mit der Vorstellung abwärts rollender Kugeln zu erleichtern. Raumladung ist in diesen Bildern aber vernachlässigt.

Ohne Gitter wäre das elektrische Feld zwischen Kathode und Anode homogen, und das Potential würde wie die punktierte Linie linear ansteigen. Das negativ vorgespannte Gitter drückt das Potential abwärts, so daß in Längsschnitten $\overline{GG}$ durch Gitterstäbe das ausgezogene Potentialprofil entsteht. Aber auch in Längsschnitten $\overline{ZZ}$ zwischen den Gitterstäben wird das Potential abgesenkt. Dicht vor der Kathode ebenso wie vor der Anode verlaufen die Äquipotentiallinien wieder gerade und das elektrische Feld ist homogen. Vor der Kathode ist es aber entsprechend dem kleineren Potentialgradienten weit schwächer als ohne das negativ vorgespannte Gitter. Je stärker das Gitter negativ vorgespannt

ist, um so weiter sinkt bei konstanter Anodenspannung das elektrische
Feld vor der Kathode,bis es sogar Null wird und dann sein Vorzeichen
wechselt. Ein Raumladungsstrom von der Kathode zur Anode würde dadurch
auch abgesenkt und bei Vorzeichenwechsel des elektrischen Feldes ganz
aufhören.

Um diesen Strom zu berechnen, bedient man sich der Teilkapazitäten zwischen Kathode und Gitter C_{gk} sowie zwischen Kathode und Anode C_{ak}
(Bild 3.6c). Ohne Raumladung influenzieren Gitter- und Anodenspannungen
die Ladung

$$Q = C_{gk}U_g + C_{ak}U_a \qquad (3.15)$$

auf der Kathode. Eine ebene Diode mit der Kapazität C_{gk} hätte den Elektrodenabstand

$$d_e = \frac{\varepsilon_o F}{C_{gk}} \qquad (3.16)$$

bei einer Elektrodenfläche F.
Die Spannung

$$U_{st} = U_g + \frac{C_{ak}}{C_{gk}} U_a \qquad (3.17)$$

an dieser Ersatzdiode erzeugt das gleiche Feld vor der Kathode wie in der
Triode. Wenn nun die Kathode Elektronen emittiert, so bleibt der größte
Teil der Raumladung normalerweise dicht vor der Kathode und begrenzt dort
den Strom. Man kann also den Raumladungsstrom auch für die Ersatzdiode
mit der Steuerspannung U_{st} nach (3.17) ausrechnen

$$I_k = K U_{st}^{3/2} \quad , \qquad (3.18)$$

wobei für ebene Elektroden gemäß (3.12) mit (3.16)

$$K = \frac{4}{9} \frac{\varepsilon_o F}{d_e^2} \sqrt{\frac{2q}{m}} = \frac{4}{9} \frac{C_{gk}^2}{\varepsilon_o F} \sqrt{\frac{2q}{m}} \qquad (3.19)$$

zu setzen ist. Das Kapazitätsverhältnis

$$D = \frac{C_{ak}}{C_{gk}} \qquad (3.20)$$

heißt Durchgriff, weil die Anodenspannung mit dem Faktor D in die tatsächliche Steuerspannung U_{st} der Ersatzdiode eingeht: Nach Maßgabe von D

greift die Anodenspannung durch das Gitter zur Kathode durch.

Unter normalen Betriebsbedingungen, d. h. bei negativ vorgespanntem Gitter, gibt es keinen Gitterstrom und der ganze Elektronenstrom von der Kathode fließt zur Anode:

$$I_a = I_k = K(U_g + DU_a)^{3/2} \tag{3.21}$$

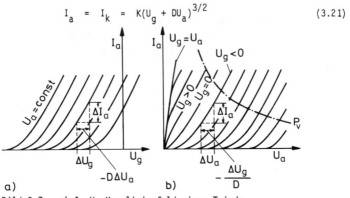

a)

b)

Bild 3.7 a) I_a-U_g-Kennlinienfeld einer Triode
b) I_a-U_a-Kennlinienfeld einer Triode

Diese Funktion des Anodenstromes von Gitter- und Anodenspannung zeigt Bild 3.7a im I_a-U_g-Kennlinienfeld mit U_a als Parameter. Die Neigung dieser Kurven

$$S = \frac{\partial I_a}{\partial U_g} \tag{3.22}$$

heißt <u>Steilheit</u> der Triode. Eine Änderung der Gitterspannung ΔU_g erscheint gemäß

$$\Delta I_a = S \, \Delta U_g \tag{3.23}$$

mit der Steilheit multipliziert als Anodenstromänderung. Die Änderung des Anodenstromes mit der Anodenspannung

$$\frac{1}{R_i} = \frac{\partial I_a}{\partial U_a} \tag{3.24}$$

stellt den differentiellen Leitwert der Triode dar. Ihr Kehrwert R_i heißt deshalb <u>innerer Widerstand</u>. Nach (3.21) ist das Produkt

$$SR_i = \frac{1}{D}$$

bzw.

$$DSR_i = 1 \quad . \tag{3.25}$$

Diese sog. innere Röhrengleichung gilt in jedem Arbeitspunkt, obwohl S und R_i sich mit dem Arbeitspunkt ändern. Wenn man die Definition des Durchgriffs entsprechend

$$D = - \left. \frac{\partial U_g}{\partial U_a} \right|_{I_a = \text{konst}} \tag{3.26}$$

verallgemeinert, gilt die innere Röhrengleichung auch außerhalb des Raum-ladungsgebietes und für arbeitspunktabhängigen Durchgriff, solange nur $I_g = 0$ bleibt: Bei einer allgemeinen Funktion

$$I_a = f(U_g, U_a)$$

der zwei veränderlichen U_g und U_a ist nämlich das Differential

$$dI_a \equiv \frac{\partial f}{\partial U_g} dU_g + \frac{\partial f}{\partial U_a} dU_a = 0$$

für $I_a = \text{const}$, so daß allgemein

$$\left. \frac{\partial U_g}{\partial U_a} \right|_{I_a = \text{const}} = - \frac{\partial f}{\partial U_a} \bigg/ \frac{\partial f}{\partial U_g} = - \frac{1}{SR_i}$$

gilt und damit die innere Röhrengleichung.

Eine weitere für die Praxis nützliche Darstellung der Strom-Spannungsbe-ziehungen der Triode bildet das I_a-U_a-Kennlinienfeld mit U_g als Parameter in Bild 3.7b. Die Kennlinien verlaufen in ihm auch nach dem Raumladungs-gesetz. Nur ist die Spannungsachse gegenüber Bild 3.7a um den Faktor D verkürzt und um $-U_g/D$ verschoben.

Jenseits der Kurve $U_g = 0$, also für $U_g > 0$, wird $I_a < I_k$, und es fließt ein zunächst noch kleiner Gitterstrom I_g. Die Stromteilung von I_k in I_a und I_g verändert den Verlauf $I_a = f(U_a)$ gegenüber dem Raumladungsgesetz etwas. Für $U_g > U_a$ nimmt dann aber I_a sehr schnell ab und es wird $I_g \simeq I_k$. Der Bereich $U_g > U_a$ ist im praktischen Betrieb zu vermeiden. $U_g = U_a$ bildet in diesem Sinne eine Grenzkurve, deren Steigung $S(1 + D)$ Steilheit und Durchgriff bestimmen.

Eine weitere Grenze wird der Triodenaussteuerung im I_a-U_a-Kennlinienfeld durch die Verlustleistung P_v gesetzt, welche von der Anode absorbiert werden kann, ohne daß sie sich zu stark erwärmt. Die Beziehung

$$P_v = U_a I_a \tag{3.27}$$

für die Verlustleistung bildet im I_a-U_a-Feld eine Hyperbel, die sog. Verlusthyperbel. Der Arbeitspunkt muß immer unterhalb der Verlusthyperbel liegen, und es darf nur so über sie hinaus ausgesteuert werden, daß der zeitliche Mittelwert des Produktes von I_a und U_a kleiner als P_v bleibt.

Die Sättigung des Kathodenstromes, wie er bei der Vakuumdiode in Bild 3.5 die Kennlinie abflacht, setzt in normalen Trioden erst weit oberhalb der Verlusthyperbel ein. Dieser Sättigungsbereich erscheint darum in den Triodenkennlinienfeldern gar nicht.

Um die Vorgänge in der Triode beim Betrieb als Senderöhre zu verstehen und auch für eine ungefähre quantitative Behandlung reicht es aus, die Raum-

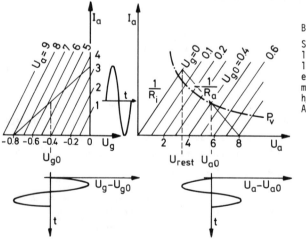

Bild 3.8

Stückweise lineare Kennlinienfelder einer Triode mit Verlusthyperbel und Arbeitsgeraden

ladungskennlinien in Bild 3.7 durch Geraden anzunähern. Die Kennlinienfelder dieses stückweise linearen Modells zeigt Bild 3.8. Solch ein Modell
wird vollständig charakterisiert durch aussteuerungsunabhängige Werte von
Steilheit S, Durchgriff D und inneren Widerstand R_i als Mittelwerte von S,
D bzw. R_i im Aussteuerungsbereich. Die Strom-Spannungsbeziehung lautet damit

$$I_a = S(U_g + DU_a)$$

für $U_g + DU_a > 0$, während für $U_g + DU_a < 0$ einfach $I_a = 0$ wird.

3.3 Sendeverstärker

In den leistungsstarken Rundfunksendern für Lang-,Mittel-, Kurz- und
Ultrakurzwellen wird die Trägerschwingung durch Transistoroszillatoren
erzeugt, die sich durch Rückkopplung selbst erregen, und deren Frequenz
durch Quarzkristalle als piezoelektrische Schwinger im Resonanzkreis sehr
konstant gehalten wird. Diese Trägerschwingung wird in Transistorschal-
tungen vorverstärkt und mitunter in diesen Schaltungen auch schon moduliert. Auf die eigentliche Rundfunk-Sendeleistung können Transistoren die
Trägerschwingung aber nicht verstärken. Dazu werden vielmehr Elektronenröhren im Sendeverstärker eingesetzt.

Bild 3.9 zeigt die Prinzipschaltung
eines Sendeverstärkers mit Triode in
Kathodenbasisschaltung. Die Kathode
liegt auf Erdpotential und ist hoch-
frequenzmäßig Ein- und Ausgangsklemme.
Das Gitter ist mit U_{go} negativ und die
Anode mit U_{ao} positiv vorgespannt. Die
Gitter- und Anoden-Parallelresonanz-

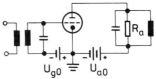

Bild 3.9

Prinzipschaltung eines Sendeverstärkers mit Triode

kreise sind auf die Trägerschwingung abgestimmt, bilden für sie also reine Wirkwiderstände, während sie Schwingungen abseits von der Sendefrequenz
ebenso wie Gleichspannungen kurzschließen.

Für den Sendeverstärker gibt es verschiedene Betriebsweisen, die sich mit
Arbeitspunkt und Aussteuerung im Kennlinienfeld voneinander unterscheiden.
Da es beim Sendeverstärker in erster Linie auf den Wirkungsgrad ankommt,

mit der Gleichstromleistung in Wechselstromleistung umgesetzt wird, soll
dieser Wirkungsgrad hier für die verschiedenen Betriebsweisen berechnet
werden.

3.3.1 A-Betrieb: Vorspannungen und Aussteuerung für den A-Betrieb sind
in Bild 3.8 eingetragen. U_{go} und U_{ao} sind so gewählt, daß der Arbeitspunkt auf der Verlusthyperbel liegt und die Triode damit ohne Aussteuerung
thermisch voll ausgelastet wird. Bei Aussteuerung des Gitters mit der
Hochfrequenz-Amplitude $\hat{U}_g$ stellt sich ein Anodenwechselstrom der Amplitude

$$\hat{I}_{a1} = S(\hat{U}_g - D\hat{U}_{a1}) \tag{3.28}$$

ein, wobei $\hat{U}_{a1}$ den Wechselspannungsabfall am Resonanzwiderstand des Anoden-
kreises darstellt

$$\hat{U}_{a1} = \hat{I}_{a1}R_a .$$

Damit wird
$$\hat{I}_{a1} = \frac{S}{1 + R_a/R_i} \hat{U}_g . \tag{3.29}$$

Im I_a-U_a-Kennlinienfeld wandert man dabei auf einer Arbeitsgeraden hin
und her, die mit $\frac{-1}{R_a}$ geneigt ist. Im I_a-U_g-Kennlinienfeld wird durch den
Wechselspannungsabfall am Anodenwiderstand die Arbeitsgerade geschert und
verläuft flacher als die Kennlinien. Das Verhältnis

$$j = \frac{\hat{I}_{a1}}{I_{ao}} \tag{3.30}$$

heißt Stromaussteuerung und das Verhältnis

$$h = \frac{\hat{U}_{a1}}{U_{ao}} \tag{3.31}$$

Spannungsausnutzung. Mit

$$P_a = \frac{1}{2} \hat{U}_{a1}\hat{I}_{a1} \tag{3.32}$$

als HF-Ausgangsleistung im Anodenwiderstand und

$$P_o = I_{ao}U_{ao} \tag{3.33}$$

als Gleichstromleistung der Anodenbatterie ist der Wirkungsgrad

$$\eta \equiv \frac{P_a}{P_o} = \frac{1}{2} jh \quad . \tag{3.34}$$

Für einen guten Wirkungsgrad sollten Stromaussteuerung und Spannungsausnutzung möglichst hoch sein. Die Stromaussteuerung erreicht den im A-Betrieb größtmöglichen Wert $j = 1$, wenn von $I_a = 0$ bis $I_a = 2I_{ao}$ ausgesteuert wird. Die Spannungsausnutzung erreicht den größtmöglichen Wert,
wenn auf der Arbeitsgeraden im I_a-U_a-Feld bis zur Linie $U_g = 0$ ausgesteuert wird. Sie wird dann nur durch die Anodenrestspannung $U_{rest} = 2I_{ao}R_i$ auf

$$h = 1 - \frac{2I_{ao}R_i}{U_{ao}} \tag{3.35}$$

begrenzt.

Um diese Verhältnisse einzustellen, sind Anodenwiderstand und -vorspannung
entsprechend

$$U_{ao} = \sqrt{P_v(R_a + 2R_i)} \tag{3.36}$$

aufeinander abzustimmen. Eine kleine Anodenrestspannung und hohe Spannungsausnutzung wird mit einem großen Anodenwiderstand und einer entsprechend hohen Vorspannung erreicht. Mit $h \simeq 1$ nähert man sich schließlich $\eta = 0,5$, womit alle Möglichkeiten, die der A-Betrieb hinsichtlich
des Wirkungsgrades bietet, ausgeschöpft sind.

3.3.2   B-Betrieb: In dieser Betriebsweise lassen sich Wirkungsgrad und
Ausgangsleistung weiter steigern. Während man im A-Betrieb die Arbeitskennlinie des I_a-U_g-Feldes entsprechend Bild 3.10a nur über den ganzen
linearen Bereich aussteuert, wird im B-Betrieb nach Bild 3.10b der Arbeitspunkt in den Knick dieser Kennlinie gelegt. Als Anodenstrom fließen
dann zwar nur die positiven Sinushalbwellen; diesem stark verzerrten
Anodenstrom bietet der Anodenresonanzkreis aber ausschließlich bei der
Grundfrequenz den Widerstand R_a, während er den Gleichstrom und alle Oberschwingungen kurzschließt. Er sieht also die Grundschwingung der Strom-
Amplitude

$$\hat{I}_{a1} = \frac{\hat{I}_a}{2} \tag{3.37}$$

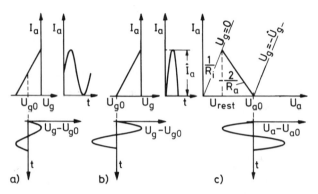

Bild 3.10

a) Aussteuerung der Arbeitskennlinie des I_a-U_g-Kennlinienfeldes im A-Betrieb
b) Aussteuerung der Arbeitskennlinie des I_a-U_g-Kennlinienfeldes im B-Betrieb
c) Arbeitskennlinie und Aussteuerung im I_a-U_a-Kennlinienfeld für den B-Betrieb

heraus, und man erhält eine unverzerrte Sinusspannung der Amplitude

$$\hat{U}_{a1} = R_a \hat{I}_{a1} \quad . \tag{3.38}$$

Die positiven Sinushalbwellen enthalten den Anodengleichstrom

$$I_{ao} = \frac{\hat{I}_a}{\pi} = \frac{2}{\pi} \hat{I}_{a1} \quad , \tag{3.39}$$

so daß die Stromaussteuerung im B-Betrieb auf

$$j = \frac{\pi}{2} \tag{3.40}$$

steigt. Für die maximale Amplitude der Anodenwechselspannung liest man aus Bild 3.10c

$$\hat{U}_{a1} = U_{ao} - \hat{I}_a R_i \tag{3.41}$$

ab, und es ergibt sich als Spannungsausnutzung

$$h = 1 - \frac{\hat{I}_a R_i}{U_{ao}} \tag{3.42}$$

Um diese Verhältnisse bei voller thermischer Belastung entsprechend

$$P_v = U_{ao} I_{ao} - \frac{\hat{I}_{a1} \hat{U}_{a1}}{2}$$ einzustellen, sind R_a und U_{ao} gemäß

$$U_{ao} = (R_a + 2R_i) \sqrt{\frac{2\pi P_v}{8R_i + (4 - \pi)R_a}} \qquad (3.43)$$

aufeinander abzustimmen. Gittergleichspannung und -aussteuerung müssen dann nach

$$U_{go} = - \hat{U}_g = - DU_{ao} \qquad (3.44)$$

gewählt werden.

Ebenso wie beim A-Betrieb führen auch beim B-Betrieb ein großer Anoden-widerstand und eine entsprechende hohe Vorspannung zu einer kleinen Ano-denrestspannung und hoher Spannungsausnutzung. Für $h \approx 1$ und bei voller Stromaussteuerung $j = \frac{\pi}{2}$ wird der maximale Wirkungsgrad des B-Betriebes, nämlich

$$\eta = 78,5 \%$$

erreicht.

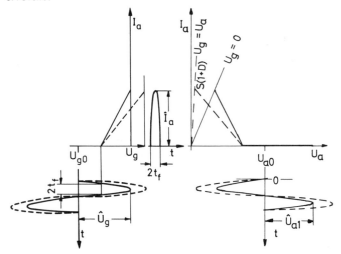

Bild 3.11   C-Betrieb im unterspannten Zustand (———)
und C-Betrieb im Grenzzustand   (-----)

3.3.3 <u>C-Betrieb</u>: Der Wirkungsgrad läßt sich noch weiter steigern, wenn man gemäß Bild 3.11 den Arbeitspunkt im I_a-U_g-Feld über den Knick der Arbeitskennlinie hinaus zu noch mehr negativen Gitterspannungen verschiebt. Anodenstrom fließt dann nur impulsartig während der Zeitabschnitte $2t_f$, in denen die positiven Halbwellen der Gitterwechselspannung über den Knick der Arbeitskennlinie hinaussteuern. Die Stromimpulse enthalten nach einer Fourieranalyse den Gleichstrom

$$I_{ao} = \frac{1}{T} \int_0^T I_a(t)dt \quad , \tag{3.45}$$

eine Grundschwingung der Amplitude

$$\hat{I}_{a1} = \frac{2}{T} \int_0^T I_a(t)\sin \omega t \, dt \tag{3.46}$$

und Oberschwingungen der Amplitude

$$\hat{I}_{an} = \frac{2}{T} \int_0^T I_a(t)\sin n \, \omega t \, dt \quad . \tag{3.47}$$

Diese Fourieranalyse führt auf eine Stromaussteuerung, die sich mit dem <u>Stromflußwinkel</u> $\theta = \omega \, t_f$ folgendermaßen darstellen läßt:

$$j = \frac{\theta - \frac{1}{2} \sin 2\theta}{\sin\theta - \theta\cos\theta} \tag{3.48}$$

Bei stark ausgeprägtem C-Betrieb sind die Anodenstromimpulse so kurz, daß im Integral (3.46) für die Grundschwingungsamplitude für die Dauer des Stromimpulses der Sinus nahezu konstant (sin $\omega t \approx 1$) bleibt. Unter diesen Bedingungen ist

$$\hat{I}_{a1} \simeq \frac{2}{T} \int_0^T I_a(t)dt = 2I_{ao} \tag{3.49}$$

und demnach die Stromaussteuerung $j = 2$.

Wenn der Anodenschwingkreis auf die Grundfrequenz abgestimmt wird, fällt an ihm nur eine Spannung der Grundschwingung mit der Amplitude

$$\hat{U}_{a1} = R_a \hat{I}_{a1}$$

ab. Die Spannungsausnutzung wird wieder durch die Anodenrestspannung auf

$$h = 1 - \frac{\hat{I}_a R_i}{U_{ao}} \tag{3.50}$$

begrenzt. Dabei steht der Anodenspitzenstrom $\hat{I}_a$ zum Anodengleichstrom nach der Fourieranalyse (3.45) im Verhältnis der sog. Spitzenzahl s

$$s = \frac{\hat{I}_a}{I_{ao}} = \frac{\pi (1 - \cos \theta)}{\sin \theta - \theta \cos \theta} \quad . \tag{3.51}$$

Um diesen C-Betrieb bei voller thermischer Belastung der Röhre entsprechend $P_v = U_{ao} I_{ao} - \hat{U}_{a1} \hat{I}_{a1}/2$ einzustellen, sind R_a und U_{ao} nach der Beziehung

$$U_{ao} = (s\,R_i + j\,R_a) \sqrt{\frac{P_v}{sR_i + j(1 - \frac{j}{2})R_a}} \tag{3.52}$$

aufeinander abzustimmen. Gittergleichspannung und -aussteuerung müssen dann gemäß

$$U_{go} = -\hat{U}_g = -\frac{D\,U_{ao}\left[sR_i + jR_a\,(1 - \cos\theta)\right]}{(1 - \cos\theta)\,(sR_i + jR_a)} \tag{3.53}$$

gewählt werden.

Der Wirkungsgrad im C-Betrieb lautet

$$\eta = \frac{h}{2} \frac{\theta - \frac{1}{2}\sin 2\theta}{\sin \theta - \theta \cos \theta} \tag{3.54}$$

Um ihn zu erhöhen, ist der Stromflußwinkel zu verkleinern. Dabei darf aber der Spitzenstrom $\hat{I}_a$ nicht den zulässigen Höchstwert des Kathoden-Emissionsstromes überschreiten. Normalerweise wird bei Stromflußwinkeln zwischen 60^0 und 70^0 gearbeitet und damit ein Wirkungsgrad von

$$\eta = (0,863...0,897)h \tag{3.55}$$

erreicht.

Um auch die Spannungsausnutzung zu erhöhen, muß man mit möglichst großem

Anodenwiderstand arbeiten und entsprechend hohe Vorspannungen wählen. Darüberhinaus gibt es noch zwei andere Möglichkeiten, die Spannungsausnutzung zu verbessern. Man kann erstens zu positiven Gitterspannungen bis zum sog. <u>Grenzzustand</u> $U_g = U_a$ aussteuern oder zweitens mit einem zweiten Gitter, d. h. mit einer <u>Tetrode</u> anstelle der Triode arbeiten.

<u>3.3.4 Betrieb im Grenzzustand</u>: Wenn die Gitterwechselspannung über $U_g = 0$ hinaus zu $U_g > 0$ aussteuert, fließt zwar ein Gitterstrom. Dieser bleibt aber solange in erträglichen Grenzen, wie $U_g < U_a$ ist. Erst wenn die Gitterspannung über $U_g = U_a$ hinaus zu Werten $U_g > U_a$ geht, übernimmt das Gitter den größeren Teil des Kathodenstromes, und der Anodenstrom fällt stark ab.

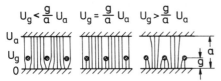

Bild 3.12

Elektronenbahnen für verschiedene Gitterspannungen

Daß für $U_g < U_a$ nur ein kleiner Teil des Kathodenstromes zum Gitter fließt, liegt einfach an der geringen Abdeckung der Anode durch das Gitter. Da der Abstand zwischen den Gitterstäben viel größer als ihre Stärke ist, fliegen die meisten Elektronen auf Grund ihrer Trägheit noch am Gitter zur Anode vorbei, selbst wenn das Gitterpotential allein ihnen eine Gitterlandung erlauben würde. Typische Elektronenbahnen sind für drei verschiedene Spannungen in Bild 3.12 skizziert.

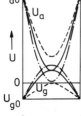

Bild 3.13 zeigt Spannungs- und Stromverläufe der verschiedenen Betriebszustände mit zeitweise positiver Gitterspannung. In dem sog. <u>unterspannten Zustand</u> bleibt

$$U_{go} + \hat{U}_g < U_{ao} - \hat{U}_{a1}$$

Bild 3.13

Spannungs- und Stromverläufe beim C-Betrieb

und es fließt nur sehr wenig Gitterstrom. Auch im Grenzzustand mit

$$U_{go} + \hat{U}_g = U_{ao} - \hat{U}_{a1}$$

bleibt der Gitterstrom noch in Grenzen, und der Anodenstrom verläuft praktisch noch so wie im unterspannten Zustand. Im <u>überspannten Zustand</u> mit

$$U_{go} + \hat{U}_g > U_{ao} - \hat{U}_{a1}$$

fließt aber ein starker Gitterstrom, der Anodenstrom sattelt sich dadurch mehr und mehr ein, und seine Grundschwingungsamplitude nimmt stark ab. Es vermindert sich somit die Stromaussteuerung, und zwar mehr als die Spannungsausnutzung sich verbessert. Der Wirkungsgrad sinkt deshalb im überspannten Zustand.

Im Grenzzustand kann man dagegen noch mit ungeschwächten Anodenstromspitzen und mit der Stromaussteuerung j gemäß (3.48) sowie der Spitzenzahl s gemäß (3.51) rechnen. Im I_a-U_a-Feld wird mit $U_g = U_a$ bis an die Gerade $I_a = S(1 + D)U_a$ ausgesteuert. Seine Spannungsausnutzung steigt deshalb bis auf

$$h = 1 - \frac{\hat{I}_a}{S(1 + D)U_{ao}} \quad . \tag{3.56}$$

Da jetzt $h \approx 1$ ist, kann man in dem kleinen Korrekturterm von (3.56) $U_{ao} \approx \hat{U}_a$ setzen, so daß

$$h = 1 - \frac{s}{jS(1 + D)R_{ag}} \tag{3.57}$$

wird, wobei $R_{ag} = \hat{U}_a/\hat{I}_{a1}$ den Anodenresonanzwiderstand für den Grenzzustand bezeichnet. Dieser Grenzwiderstand und die Anodenvorspannung U_{ao} sind für volle thermische Auslastung der Röhre mit P_v gemäß

$$U_{ao} = (j R_{ag} + \frac{s}{1 + \frac{1}{D}} R_i) \sqrt{\frac{P_v}{\frac{s}{1 + \frac{1}{D}} R_i + j(1 - \frac{j}{2})R_{ag}}} \tag{3.58}$$

aufeinander abzustimmen.

Für diesen Betrieb im Grenzzustand muß dann auch immer noch geprüft werden, ob die <u>Gitterverlustleistung</u> nicht das thermisch zulässige Maß überschreitet. Außerdem muß die Treiberstufe zur Gitteraussteuerung des Senderverstärkers so bemessen werden, daß sie die Steuerleistung liefern kann, welche bei zeitweise positiver Gitterspannung der dann endliche Gitterstrom fordert.

3.3.5   Sendeverstärker mit Strahltetrode

Die hohe Spannungsausnutzung des Triodenverstärkers im Grenzzustand wird
mit der Steuerleistung erkauft, welche der Gitterstrom bei $U_g > 0$ fordert.
Um eine hohe Spannungsausnutzung bei kleiner Steuerleistung zu erzielen,
werden Röhren eingesetzt, bei denen zwischen dem normalen Steuergitter
der Triode noch ein bis zwei weitere Gitter liegen.

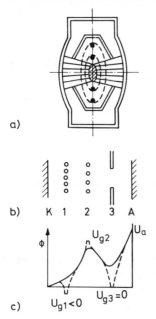

a)

b)   K 1 2 3 A

c) $U_{g1} < 0$ $U_{g3} = 0$

Bild 3.14   Strahltetrode
a) Aufbau
b) Querschnitt durch Kathoden-
   Anodenraum
c) Potentialverteilung

Den Aufbau solcher Mehrgitterröhren und den
Potentialverlauf zwischen Kathode und Anode
im normalen Betrieb zeigt Bild 3.14. Das
Steuergitter 1 ist nach wie vor negativ vorgespannt. Das Gitter 2 ist positiv vorgespannt. Es bestimmt zusammen mit U_g den
Potentialverlauf vor der Kathode, und damit
den raumladungsbegrenzten Kathodenstrom.
Gegen die Anode werden Gitter 1 und Kathode
durch das zweite Gitter fast ganz abgeschirmt. Darum heißt Gitter 2 auch Schirmgitter. Die Elektroden 3 liegen auf Katho-
denpotential, sie bilden eine Blende, welche die Elektronen auf dem Weg zur Anode
zu einem Strahl formt. Wegen dieser Strahlblenden heißt die Röhre auch Strahltetrode.

Ohne Anodenspannung landen alle Elektronen
auf dem Schirmgitter. Schon bei geringer
Anodenvorspannung übernimmt aber die Anode
immer mehr Elektronen,bis bei $U_a \simeq U_{g2}$
der Schirmgitterstrom sehr klein wird. Für
$U_a > U_{g2}$ steigt der Anodenstrom dann nur
noch sehr wenig mit der Anodenspannung und
wird bei konstanter Schirmgitterspannung praktisch nur noch von der Steu-
ergitterspannung bestimmt. Bild 3.15 zeigt das I_a-U_a-Kennlinienfeld, in
dem der Anodenstrom schon bei relativ kleinen Spannungen $U_a \simeq U_{g2}$ in von
U_a unabhängige Werte einläuft. Die Strahlblenden erzeugen zusammen mit der
negativen Raumladung des zwischen ihnen gebündelten Elektronenstrahles ein

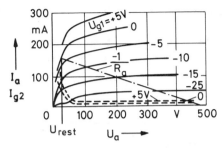

Potentialminimum. Dieses Minimum bremst Sekundärelektronen,
die von den primär auf die
Anode prallenden Elektronen
ausgelöst werden. Solche Sekundärelektronen würden ohne
Potentialminimum bei $U_a \simeq U_{g2}$
zum Schirmgitter fliegen und
den Anodenstrom in diesem
Spannungsbereich herabsetzen.

Bild 3.15

Ausgangskennlinien und Schirmgitterstrom
eines Sendeverstärkers mit Strahltetrode

Auf einer Arbeitsgeraden wie
in Bild 3.15 kann die Strahltetrode bis zu relativ kleinen Anodenrest-
spannungen ausgesteuert werden, ohne daß viel Schirmgitterstrom fließt.
Steuergitterstrom fließt überhaupt nicht, solange nur $U_g < 0$ ist. Die
Strahltetrode läßt sich also mit hoher Spannungsausnutzung leistungslos
steuern.

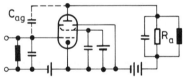

Im Sendeverstärker mit Strahltetrode
entsprechend Bild 3.16 wird das positiv vorgespannte Schirmgitter durch
eine große Kapazität hochfrequenzmäßig kurzgeschlossen. Bei Hoch-
frequenzschwankungen des Schirm-
gitterstromes bleibt die Schirmgitterspannung dann ständig konstant.

Bild 3.16

Sendeverstärker mit Strahltetrode
und sehr schwacher Rückkopplung
durch die Gitter-Anoden-Kapazität

Die Strahltetrode hat als weiteren Vorteil gegenüber der Triode noch eine
kleinere Kapazität zwischen Anode und Steuergitter. Während bei der Triode zwischen Anode und Gitter die ganze Kapazität C_{ag} des äquivalenten
Plattenkondensators des Gitter-Anoden-Systems liegt, verkleinern Schirmgitter und Strahlblenden der Strahltetrode diese Kapazität ganz erheblich.
In der normalen Sendeverstärkerschaltung koppelt die Gitter-Anoden-Kapazität vom Ausgang zum Eingang des Verstärkers zurück,so daß er besonders
bei hohen Frequenzen instabil werden und sich selbst erregen kann. Beim
Triodenverstärker für hohe Frequenzen muß diese ungewollte Rückkopplung

durch eine gleich große, aber um 180° in der Phase verschobene Rückkopplung mit besonderen Schaltungsmaßnahmen neutralisiert werden. Mit Strahltetroden im Sendeverstärker ist dagegen die Gitter-Anoden-Kapazität so
klein und damit Rückkopplung so schwach, daß man auch bei hohen Frequenzen
meist ohne Neutralisation auskommt.

3.4   Aufbau von Sendetrioden

Sendefrequenz und -leistung bestimmen Form und Größe der Sendetrioden. Die
Verlustwärme wird von der Anode bis 2 kW durch Strahlungskühlung abge-
führt, sonst aber durch Luft-, Wasser- oder Siedewasserkühlung. Für die
thermische Belastung der inneren Anodenfläche gilt bei Strahlungskühlung
10 W/cm^2, Luftkühlung 50 W/cm^2, Wasserkühlung 100 W/cm^2 und Siedekühlung
500 W/cm^2.

Sendetrioden hoher Leistung haben direkt geheizte Wolfram-Thorium-Katho-
den; das sind Wolframdrähte mit einem dünnen Thoriumfilm auf der Oberfläche, der die Austrittsarbeit mindert. Die Kathodendrähte sind wendel-
förmig angeordnet; für hohe Frequenzen bilden sie Reusen, um parasitäre
Impedanzen klein zu halten.

Das Gitter besteht entweder allein aus Stäben oder aus Stegen, über die
Drähte gewickelt sind. Bei Tetroden mit Stabgittern werden die Steuer-
gitterstäbe so vor den Schirmgitterstäben angeordnet, daß sie das Schirmgitter von der Kathode aus abdecken und damit Elektronen vom Schirmgitter
ablenken.

Die Anode strahlungsgekühlter Röhren besteht aus Graphit oder Molybdän mit
einem Oberzug von Zirkoniumpulver auf der Außenseite, um die Wärmeabstrah-
lung zu erhöhen. Anoden für Luft-,Wasser- oder Siedekühlung werden aus
Kupfer hergestellt und für Luft- und Siedekühlung mit Rippen bzw. Nuten
versehen.

Als Vakuumhülle und zur isolierenden Halterung der Elektroden dient bei
sehr hohen Spannungen Glas und sonst auch Al_2O_3-Keramik. Bei scheibenför-
migen Elektrodendurchführungen bevorzugt man meistens Keramik.

Bild 3.17 zeigt eine strah-
lungsgekühlte UKW-Triode
mit Glas und Bild 3.18 eine
Sende-Tetrode in koaxialer
Bauweise mit Keramik. Diese
koaxiale Bauweise resul-
tiert in sehr kleinen parasitären Induktivitäten der
Zuführungen und eignet
sich gut für sehr hohe
Frequenzen.

Bild 3.17
Strahlungsgekühl-
te UKW-Triode

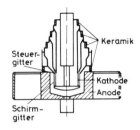

Bild 3.18
Querschnitt einer koaxi-
alen 10 kW-Sende-Tetrode
für Frequenzen im Bereich
500 bis 800 MHz

Eine obere Frequenzgrenze der Leistungsver-
stärkung entsteht bei dieser Bauweise erst durch die endlichen Laufzeiten
der Elektronen zwischen Kathode, Gitter und Anode. Wenn diese Laufzeit
selbst bei den kleinstmöglichen Elektroden-Abständen und den höchstmög-
lichen Spannungen zur Elektronenbeschleunigung noch in die Nähe der Periode einer Schwingung kommt, versagt das Verstärkungsprinzip der Triode.
Brauchen die Elektronen beispielsweise eine ganze Schwingungsperiode von
der Kathode zum Gitter, so werden sie während der positiven Halbwelle
mehr und während der negativen Halbwelle weniger beschleunigt, im zeitlichen Mittel von der Wechselspannung also kaum noch gesteuert.

Um die Elektronenlaufzeit zwischen Kathode und Gitter abzuschätzen, werden Elektronen ohne Anfangsgeschwindigkeit an der Kathode und ein konstantes Feld E = U/d zwischen den Elektroden mit Abstand d und Potentialdifferenz U angenommen. Unter diesen Bedingungen werden die Elektroden mit
b = qE/m gleichmäßig beschleunigt und durchlaufen in der Zeit

$$\tau = \sqrt{2\,\frac{d}{b}} = d\,\sqrt{\frac{2m}{qU}} \qquad (3.59)$$

den Abstand d zwischen den Elektroden. Bei d = 1 mm und U = 10 V ist
$\tau \approx 1$ ns. In Hochleistungsröhren können Elektrodenabstände nicht viel
kleiner als 1 mm und die Effektivpotentiale am Gitter nicht viel größer
als 10 V sein. Darum liegt die Grenze für Senderöhren, die mit Dichte-
steuerung von Elektronenströmen arbeiten, im Bereich von 1 GHz. Bei höheren Frequenzen muß man zu Verstärkungsprinzipien greifen, welche mit der
endlichen Laufzeit der Elektronen arbeiten.

3.5   Klystron

Das Klystron gehört zur Gruppe der Laufzeitröhren. Gegenüber den dichte-
gesteuerten Gitterröhren werden in den Laufzeitröhren der Mikrowellentech-
nik die Effekte endlicher Elektronenlaufzeit zur Steuerung, Verstärkung
und zur Schwingungsanfachung ausgenutzt.

Elektronenströme werden durch elektrische Wechselfelder leistungslos in
ihrer Geschwindigkeit moduliert. Nach einiger Laufzeit wandelt sich diese
Geschwindigkeitsmodulation durch gegenseitiges Überholen und Verzögern
der Elektronen in eine Dichtemodulation um. Es bilden sich Elektronenpakete. Aus dem ursprünglichen Gleichstrom wird ein pulsierender Strom.
Der Elektronenströmung kann nun Hochfrequenzleistung entnommen werden,
die ihr ursprünglich nahezu leistungslos aufgeprägt wurde. Die wichtigsten
Laufzeitröhren sind das Klystron, die Wanderfeldröhre und das Magnetron.
Das Klystron ist eine Laufzeitröhre, welche direkt dadurch verstärkt, daß
sich in einem Elektronenstrahl Geschwindigkeitsmodulation in Dichtemodu-
lation umwandelt. Sein Name kommt von dem griechischen κλυσμος für
Plätschern und weist auf den plätschernden Charakter eines so modulierten
Elektronenstrahles hin.

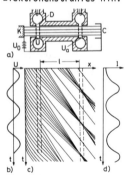

Bild 3.19

Zweikammerklystron
a) Aufbau
b) Steuerspannung
c) Elektronenfahrplan
d) modulierter Strahl-
   strom am Ausgang

Bild 3.19 zeigt die einfachste Form eines Ver-
stärkerklystrons, das sog. Zweikammerklystron.
Ein Elektronenstrahl wird ausgehend von der
Kathode K durch die Strahlspannung U auf die für
alle Elektronen gleiche Geschwindigkeit v_o =
$\sqrt{\frac{2q}{m}}\, U_o$ beschleunigt. Er läuft dann durch ein
erstes Doppelgitter D. Das Doppelgitter bildet
die Kapazität eines Schwingkreises, dessen Induktivität der torusförmige Hohlraum darstellt,
der mit seiner Innenwand die beiden Gitter von
D verbindet. Diese erste Kammer wird von dem
Eingangssignal über eine Koppelschleife zu
Schwingungen angeregt, so daß am Doppelgitter
eine Wechselspannung U liegt, deren Sinusverlauf
Bild 3.19b zeigt. Elektronen, die im Wechsel-
spannungsknoten durch das Doppelgitter laufen,

fliegen mit unveränderter Geschwindigkeit v_0 weiter. Bei einem Wechsel-
spannungswert, der sich zur Strahlspannung addiert, werden die Elektronen
aber beschleunigt, ebenso wie sie in der umgekehrten Phase der Wechselspannung verzögert werden. Beschleunigte Elektronen entziehen dem Schwingkreis Energie, verzögerte Elektronen geben sie aber in gleichem Maße
wieder an sie ab. Im zeitlichen Mittel wird der Schwingkreis durch den
Elektronenstrahl nicht bedämpft. Die Geschwindigkeitsmodulation des Elek-
tronenstrahls in der Steuerstrecke des ersten Doppelgitters bedarf keiner
Steuerleistung.

Der Elektronenfahrplan in Bild 3.19c zeigt, wie die Elektronen durch die
Geschwindigkeitsmodulation sich in dem anschließenden Laufraum gegenseitig
einholen bzw. hintereinander zurückbleiben. Nach einer gewissen Laufstrecke entstehen richtige Elektronenpakete, die sich mit der Periode der
Steuerschwingung wiederholen. An dieser Stelle ist der Strahl dann dichte-
moduliert mit einer periodisch schwankenden Strahlstromstärke.

Zur Berechnung dieser Stromschwankung geht man von der modulierten Geschwindigkeit

$$v = v_0 \sqrt{1 + \frac{\hat{U}}{U_0} \sin\omega t_1} \qquad (3.60)$$

aus, mit der die Elektronen zur Zeit t_1 in den Laufraum starten. Das Ende
der Laufstrecke 1 erreichen sie je nach Startzeit bei

$$t_2 = t_1 + \frac{1}{v} = t_1 + \frac{1}{v_0 \sqrt{1 + \frac{\hat{U}}{U_0} \sin\omega t_1}} \qquad . \qquad (3.61)$$

Bei dem konstanten Strahlstrom am Anfang der Laufstrecke ist der zeitliche Abstand Δt_1, mit dem die Elektronen starten, auch konstant. Am Ende
haben sie aber je nach Startzeit t_1 wegen der verschiedenen Geschwindig-
keiten $v(t_1)$ unterschiedliche Abstände Δt_2. Es gilt

$$\Delta t_2 = \frac{dt_2}{dt_1} \Delta t_1 = (1 - \frac{\omega 1 \hat{U}}{2v_0 U_0} (1 + \frac{\hat{U}}{U_0} \sin\omega t_1)^{-3/2} \cos\omega t_1) \Delta t_1 \quad (3.62)$$

Bei $\frac{dt_2}{dt_1} > 1$ ist der Elektronenstrahl verdünnt, bei $\frac{dt_2}{dt_1} < 1$ dagegen ver-
dichtet. Mit I_0 als Gleichstrom folgt für den schwankenden Strahlstrom
bei 1

$$I = \frac{dt_1}{dt_2} I_0 = \frac{I_0}{1 - \frac{\omega 1\hat{U}}{2v_0 U_0} (1 + \frac{\hat{U}}{U_0} \sin\omega t_1)^{-3/2} \cos\omega t_1} \quad . \quad (3.63)$$

Diese Überlegung gilt aber nur, solange Elektronen sich nicht gegenseitig überholen, also $\frac{dt_2}{dt_1}$ immer positiv bleibt. Wir wollen uns darum hier auf die Auswertung für kleine Stromschwankungen beschränken. Bei $\hat{U} \ll U_0$ und $\omega 1\hat{U} \ll v_0 U_0$ ist näherungsweise

$$I = I_0(1 + \frac{\omega 1\hat{U}}{2v_0 U_0} \cos\omega t_1) \quad . \quad (3.64)$$

Der Strahlstrom enthält dann also eine Wechselstromkomponente der Amplitude

$$\hat{I} = \frac{\omega 1\hat{U}}{2v_0 U_0} I_0 \quad . \quad (3.65)$$

Er schwankt also umso stärker, je größer $\omega 1\hat{U}$ im Verhältnis zu $v_0 U_0$ ist.

Praktisch wählt man Laufstrecken, für welche diese Näherung nicht mehr gilt und auch die Raumladungskräfte berücksichtigt werden müssen, welche die Paketbildung beeinträchtigen.

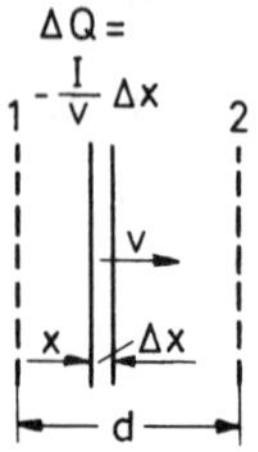

Bild 3.20
Zur Berechnung des Influenzstromes im zweiten Doppelgitter

Am Ende des Laufraumes tritt der Strahl mit seiner schwankenden Ladungsdichte durch das Doppelgitter der zweiten Kammer in Bild 3.20, wo er auf jedem der Gitter Ladungen influenziert. Im einzelnen influenziert die Strahlladung $-\frac{I}{v} \Delta x$ des Strahlabschnittes Δx im Abstand x vom Eingangs-gitter die Ladung $\Delta Q_1 = \frac{I}{v} \Delta x(1-\frac{x}{d})$ auf dem Eingangsgitter und die Ladung $\Delta Q_2 = \frac{I}{v} \Delta x \frac{x}{d}$ auf dem Ausgangsgitter. Bei der Verschiebung der Strahlladung $-\frac{I}{v} \Delta x$ mit der Geschwindigkeit $v = \frac{dx}{dt}$ ändern sich diese Teilladungen auf den Gittern und führen zu einem Influenzstrom

$$\Delta I_i = \frac{d(\Delta Q_2)}{dt} = -\frac{d(\Delta Q_1)}{dt} = I\Delta x/d \quad . \quad (3.66)$$

Für den gesamten Influenzstrom sind alle Teilströme zu addieren. Es folgt

$$I_i = I \quad . \quad (3.67)$$

Der Influenzstrom ist also gleich dem Konvektionsstrom, so daß auch für die Wechselstromamplituden

$$\hat{I}_i = \hat{I} \qquad (3.68)$$

gilt.

Die zweite Kammer bildet mit ihrem kapazitiven Doppelgitter und induktiven Hohlraum auch einen Schwingkreis, der ebenso wie bei der ersten Kammer auf Resonanz abgestimmt wird. Dem influenzierten Wechselstrom der Amplitude $\hat{I}_i$ bietet er dann einen reellen <u>Resonanzwiderstand</u> R_a, dessen Größe durch Schwingkreisverluste und Leistungsauskopplung begrenzt wird. In diesen Resonanzwiderstand liefert die Strahlstromschwankung mit dem Influenzstrom die Leistung

$$P_a = \frac{\hat{I}^2}{2} R_a \ . \qquad (3.69)$$

Die Strahlelektronen werden dabei zur Deckung dieser Ausgangsleistung im zweiten Doppelgitter entsprechend abgebremst. Danach landen sie auf dem <u>Strahlkollektor</u> C.

Für hohe Ausgangsleistung und hohen Wirkungsgrad sollten Grundschwingungsamplitude der Strahlstromschwankung und Resonanzwiderstand am zweiten Doppelgitter möglichst groß sein. Das größtmögliche Verhältnis von $\hat{I}/I_0$ würde erreicht, wenn der Strahlstrom hier nur in kurzen Impulsen fließt. Unter dieser Bedingung wäre wie beim C-Betrieb von Triodenverstärkern

$$\frac{\hat{I}}{I_0} = 2 \ . \qquad (3.70)$$

Praktisch bilden sich aber wegen der abstoßenden Raumladungskräfte keine so ausgeprägten Elektronenpakete. Man erreicht bestenfalls

$$\frac{\hat{I}}{I_0} = 1,16 \ . \qquad (3.71)$$

Der Resonanzwiderstand der zweiten Kammer darf nur so groß sein, daß die Wechselspannungsamplitude kleiner als die Strahlspannung bleibt. Andernfalls würden Elektronen im zweiten Doppelgitter nicht nur abgebremst, sondern sogar in den Laufraum reflektiert. Mit $\hat{U}_a = U_0$ und (3.71) ergibt sich als bestmöglicher Wirkungsgrad

$$\eta = \frac{P_a}{P_0} = \frac{\hat{U}_a \hat{I}}{2U_0 I_0} = 0,58 \ . \qquad (3.72)$$

Praktisch wählt man sogar nur $\hat{U}_a < 0{,}9\,U_o$. Weil außerdem die Doppelgitter einen Teil der Elektronen einfangen, erreicht man nur

$$\eta = 40\ \% \ .$$

Die <u>Spannungsverstärkung</u> des Zweikammerklystrons, ausgedrückt durch das Verhältnis von Resonanzspannung des Ausgangsresonators zur Steuerspannung im Eingangsresonator, folgt aus (3.65) und (3.69) zu

$$V = \frac{\hat{U}_a}{\hat{U}} = \frac{\omega 1 I_o R_a}{2 v_o U_o} \ . \tag{3.73}$$

Ihr sind, ähnlich wie beim Wirkungsgrad, Grenzen gesetzt.

Wesentlich steigern lassen sich Spannungs- und Leistungsverstärkung mit einer oder mehreren Schwingkreiskammern zwischen Eingangs- und Ausgangskammern. Diese Zwischenresonatoren wirken jeweils gleichzeitig als Auskopplungsresonator für die ankommende Strahlstromschwankung und Steuerresonator für den weiterlaufenden Strahl. Bild 3.21 zeigt schematisch ein

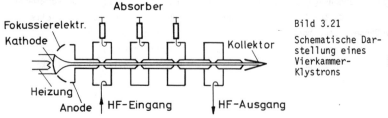

Bild 3.21

Schematische Darstellung eines Vierkammer-Klystrons

Vierkammerklystron. Für genügende Bandbreite der Verstärkung werden Eingangs- und Zwischenresonatoren durch Widerstände bedämpft. Neben der Elektrode zur Strahlfokussierung nächst der Kathode wird der Strahl auf seiner längeren Laufstrecke auch noch durch Elektro- oder Permanentmagnete mit Längsfeldern gebündelt.

<u>Mehrkammerklystrons</u> dienen als Sendeverstärker für den Fernsehrundfunk oberhalb 300 MHz. Bei Strahlspannungen von 10 - 25 kV und Strömen von 2 bis 6 A werden Ausgangsleistungen von 10 bis 40 kW erreicht.

3.6 Wanderfeldröhre

Die Bandbreite hoher Verstärkung wird beim Mehrkammerklystron durch die
Resonanzcharakteristik der einzelnen Resonatorkammern und durch die
Frequenzabhängigkeit der Elektronenlaufstrecke für Paketbildung begrenzt.
Sie beträgt bestenfalls 10 %. Um über breitere Bänder zu verstärken, ersetzt man die Resonatoren durch eine kontinuierlich verteilte Verzögerungsleitung ohne Resonanzcharakteristik. Die Welle auf dieser Verzögerungsleitung läßt man kontinuierlich auf einen zu ihr parallelen Elektronenstrahl einwirken, wodurch ebenfalls kontinuierlich über weite
Frequenzbänder Pakete gebildet werden. Solche Wanderfeldröhren für Sendeverstärker können bis zu Hunderte von kW erzeugen. Sie werden für den
ganzen Bereich der cm- und mm-Wellen von 300 MHz bis 300 GHz gebaut und
verstärken Frequenzbänder von jeweils bis zu einer oder sogar auch
mehreren Oktaven.

3.6.1 Aufbau und Wirkungsweise einer Wanderfeldröhre

In der Wanderfeldröhre wird das elektrische Feld einer wandernden Welle
mit den Elektronen eines Strahles kontinuierlich verkoppelt. Die Welle
wird dazu auf einer besonderen Leitung soweit verzögert, daß sie nur etwa
so schnell wandert wie
die Elektronen im Strahl.
In Bild 3.22 ist eine
Röhre skizziert, in der
eine Drahtwendel als
Verzögerungsleitung
dient. Der Elektronen-
strahl wandert im
Inneren der Wendel.
Die Wendelwelle hat

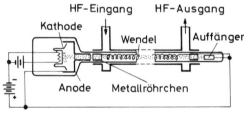

Bild 3.22 Schema einer Wanderfeldröhre mit
Hohlleiterkopplung

nicht nur die Elektronengeschwindigkeit, sondern auch eine Längskomponente
des elektrischen Feldes in Richtung der Elektronenbewegung, so daß Wechselwirkung zwischen Strahl und Welle stattfindet. Am Anfang und Ende ist
die Wendel über geeignete Übergänge an Rechteckhohlleiter zur Ein- und
Auskopplung der HF-Schwingung angeschlossen. Die Übergänge mit einem geraden Stück Wendeldraht und Metallrohr, das kapazitiv mit dem Hohlleiter

verbunden ist, sind dem Übergang von Koaxialleitung auf Rechteckhohlleiter zur Anregung der H_{10}-Welle ähnlich. Die Wendelwelle wandert etwa mit Lichtgeschwindigkeit c entlang des Drahtes. In axialer Richtung ist ihre Geschwindigkeit aber nur

$$v = c \sin \psi , \tag{3.74}$$

mit ψ als <u>Steigungswinkel</u> der Wendel. Der Elektronenstrahl wird von der Kathode in einer Elektronenoptik geformt und auf etwas mehr als die Geschwindigkeit der Wendelwelle beschleunigt. Ein kräftiges magnetisches Längsfeld von einer Spule oder einem Permanentmagneten verhindert die Aufweitung des Strahles durch Raumladungskräfte.

Wenn die Wendelwelle auf den Elektronenstrahl zu wirken beginnt, werden zunächst Elektronen im positiven Längsfeld verzögert, während Elektronen, die eine halbe Periode danach kommen, beschleunigt werden. Nach einer gewissen Laufstrecke bildet sich eine Verteilung der Elektronen, wie sie mit ihren Momentanwerten zusammen mit dem Momentanwert des axialen elektrischen Längsfeldes in Bild 3.23 skizziert ist. Die Elektronen häufen sich nahe den Nulldurchgängen des Feldes von negativen zu positiven Werten in z-Richtung. Elektronen in Bereichen a werden dauernd verzögert.

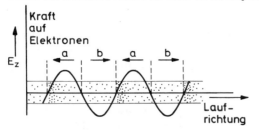

Bild 3.23 Momentanwert des elektrischen Längsfeldes und Anhäufung der Elektronen im Bereich der positiven Längsfeldstärke

Elektronen in Bereichen b werden dauernd beschleunigt. Da der Strahl etwas schneller wandert als die Welle, versuchen die Elektronenpakete,die Welle ständig zu überholen. Die verzögernde Wirkung des Wendelfeldes hindert sie aber daran. So schieben sie die Welle ständig vor sich her und geben dabei laufend Energie an sie ab. Die Welle wird dadurch verstärkt. Tatsächlich sind auch die Elektronenpakete etwas in positiver Richtung gegen die Feldknoten verschoben. Sie befinden sich im verzögernden Feld. Jedenfalls werden im Mittel mehr Elektronen verzögert als beschleunigt.

3.6.2   Stabilität

In Vorwärtsrichtung hat die Wanderfeldröhre hohe Verstärkung. In Rückwärtsrichtung wandert die Wendelwelle aber ohne Wechselwirkung mit dem
Elektronenstrahl und wird dabei nur etwas gedämpft. Schon kleine Reflexionen bei Fehlanpassungen an Ein- und Ausgang führen darum leicht zur
Selbsterregung. Um Stabilität selbst bei Eingangs- und Ausgangskurzschlüssen zu sichern, wird ein Abschnitt der Wendelleitung stark bedämpft
und dadurch die Rückwärtswelle vollkommen absorbiert. In Vorwärtsrichtung
wird in diesem Abschnitt die Welle immer noch durch den Elektronenstrahl
übertragen. Die Dämpfung wird als dünne Widerstandsschicht aus Metall oder
Graphit auf den Keramikstäben oder dem Glasrohr aufgetragen, welche die
Wendel halten. Sie muß selbst auch sehr reflexionsarm sein.

3.6.3   Frequenzabhängigkeit der Verstärkung

Wegen der kontinuierlichen Wechselwirkung von Wendelwelle mit dem Elektronenstrahl hängt die Verstärkung nur sehr schwach von der Frequenz ab.
Die Röhre ist also im Prinzip ein Breitbandverstärker. Tatsächlich wird
die Verstärkungscharakteristik aber durch verschiedene Effekte beeinflußt,
durch die das Frequenzband hoher Verstärkung nach oben und unten begrenzt
wird. Einflüsse, die das Band begrenzen, sind:
1. Fehlanpassungen der Übergänge am Ein- und Ausgang der Wendel. Solche
   Übergänge lassen sich nur für begrenzte Frequenzbereiche reflexionsarm ausführen.
2. Änderung der Phasengeschwindigkeit der Wendelwelle mit der Frequenz.
   Gl. (3.74) ist nur eine grobe Näherung.
3. Änderung der Verkopplung von Wendelwelle und Elektronenstrahl mit der
   Frequenz.

Normalerweise kann aber bei richtiger Dimensionierung von Wanderfeldröhren, die anders als Bild 3.22 mit koaxialen Ein- und Ausgängen arbeiten, trotz all dieser Einflüsse noch eine flache Verstärkungscharakteristik über eine Oktave Frequenzband erreicht werden. Bei Hohlleiteranschlüssen ist das Frequenzband schon wegen des Grundwellenbereiches im
Hohlleiter schmaler.

3.7 Magnetron

Bei der Wanderfeldröhre nach Abschnitt 3.6 wird Gleichstromleistung umgesetzt, indem zuerst in der Strahlkanone Elektronen durch die Strahlspannung beschleunigt werden und danach einen Teil ihrer kinetischen Energie
längs der Verzögerungsleitung an die Welle auf der Verzögerungsleitung
abgeben. Nach dieser Übergabe von kinetischer Energie wandern sie langsamer und verlieren schließlich den Geschwindigkeitsüberschuß, mit dem
sie die Leitungswelle vor sich herschoben und verstärkten. Da die Elektronen ihre an die Welle übergebene Energie nicht nachgeliefert erhalten,
endet die verstärkende Wechselwirkung nach einer endlichen Strecke. Die
kinetische Restenergie ist in der Energiebilanz als Verlust zu verbuchen,
der den Auffänger erwärmt und den Wirkungsgrad begrenzt. Man kann zwar die
Elektronen hinter der Verzögerungsleitung in einem Gegenfeld abbremsen und
so einen Teil der kinetischen Restenergie vor der Umsetzung in Wärme be-
wahren. Trotzdem lassen sich die Wirkungsgrade von Hochleistungs-Wander-
feldröhren dieser Art aber kaum über 50 % steigern.

Höhere Wirkungsgrade erreicht man dagegen, wenn die Elektronen bei der
Wechselwirkung mit der Hochfrequenzwelle dauernd von einem elektrischen
Gleichfeld beschleunigt werden, das ihnen die an das Wechselfeld über-
tragene Energie laufend ersetzt. Sie behalten dann dauernd ihren Geschwindigkeitsüberschuß und können die Welle ständig verstärken. Wanderfeldröhren dieser Art haben gekreuzte elektrische und magnetische Gleichfelder. Ihr praktisch wichtigstes Beispiel ist das Magnetron.

3.7.1 Elektronenbahnen in gekreuzten Feldern

In der langgestreckten Diode
nach Bild 3.24 erzeugt eine
Gleichspannung U_0 zwischen
Anode und Kathode unter Ver-
nachlässigung von Raumladung
das elektrische Feld E_y =
- E_0 = - U_0/d. Gleichzeitig
soll ein dazu senkrechtes
magnetisches Feld der Induk-

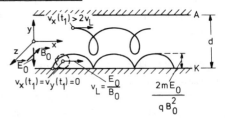

Bild 3.24 Planare Diode mit gekreuzten
elektrischen (E_0) und magnetischen (B_0) Gleichfeldern

tion $B_z = - B_0$ bestehen. Auf ein Elektron, das sich in dieser Diode mit der Geschwindigkeit v bewegt, wirkt die Lorentz-Kraft

$$\vec{K} = - q\vec{E} - q(\vec{v} \times \vec{B}) \qquad (3.75)$$

Die Newton'sche Bewegungsgleichung $m\dfrac{d\vec{v}}{dt} = \vec{K}$ enthält für die Lorentz-Kraft aus den gekreuzten Feldern $E_y = - E_0$ und $B_z = - B_0$ die beiden folgenden Differentialgleichungen

$$m \frac{dv_x}{dt} = q\, v_y\, B_0 \quad , \quad m \frac{dv_y}{dt} = q\, E_0 - q\, v_x\, B_0 \; . \qquad (3.76)$$

Ihre Lösung ergibt die Geschwindigkeitskomponenten

$$v_x = v_0 \cos \frac{q\, B_0}{m} (t-t_1) + \frac{E_0}{B_0} \; , \quad v_y = - v_0 \sin \frac{qB_0}{m} (t-t_1) . \qquad (3.77)$$

Wenn die Kathode ein Elektron mit $\vec{v}(t_1) = 0$ emittiert, läuft es entsprechend

$$v_x = \frac{E_0}{B_0} \left[1 - \cos \frac{qB_0}{m} (t-t_1) \right] \; , \quad v_y = \frac{E_0}{B_0} \sin \frac{qB_0}{m} (t-t_1) \qquad (3.78)$$

auf einer Zykloide, wie sie der Umfangspunkt eines Kreises vom Radius $mE_0/qB_0^{\,2}$ beschreibt, der mit der Geschwindigkeit $v_L = E_0/B_0$ auf der Kathode abrollt.

Ein Elektron, welches mit einer Anfangsgeschwindigkeit $v_x(t_1) > 2 \dfrac{E_0}{B_0}$ und $v_y(t_1) = v_z(t_1) = 0$ in den Diodenraum gelangt, läuft auf einer Zykloiden der Art 2 in Bild 3.24 mit Schleifen in Kathodennähe. In allen Fällen überlagern sich Rotation mit Larmor- oder Zyklotronfrequenz qB_0/m als Winkelgeschwindigkeit und Translation mit der Leitbahngeschwindigkeit $v_L = E_0/B_0$ zu den Zykloidenbahnen. Allerdings können sich diese Zykloidenbahnen nur ausbilden, wenn die Elektronen dabei weder auf die Anode noch auf die Kathode treffen. Die magnetische Induktion muß dazu größer als die kritische Induktion $B_k = \sqrt{2mE_0/qd}$ sein. Unter dieser Bedingung ist der Rollkreisdurchmesser der Zykloidenbahn (3.78) kleiner als der Elektrodenabstand d. Bei freier Ausbildung der Zykloidenbahnen wandern die Elektronen in den gekreuzten Gleichfeldern mit Rollkreis- und Leitbahnbewegung ständig zwischen Kathode und Anode und können mit Hochfrequenzfeldern in Wechselwirkung treten.

3.7.2 Elektronenwechselwirkung mit Kettenleiterwellen

Um nach dem Prinzip der Wanderfeldröhre Bewegungsenergie der Elektronen
auf Hochfrequenzfelder zu übertragen und sie zu verstärken, müssen diese
Felder als Wellen mit einer Phasengeschwindigkeit längs der Kathode wan-

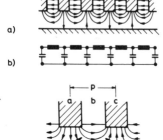

Bild 3.25 Planare Diode mit Quernuten in
der Anode
a) Anordnung mit Feldverteilung der Tiefpaßwelle nahe
der Grenzfrequenz
b) Kettenleiter-Ersatzbild mit
Tiefpaß-Charakter
c) zwei Abschnitte der periodischen Anodenstruktur mit
Phasenfokussierung der Elektronen im Wechselfeld
d) Phasenfokussierte Elektronenwolken im Wechselfeld-
maximum

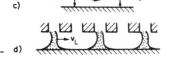

dern, wie die Elektronen mit ihrer Leitbahngeschwindigkeit v_L. Als Verzögerungs-
elemente zur Anpassung der Phasengeschwindigkeit an die Leitbahngeschwindigkeit
haben sich Quer-Nuten oder -Schlitze bewährt, wie sie Bild 3.25a zeigt.
Diese Schlitze wirken als am Ende kurzgeschlossene Leitungen und werden
so bemessen, daß die Arbeitsfrequenz dicht unterhalb ihrer $\lambda/4$-Resonanz
liegt. Sie haben dann einen sehr großen induktiven Blindwiderstand als
Eingangswiderstand.

Kathode und quergeschlitzte Anode bilden in Leitbahnrichtung der Elektronen eine periodische Struktur, die sich näherungsweise als Kettenleiter
mit konzentrierten Ersatzelementen entsprechend Bild 3.25b darstellen
läßt. Die Querkapazitäten in diesem Kettenleiter bilden die kurzen Abschnitte der Kathoden-Anodenleitung zwischen je zwei Schlitzen nach, während die hohen Längsinduktivitäten die Eingangswiderstände der Schlitze
bei der Arbeitsfrequenz darstellen. Der Kettenleiter hat Tiefpaßcharakter
und wird ganz dicht unterhalb der Grenzfrequenz seines Durchlaßbereiches
betrieben; die Phasenverschiebung von Schlitz zu Schlitz ist also nahezu
180°. Von Schlitz zu Schlitz wiederholt sich deshalb die Feldverteilung
und wechselt dabei nur ihr Vorzeichen. Bild 3.25a zeigt die momentane

Feldverteilung, bei der die Schlitzspannungen gerade ihr Maximum erreichen. Zwei Abschnitte der periodischen Struktur erscheinen mit dieser momentanen Feldverteilung noch einmal vergrößert in Bild 3.25c.

Unter den Anodensegmenten verläuft das elektrische Wechselfeld überwiegend quer und im Bereich der Schlitze mehr in Längsrichtung. Diese Feldverteilung hat nach einer halben Periode ihr Vorzeichen gewechselt. Sie verschiebt sich also mit einer Phasengeschwindigkeit $v = \frac{\omega}{\pi} p$ von Segment zu Segment. Zusammen mit dem zur Kathode gerichteten Gleichfeld E_0 der Anodengleichspannung U_0 ist das momentane resultierende Querfeld in Bild 3.25c unter dem Anodensegment a $E > E_0$, während zum gleichen Zeitpunkt unter dem Anodensegment c $E < E_0$ ist.

Die Elektronen wandern bei einer Leitbahngeschwindigkeit $v_L = v$ ihrer Rollkreisbewegung gleich schnell mit dem Wechselfeld, empfinden seine transversale Komponente E_y also als Gleichfeld, welches sie zusammen mit dem eigentlichen Gleichfeld und dem gekreuzten magnetischen Feld zur Rollkreisbewegung zwingt. Mit $E > E_0$ im Bereich a ist dabei die effektive Leitbahngeschwindigkeit $v_L = E/B_0$ örtlich größer als ihr Mittelwert E_0/B_0. Elektronen in diesem Bereich rollen darum schneller in Längsrichtung als die Kettenleiterwelle und werden in den Bereich b gedrängt. Auf der anderen Seite ist mit $E < E_0$ im Bereich c die effektive Leitbahngeschwindigkeit hier kleiner als die Phasengeschwindigkeit der Kettenleiterwelle, so daß auch von hier Elektronen in den Bereich b gedrängt werden. Von beiden Seiten konzentrieren sich also die Elektronen in dem Bereich b, wo überwiegend nur das Schlitzfeld auf sie einwirkt. Diese Elektronenwolke verschiebt sich nun zwar mit der mittleren Leitbahngeschwindigkeit, wandert dabei aber immer unter den Polen durch, wenn das Wechselfeld durch Null geht und bewegt sich im Wechselfeldmaximum gerade durch die Schlitzzonen. Bild 3.25d zeigt die Elektronenwolken in einem Wechselfeldmaximum.

Innerhalb einer Elektronenwolke setzt das einzelne Elektron in den gekreuzten Feldern zu einer Zykloidenbewegung an. Dabei wird es von der Kathode kommend zunächst von E_0 zur Anode hin beschleunigt und gleichzeitig von B_0 in Richtung des Schlitzfeldes umgelenkt. Das Schlitzfeld bremst nun das Elektron und übernimmt dabei die ganze kinetische Energie, welche es vorher aus E_0, d.h. aus der Anodenbatterie bezogen hatte. Nach voll-

Bild 3.26 Rollkreisbewegung eines phasenfokussierten
           Elektrons innerhalb der Ladungswolke
ständiger Bremsung hat das Elektron sich gemäß Bild
3.26 um etwa den Rollkreisdurchmesser $\Delta d = 2mE_o/qB_o^2$
weiter von der Kathode entfernt und setzt nun zu einer

neuen Zykloidenbewegung an, mit der es wieder um Δd der Anode näherkommt.
Bild 3.26 zeigt die Bahn eines einzelnen Elektrons innerhalb der Ladungs-
wolke. In den gestrichelten Teilen der Bahn nimmt das Elektron vorwiegend
Energie aus dem Gleichfeld auf, während es sie in den ausgezogenen Teilen
der Bahn unter Abbremsung durch Schlitzfelder an das Hochfrequenzfeld abgibt. Auf dem Rollkreis rotiert das Elektron normalerweise so schnell, daß
es mit $\omega_z > \omega$ während einer HF-Periode mehrere Schleifen in Bild 3.26
durchläuft.

Unter diesen Bedingungen wird das Elektron immer wieder von E_o beschleunigt, um seine kinetische Energie dem Schlitzfeld danach zu übertragen.
Wenn es nach etlichen dieser Teilprozesse die Anode trifft, hat es höchstens die doppelte Leitbahngeschwindigkeit, setzt beim Aufprall also höchstens die kinetische Energie

$$W_v = 2 \, mv_L^2 = 2m \, (\frac{E_o}{B_o})^2 \qquad (3.79)$$

in Wärme um. Andererseits bezieht es aber insgesamt die Energie $W = qU_o$
aus der Anodenbatterie. Die Differenz $W - W_v$ hat das Wechselfeld übernommen. Demnach wird mit dem Wirkungsgrad

$$\eta \geq \frac{W - W_v}{W} = 1 - \frac{2m}{q} \frac{U_o}{d^2 B_o^2} \qquad (3.80)$$

Gleichstromleistung in Hochfrequenzleistung umgesetzt. Für einen hohen
Wirkungsgrad sollten d und B_o möglichst groß sein. Die Elektronen durchlaufen dann mehr und mehr Zykloiden zwischen Kathode und Anode und ihre
kinetische Energie beim Anoden-Aufprall wird immer kleiner im Verhältnis
zur Energie, die sie an das Hochfrequenzfeld abgegeben haben. Im Grenzfall
strebt $\eta \to 1$, so daß die ganze Gleichstromleistung in Wechselstromleistung
umgesetzt wird.

3.7.3 Das Magnetron als Oszillator

Nach dem Prinzip der Wanderfeldröhre mit gekreuzten Feldern lassen sich

Verstärker bauen. Die HF-Welle muß dazu am Anfang der periodischen Struktur angeregt werden und kann dann am Ende verstärkt ausgekoppelt werden.

Viel größere Bedeutung hat dieses Prinzip aber für Oszillatoren, die mit Selbsterregung durch Rückkopplung arbeiten. Das Ende der periodischen Struktur wird dazu durch Umbiegen mit dem Anfang verbunden. Es entsteht so die konzentrische Struktur des Vielschlitzmagnetrons in Bild 3.27, wie

es oft mit 8 Schlitzen ausgeführt wird. Da man beim Vielschlitzmagnetron praktisch mit Kathodendurchmessern arbeitet, die nur 30 % kleiner als die Anodendurchmesser sind, bildet die ebene Anordnung in Bild 3.25 immer noch ein gutes Modell für das koaxiale Magnetron.

Bild 3.27
Vielschlitz-
magnetron

In dem durch Rückkopplung geschlossenen Ring regen sich solche Wellen der periodischen Struktur selbst zu Schwingungen an, die nach einem Umlauf wieder die Ausgangsphase haben, also mit einer ganzen Zahl ihrer Wellenlängen gerade in den Ring passen und die außerdem durch Wechselwirkung mit den Elektronen so verstärkt werden, daß ihre Stromwärmeverluste und ihre Verluste durch Leistungsauskopplung ausgeglichen werden. Mit der Kettenleiterwelle lassen sich bei einer Frequenz dicht am Sperrbereich der Tiefpaßcharakteristik diese Selbsterregungsbedingungen erfüllen. Einmal paßt sie in Bild 3.27 gerade mit 4 λ in den Ring, zum anderen wird sie durch die in Form von Speichen rotierenden Elektronenwolken kräftig verstärkt.

Oft gibt es aber auch noch andere Frequenzen, bei denen die Tiefpaßwelle oder andere Eigenwellen der periodischen Struktur in Wechselwirkung mit den Elektronen die Selbsterregungsbedingung erfüllen und zu parasitären Schwingungen angefacht werden. Um solche unerwünschten Schwingungen zu unterdrücken, greift man zu Maßnahmen, die mehr experimentell erprobt als theoretisch abzuleiten sind. Man benutzt statt der gleichartigen Anodenschlitze solche unterschiedlicher Länge und auch Breite und kommt damit

Bild 3.28
Rising-Sun-
Magnetron

zu dem "Rising-Sun"-Magnetron des Bildes 3.28. Als weitere Maßnahme zur Unterdrückung unerwünschter Schwingungen werden alle geradzahligen und alle ungeradzahligen Anodensegmente durch Koppelringe mitein-

ander verbunden. Diese Anodensegmente schwingen in der erwünschten Tiefpaßwelle jeweils gleichphasig, so daß die Koppelringe daran nichts ändern.
Sie unterdrücken aber alle Schwingungen, welche nicht diesen Synchronismus
haben.

Den konstruktiven Aufbau eines Magnetrons läßt in perspektivischer Sicht Bi
3.29 erkennen. In diesem Beispiel sind die Anodenschlitze zu Hohlraumreso-
natoren verkürzt, deren Spalte Kapazi-
täten bilden, die mit den induktiven
Hohlräumen in Resonanz kommen. Mit diesen Resonatoren an Stelle der Schlitze
verkleinert sich der Außendurchmesser
des Anodenzylinders. Die Schwingungs-
leistung wird aus einem der Resonatoren mittels einer induktiven Schleife
ausgekoppelt.

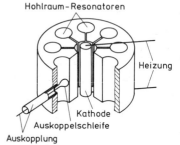

Bild 3.29
Magnetron mit Anodenresonatoren
und Schleifenkopplung

Magnetrons dienen hauptsächlich als
Senderöhren in Radargeräten. Sie arbeiten dann meist mit Anodenspan-
nungsimpulsen, die nur 1 µs dauern oder noch kürzer sind und sich in etwa
1 ms Abstand wiederholen. Dabei erzeugen sie entsprechend kurze Impulse
mit bis zu mehreren MW Spitzenleistung.

Magnetrons, die im Dauerstrich arbeiten, werden außer in der Radartechnik
auch zur Wärmeerzeugung durch Hochfrequenzenergie eingesetzt. Insbesondere
in Mikrowellenherden, die zur schnellen Speisezubereitung immer mehr auch
in Haushalten Verwendung finden, erzeugen sie die Hochfrequenzleistung.
Es gibt Magnetrons für Frequenzen zwischen 0,5 und 100 GHz. Ihre Wirkungsgrade liegen zwischen 50 und 80 %.

4   Hochfrequenz-Empfang

Zum Empfang von Hochfrequenz-Schwingungen muß die von der Empfangsantenne
aus dem Feld einer einfallenden Welle aufgenommene Leistung bzw. die dadurch induzierte Wechselspannung von allen anderen Schwingungen getrennt
werden, die sonst noch als Fremdsignale oder Störungen von der Antenne

aufgenommen werden. Es muß außerdem das ihr durch die jeweilige Modulationsart aufgeprägte Signal zurückgewonnen werden.

Zur Trennung von möglichst allen Stör- und Fremdsignalen ist die Empfangsschwingung sorgfältig zu sieben. Vor der Demodulation ist außerdem wegen der hohen Dämpfung bei der Funkübertragung die Empfangsschwingung kräftig zu verstärken.

Hochfrequenzempfänger arbeiten allgemein mit dem Superheterodynverfahren als Überlagerungsempfänger. Dabei wird die Empfangsschwingung zur Siebung und Verstärkung von der Hochfrequenzlage auf eine Zwischenfrequenzlage umgesetzt. In der Hochfrequenzlage wird die Empfangsschwingung gelegentlich nur relativ schwach vorgesiebt und vorverstärkt. Die eigentliche Siebung und Hauptverstärkung wird aber erst nach Frequenzumsetzung in einer Zwischenfrequenzlage vorgenommen. Dafür gibt es verschiedene wichtige Gründe:

Rundfunkempfänger ebenso wie viele andere Hochfrequenzempfänger sollen über relativ weite Frequenzbereiche abgestimmt werden, um jeweils nur einen von vielen Sendern in diesen Bereichen zu empfangen. Wenn man nun anstelle der Abstimmung auf eine einheitliche Zwischenfrequenz umsetzt, kann man mit einem fest abgestimmten Zwischenfrequenzverstärker guter Bandpaßcharakteristik sieben und verstärken. Empfangsschwingungen oberhalb etwa 100 MHz kann man außerdem nicht so gut und einfach sieben und verstärken wie bei einer Zwischenfrequenz unterhalb 100 MHz.

Die eigentlichen Hochfrequenzaufgaben beim Empfang hochfrequenter Schwingungen sind darum die Vorverstärkung und die Frequenzumsetzung.

4.1   Hochfrequenz-Vorverstärkung

Die Empfangsschwingung wird in einem Hochfrequenzverstärker immer dann vorverstärkt, wenn die Empfindlichkeit bei unmittelbarer Frequenzumsetzung nicht ausreicht, und wenn es außerdem für die zu empfangende Frequenz überhaupt geeignete Verstärker gibt, mit denen sich die Empfindlichkeit in dem erforderlichen Maße steigern läßt. In Vorverstärkern bis zu einigen GHz wird der bipolare Transistor immer mehr vom unipolaren Feldeffekttransistor verdrängt. Für Frequenzen bis etwa 1 GHz eignet sich der MOSFET noch ganz gut zur Verstärkung. Darüber hinaus aber, und zwar bis zu 100 GHz, lassen sich Hochfrequenzsignale am besten mit dem Sperrschicht-FET in Form des MESFETs verstärken.

4.1.1 Der MESFET

MESFET ist die Abkürzung für MEtall-Halbleiter (Semiconductor) Feld-Effekt-Transistor. Der Hochfrequenz-MESFET wird vorzugsweise aus Gallium-arsenid (GaAs) hergestellt, weil Elektronen in diesem Halbleiter gegenüber Silizium eine bis zu sechsfach größere Beweglichkeit haben. Bild 4.1 zeigt den Aufbau eines GaAs-MESFETs im perspektivischen Ausschnitt. In ein eigenleitendes und darum semiisolierendes GaAs-Substrat werden Si^+- oder As^+-Ionen mit Beschleunigungsspannungen von 50 bis 200 kV in den Bereich

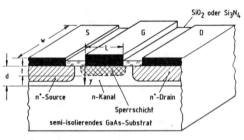

Bild 4.1

Perspektivischer Ausschnitt eines GaAs-MESFETs

implantiert, der in Bild 4.1 mit n-Kanal bezeichnet ist. Noch mehr Ionen werden anschließend in die mit n^+-Source und n^+-Drain bezeichneten Bereiche implantiert. Anschließend werden durch Tempern bei etwa 1100 K die durch den Ionenbeschuß entstandenen Kristallfehler ausgeheilt und gleichzeitig die implantierten Ionen als Donatoren aktiviert. Um dabei zu verhindern, daß Arsen aus dem Substrat abdampft, wird es nach der Ionenimplantation mit SiO_2 oder Si_3N_4 beschichtet. In den Elektrodenbereichen wird diese Schicht photolithographisch entfernt und das Substrat metallisiert. Für Source- und Drain-Elektroden wird Au/Ge einlegiert und damit zu den n^+-leitenden Wannen ein sperrschichtfreier Kontakt hergestellt. Die Gate-Elektrode besteht dagegen aus einem solchen Metall, wie z. B. Al, bei dem sich negative Ladungen an der Grenzfläche zum n-leitenden GaAs-Kanal bilden. Diese negativen Ladungen verdrängen quasi-freie Elektronen im

Halbleiter, so daß sich eine Sperrschicht bis zu einer Tiefe t bildet, in
der die Raumladung der ionisierten Donatoren der Grenzflächenladung gerade
das Gleichgewicht hält. Die Sperrschicht engt den n-leitenden Kanal
zwischen Source und Drain von der Tiefe d auf d-t ein.

Bei negativer Spannung zwischen Gate und Substrat werden noch mehr Elektronen verdrängt und die dann erweiterte Sperrschicht engt den Kanal noch
mehr ein. Mit der Gatespannung läßt sich so der Kanalwiderstand bzw. der
Kanalstrom zwischen Source und Drain steuern, und zwar ohne daß ein Gate-
strom fließt, also im Prinzip leistungslos. Diese leistungslose Steuerung
reagiert auch noch auf sehr schnelle Änderungen der Gatespannung, so daß
sich auch sehr hochfrequente Signale noch gut verstärken lassen.

Um den Kanalstrom zu bestimmen, müssen wir zunächst ermitteln, wie weit
die Gate-Sperrschicht den Kanal einengt. Ohne Spannung am Gate hat die
Sperrschicht eine Tiefe t_D, die bei einer Raumladungsdichte $q\,N_D$ der ionisierten Donatoren der Konzentration N_D gerade eine Gesamt-Raumladung pro
Fläche $Q_R = q\,N_D\,t_D$ bildet, welche entgegengesetzt gleich der Grenzflächenladung ist. Zwischen der Grenzflächenladung und der Raumladung
liegt ein elektrisches Feld, das wegen der gleichmäßigen Raumladungsdichte gemäß

$$E = q\,N_D(t_D - y)/\varepsilon$$

linear von der Grenzfläche bei $y = 0$ zum Sperrschichtrand bei $y = t_D$
abnimmt mit ε als Dielektrizitätskonstante des Halbleiters. Dazu gehört
ein Potentialverlauf $\phi = \int E\,d\,y$, der quadratisch mit y abfällt. Das
Potentialgefälle über die ganze Sperrschichttiefe beträgt

$$U_D = q\,N_D\,t_D^2/(2\varepsilon) \qquad\qquad (4.1)$$

und wird <u>Diffusionsspannung</u> genannt. Bei einer äußeren Spannung U_{GS}
zwischen Gate und Substrat muß statt U_D die Spannung $U_D - U_{GS}$ in der
Sperrschicht abfallen. Dadurch ändert sich ihre Tiefe nach Gl. (4.1) von
t_D auf

$$t = \sqrt{\frac{2\varepsilon}{qN_D}} (U_D - U_{GS}) \qquad (4.2)$$

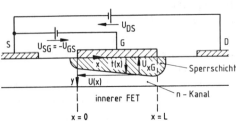

Im Verstärkerbetrieb liegt die Source-Elektrode auf Substratpotential, und Gate- und Drain-Elektrode sind ihr gegenüber gemäß Bild 4.2 negativ bzw. positiv vorgespannt. Wegen U_{DS} fließt ein Elektronenstrom von S nach D, und die Potentialdifferenz zwischen Kanal und Gate ist längs des Kanales nicht mehr konstant,

Bild 4.2
Innerer MESFET unter Betriebsspannungen

sondern steigt an, so daß auch die Sperrschichttiefe t entsprechend zunimmt.

Wenn der Kanal sich von S nach D nur allmählich verengt, kann in der Sperrschicht die Längskomponente E_x des elektrischen Feldes vernachlässigt werden; im Kanal spielt dagegen nur E_x eine Rolle und verursacht den Kanalstrom

$$I = - \sigma w(d-t)E_x \qquad (4.3)$$

Wir zählen ihn hier positiv entgegengesetzt zur Elektronenbewegung, also in negativer x-Richtung. w ist die Breite des Kanales senkrecht zum Längsschnitt in Bild 4.2 und

$$\sigma = q \mu_n N_D \qquad (4.4)$$

seine Leitfähigkeit bei einer Elektronenbeweglichkeit μ_n. Das elektrische Längsfeld ist gemäß

$$E_x = - \frac{dU}{dx} = - \frac{d U_{xG}}{d x}$$

mit der Änderung der Potentialdifferenz über der Sperrschicht verknüpft.

Die lokale Sperrschichttiefe folgt aus Gl. (4.2), wenn darin $-U_{GS}$ durch $U_{xG} = U_{SG} + U$ ersetzt wird:

$$t^2 = \frac{2\varepsilon}{qN_D} (U_D + U_{SG} + U) \qquad . \qquad (4.5)$$

Bei einer Potentialdifferenz über der Sperrschicht von

$$U_p = \frac{qN_D}{2\varepsilon} d^2 \qquad (4.6)$$

würde der Kanal vollständig abgeschnürt. U_p heißt darum Abschnür-(pinch off)-Spannung. Mit der normierten Spannung

$$u = (U_D + U_{SG} + U)/U_p \qquad (4.7)$$

lautet Gl. (4.5)

$$(t/d)^2 = u \qquad , \qquad (4.8)$$

und für den Kanalstrom nach Gl. (4.3) gilt mit $E_x = -U_p \, du/dx$ die Beziehung

$$I = \sigma \, w \, d \, U_p \, (1 - \sqrt{u}) \, \frac{du}{dx} \, . \qquad (4.9)$$

Im stationären Zustand ist der Strom längs des Kanales konstant, so daß sich dafür Gl. (4.9) durch Trennung der Variablen von $x = 0$ bis $x = L$ integrieren läßt

$$I = G_o \, U_p \, \{u_D - u_G - \frac{2}{3} (u_D^{3/2} - u_G^{3/2})\} \qquad (4.10)$$

Darin bezeichnet

$$G_o = \sigma \, w \, d/L \qquad (4.11)$$

den Leitwert des Kanales ohne Sperrschicht, also für $t = 0$, und

$$u_G = \frac{U_D + U_{SG}}{U_p} \quad \text{sowie} \quad u_D = \frac{U_D + U_{SG} + U_{DS}}{U_p} \qquad (4.12)$$

sind die normierten Spannungen am Anfang des Kanales bei S bzw. am Ende des Kanales bei D. Die anfangs durchgezogenen und später gestrichelten Kurven in Bild 4.3 zeigen I nach Gl. (4.10) in Abhängigkeit von der Drainspannung U_{DS} mit der Gate-Spannung U_{SG} als Parameter. Dabei ist I/G_0 auf einen charakteristischen Spannungswert U_S bezogen, der später noch definiert wird. Im übrigen gilt Bild 4.3 für ein typisches Verhältnis von U_D zu U_p. Von einem fast linearen Anfangsbereich krümmen sich die Kurven zu weniger Anstieg, wenn durch den Spannungsabfall U_{DS} der Kanal merklich eingeschnürt wird.

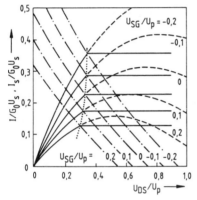

Bild 4.3

Kanalstrom im MESFET als Funktion der Drainspannung für verschiedene Gate-Spannungen, $U_D/U_p = 0,265$, $U_p/U_S = 1,96$

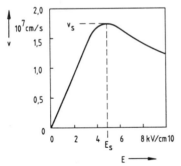

Bild 4.4

Elektronendriftgeschwindigkeit als Funktion der elektrischen Feldstärke für GaAs mit $N_D = 10^{17}$ cm^{-3}

Weil der Strom längs des Kanals konstant ist, sich der Kanal aber zum Drain hin einschnürt, müssen die Elektronen zum Drain hin immer schneller driften. Für die Driftgeschwindigkeit in Abhängigkeit von der Feldstärke gilt dabei in GaAs die Charakteristik in Bild 4.4. Nach ihr nimmt die Geschwindigkeit nur anfänglich gemäß $v = \mu_n E$ linear mit der Feldstärke zu, erreicht bei $E = E_S$ ein Maximum und nimmt dann sogar wieder ab, weil bei $E = E_S$ die Elektronen in Energiezustände mit größerer effektiver Masse gelangen. In diesem fallenden Bereich der $v(E)$-Charakteristik hat GaAs eine negative differentielle Leitfähigkeit, welche in den sog. Gunn-Elementen zur Schwingungserzeugung im GHz-Bereich technisch genutzt wird.

Wenn im Kanal des GaAs-MESFETs die Elektronen in der Einschnürung am drainseitigen Ende die maximale Geschwindigkeit erreicht haben, läßt sich der Kanalstrom durch weitere Erhöhung der Drainspannung nicht mehr steigern. Es bildet sich dann dort eine Hochfeldzone mit dipolartiger Raumladung, in welcher weitere Drainspannungserhöhungen abfallen. Weil jetzt bei einer Einschnürung von d auf $d-t_s$ die Elektronen der Dichte N_D nur noch mit v_s driften können, stellt sich als Sättigungsstrom

$$I_s = q \, N_D \, v_s \, w(d - t_s) \tag{4.13}$$

ein. Wenn wir hierin gemäß $v_s = \mu_n E_s$ noch mit der Anfangsbeweglichkeit rechnen und die sog. Driftsättigungsspannung

$$U_s = E_s \, L \tag{4.14}$$

einführen, ergibt sich mit den Gln. (4.4), (4.8), (4.11) und (4.12) für den Sättigungsstrom die Beziehung

$$I_s = G_0 \, U_s \, (1 - \sqrt{u_D}) \ . \tag{4.15}$$

Nach ihr hängt der Sättigungsstrom für verschiedene Gatespannungen so von der Drainspannung ab, wie es die strichpunktierten Linien in Bild 4.3 zeigen.

Dort, wo die strichpunktierte Linie für den Sättigungsstrom bei einer bestimmten Gatespannung die durchgezogene Linie für den Kanalstrom nach Gl. (4.10) bei der gleichen Gatespannung schneidet, erreicht der Kanalstrom seinen Sättigungswert und bleibt bei weiter steigender Drainspannung konstant. I als Funktion von U_{DS} folgt also nur bis zu diesem Schnittpunkt der ursprünglichen Kanalstrom-Kurve. Am Schnittpunkt geht I in die horizontale Linie für den jeweiligen Sättigungswert des Kanalstromes über. Für Drainspannungen über diesen Schnittpunkten wird die Drainzone durch die Hochfeldzone mit ihrer dipolförmigen Raumladung vom Kanal entkoppelt und der Strom unabhängig von U_{DS}.

Jede der $I(U_{DS})$-Kennlinien des MESFETs setzt sich aus zwei Ästen zusammen:

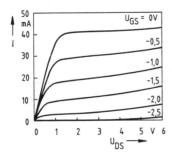

Bild 4.5

Gemessene I(U_DS)-Kennlinien
eines ionenimplantierten
GaAs-MESFETs
(Siemens (FY/2)

dem ansteigenden Anfangsbereich und dem horizontalen Sättigungsbereich. Zum Vergleich mit diesen berechneten Kennlinien zeigt Bild 4.5 die gemessenen Kennlinien eines GaAs-MESFETs. Weil ein Teil der Drainspannung an den Halbleiterbahnwiderständen zwischen Source-Elektrode und Kanalanfang sowie zwischen Kanalende und Drain-Elektrode abfällt, steigt der Kanalstrom anfangs etwas weniger mit der äußeren Drainspannung und geht auch erst bei etwas höheren Drainspannungen in die Sättigung. Außerdem knickt der Kanalstrom nicht abrupt in die Sättigung, sondern krümmt sich allmählich, so wie

auch die maximale Drift-Geschwindigkeit v_s in Bild 4.4 nur allmählich erreicht wird. Schließlich steigt auch in der Sättigung der Kanalstrom noch etwas mit der Drainspannung an, weil nämlich parasitäre Ströme, die durch das Substrat fließen, sich mit der Drainspannung ständig erhöhen.

Bild 4.6

Wechselstrom-Ersatz-
schaltung des ide-
alen FETs

Trotzdem kann man aber für kleine Wechselspannungen nicht zu hoher Frequenz mit der einfachen Ersatzschaltung des inneren MESFETs in Bild 4.6 rechnen, die für den normalen Betrieb das Sättigungsverhalten nach Bild 4.3 erfaßt. Um für ihre spannungsgesteuerte Stromquelle die Steilheit S, nämlich die Änderung des Kanal- bzw. Drainstromes mit der Gate-Spannung zu berechnen, ist im Bild 4.3 der Strom nach der Gate-

Spannung entlang der punktierten Kurve zu differenzieren, welche durch die Knickpunkte in den Sättigungsbereich läuft. Es ist also

$$S = \frac{d\,I_s}{d\,U_{GS}} = \frac{\partial\,I_s}{\partial\,U_{GS}} + \frac{\partial\,I_s}{\partial\,U_{DS}}\frac{d\,U_{DS}}{d\,U_{GS}}$$

zu berechnen mit $d\,U_{DS}/d\,U_{GS}$ aus der Bedingung $I = I_s$, d. h.

$$\frac{d\,U_{DS}}{d\,U_{GS}} = \frac{\dfrac{\partial\,I_s}{\partial\,U_{GS}} - \dfrac{\partial\,I}{\partial\,U_{GS}}}{\dfrac{\partial\,I}{\partial\,U_{DS}} - \dfrac{\partial\,I_s}{\partial\,U_{DS}}}$$

wobei für I Gl. (4.10) gilt und für I_s Gl. (4.15). Daraus ergibt sich

$$S = \frac{G_0\,(1 - \sqrt{u_G})}{1 + 2\,\dfrac{U_p}{U_s^2}\,\dfrac{I_s}{G_0}\,(1 - \dfrac{I_s}{G_0\,U_s})} \tag{4.16}$$

mit dem jeweiligen Strom I_s im Sättigungsbereich. Mit Gl. (4.15) und $I = I_s$ im Kennlinienknick läßt sich I_s in Gl. (4.16) durch u_G und U_s/U_p ausdrücken. Die auf den Leitwert G_0 des offenen Kanales bezogene Steilheit ist dann nur noch eine Funktion der normierten Gatespannung u_G und des Driftsättigungsparameters U_s/U_p. Im Bild 4.7 ist sie in Abhängigkeit von u_G mit U_p/U_s als Parameter dargestellt.

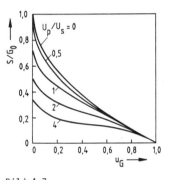

Bild 4.7

MESFET-Steilheit bei gesättigtem Kanalstrom als Funktion der Gate-Spannung mit der Driftsättigungsspannung als Parameter

Die höchstmögliche Steilheit ist gleich dem Leitwert G_0 des offenen Kanals. Dieser maximalen Steilheit nähert man sich aber nur, wenn sowohl U_p/U_s als auch u_G sehr klein sind. Sonst ist S immer kleiner als G_0. Der zweite Term im Nenner von Gl. (4.16) erfaßt den Einfluß der Driftsättigung auf die Steilheit.

Wenn der Kanal nur schwach dotiert oder flach bzw. auch, wenn er verhältnismäßig lang ist, kann die Driftsättigungsspannung U_s sehr groß gegenüber der Abschnürspannung U_p sein. Die Driftsättigung spielt dann bei der Sättigung des Kanalstromes kaum eine Rolle. Vielmehr wird I für $U_s \gg U_p$ erst dann gesättigt und unabhängig von U_{DS}, wenn $u_D = 1$, d. h. $t(L) = d$ wird, der Kanal sich also drain-seitig vollkommen abschnürt.

Für hohe Verstärkung des FETs sollte die Steilheit möglichst hoch sein. Dazu sollte zunächst schon der offene Kanal einen möglichst hohen Leitwert G_0 haben, nach Gl. (4.11) also kurz, aber auch tief und breit sein und mit starker Donatorenkonzentration eine hohe Leitfähigkeit haben. Wenn aber für sehr kurze Kanäle (L ≳ 1 μm) sich wegen $U_p/U_s \sim 1/L$ die Driftsättigung immer stärker ausprägt, hängt S kaum noch von L ab.

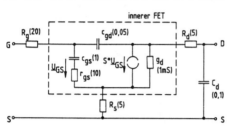

Bild 4.8

Hochfrequenz-Ersatzschaltung eines GaAs-MESFETs mit typischen Werten für die Elemente (Widerstände in Ω, Kapazitäten in pF, S = 20 mS, τ_s = 5 ps)

Die einfache Ersatzschaltung des idealen MESFETs ist für einen praktischen MESFET und kleine Wechselspannungen höherer Frequenzen so zu ergänzen, wie es Bild 4.8 zeigt. Die Steilheit ist nunmehr komplex und hängt näherungsweise gemäß

$$S^* = S/(1 + j \omega \tau_s) \qquad (4.17)$$

von der Frequenz ab. Damit wird die Schwächung und Verzögerung von Sinusschwingungen durch die Elektronendrift im Kanal erfaßt. τ_s ist darum auch ungefähr gleich der Elektronendriftzeit im Kanal. Ihr unterer Grenzwert

$$\tau_s \simeq L/v_s \qquad (4.18)$$

wird bei stark ausgeprägter Driftsättigung ($U_p > U_s$) erreicht.

Parallel zur Stromquelle mit S* liegt der <u>Drainleitwert</u>

$$g_d = \frac{\partial I}{\partial U_{DS}} \qquad . \qquad (4.19)$$

Er erfaßt den geringen Anstieg des Drainstromes mit der Drainspannung im Sättigungsbereich.

Die Sperrschicht unter der Gate-Elektrode stellt zusammen mit dem verteilten Kanalwiderstand eine RC-Leitung dar. Näherungsweise erfaßt man sie
in der Ersatzschaltung mit der <u>Gate-Kapazität</u> c_{gs} in Serie mit dem inneren
<u>Gate-Widerstand</u> r_{gs} zwischen Gate und Source. Beide Größen hängen wegen
der Kanaleinschnürung von den Vorspannungen ab. Praktisch ist r_{gs} von der
Größenordnung $1/G_0$ und

$$c_{gs} = (2...3) \, \varepsilon \, w \, L/d \qquad . \qquad (4.20)$$

Am drainseitigen Ende des Kanales bildet die Sperrschicht eine kapazitive
Brücke zwischen Gate-Elektrode und Drainzone. Es handelt sich um die
Streukapazität einer Kante, die bei einer Kantenlänge w näherungsweise

$$c_{gd} \simeq \varepsilon \, w \qquad (4.21)$$

beträgt. Zu diesen Elementen des inneren FETs kommen noch die Bahnwider-
stände R_s und R_d der Halbleiterzonen zwischen dem Kanal und der Source-
bzw. Drain-Elektrode sowie der
Längswiderstand R_g der notwendiger-
weise sehr schmalen Gate-Elektrode.

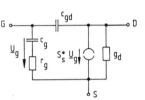

Vereinfachen läßt sich diese Hochfrequenz-Ersatzschaltung gemäß Bild 4.9,
indem man R_s und R_g mit r_{gs} zum Gate-
Widerstand r_g zusammenfaßt. Weil dabei
$\underline{U}_g$ statt $\underline{U}_{GS}$ als Steuerspannung der
Stromquelle eingeführt wird, muß wegen

Bild 4.9

Vereinfachte Hochfrequenz-
Ersatzschaltung des MESFETs

$$\underline{U}_g \simeq \underline{U}_{GS} + R_s \, S^\star \, \underline{U}_{GS} = (1 + R_s \, S^\star) \underline{U}_{GS}$$

mit der Steilheit

$$S_s^\star = \frac{S^\star}{1 + R_s \, S^\star} \simeq \frac{S^\star}{1 + R_s \, S} \qquad (4.22)$$

gerechnet werden. Der Widerstand R_d ist normalerweise klein genug, daß
er gegenüber anderen Widerständen im Drainkreis kaum eine Rolle spielt.

Um mit dem MESFET auch noch Schwingungen sehr hoher Frequenz verstärken zu können, muß in der komplexen Steilheit nach Gl. (4.17) die Elektronendriftzeit τ_s im Kanal entsprechend kurz sein. Bei

$$\omega_s = 1/\tau_s \qquad\qquad (4.23)$$

fällt diese Steilheit auf das $1/\sqrt{2}$-fache ihres Niederfrequenzwertes.

Außerdem sollte die Gate-Kapazität c_{gs} möglichst klein sein, denn bei jeder Spannungsänderung muß c_{gs} über r_g umgeladen werden, wobei die Zeit $\tau_g = c_{gs}\, r_g$ vergeht.

$$\omega_g = 1/\tau_g \qquad\qquad (4.24)$$

ist darum die Grenzfrequenz für den Gate-Kreis des inneren FET.

Beide Grenzfrequenzen ω_s und ω_g lassen sich näherungsweise auch durch folgende Überlegung erfassen: Wenn die Gate-Spannung um $\Delta\, U_{GS}$ geändert wird, muß die Gate-Kapazität c_{gs} um

$$\Delta\, Q = c_{gs}\, \Delta\, U_{GS}$$

umgeladen werden. Ein Strom $\Delta\, I$ braucht dazu die Zeit

$$t_o = \frac{\Delta Q}{\Delta I} = c_{gs} \cdot \frac{\Delta U_{GS}}{\Delta\, I} \qquad .$$

Mit ΔI als Änderung des Drain-Stromes aufgrund der Spannungsänderung $\Delta\, U_{GS}$ ist

$$\Delta I = S\, \Delta\, U_{GS} \qquad\qquad .$$

Es dauert darum

$$t_o = c_{gs}/S$$

bis diese Stromänderung sich nach Umladung von c_{gs} am Drain einstellen kann. Aus dieser Zeitkonstanten folgt die FET-Grenzfrequenz

$$\omega_0 = \frac{1}{t_0} = \frac{S}{c_{gs}} \qquad ; \qquad (4.25)$$

mit Gl. (4.16) und (4.20) läßt sie sich gemäß

$$\omega_0 = \frac{\sigma}{\epsilon} \left(\frac{d}{L}\right)^2 F(u_G, u_S) \qquad (4.26)$$

darstellen, wobei der Faktor F von den normierten Spannungen u_G und $u_S = U_S/U_p$ so abhängt, wie es Bild 4.10 zeigt. Für hohe Grenzfrequenz ω_0 sollte nach Gl. (4.26) die dielektrische Relaxationszeit ϵ/σ möglichst kurz sein, der Kanal also eine möglichst hohe Leitfähigkeit haben. Er sollte aber auch möglichst kurz und tief sein, damit d/L entsprechend groß ist. Für sehr kurze Kanäle wird jedoch die normierte Drift-sättigungsspannung so klein, daß man in den abfallenden Bereich der Kurven in Bild 4.10 rückt, wo dann nur noch $\omega_0 \sim$ 1/L und nicht mehr $\omega_0 \sim 1/L^2$ gilt.

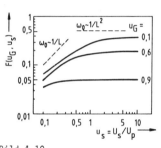

Bild 4.10

Abhängigkeit der FET-Grenz-frequenz ω_0 von den normierten Spannungen u_G und u_S /8, S. 56/

Zusammenfassend sollte der MESFET für große Steilheit und hohe Grenzfrequenz einen möglichst kurzen und breiten Kanal haben. Er wird dazu typischerweise so strukturiert, wie es die Elektrodenformen in Bild 4.11 erkennen lassen. Zwischen den breiteren Source- und Drain-Elektroden laufen in mehreren engen Spalten die parallel geschalteten langen, schmalen Finger der Gate-Elektrode. Mit 300 µm breiten, aber weniger als 1 µm langen Kanälen werden so 20 mS Steilheit und 50 GHz Grenzfrequenz erreicht.

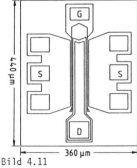

Bild 4.11

Elektroden-Konfiguration eines GaAs-MESFETs mit L = 0,8 µm und w = 2x200 µm

4.1.2 Hochfrequenzverstärker mit MESFETs

MESFETs werden in Hochfrequenzverstärkern normalerweise in Source-Basis-Schaltung betrieben, kurz auch Source-Schaltung genannt. Bei ihr liegt die Source-Elektrode zusammen mit dem Substrat hochfrequenzmäßig auf Massepotential. Gate und Source bilden die Eingangsklemmen, Drain und Source sind die Ausgangsklemmen. Bild 4.12a zeigt die Prinzipschaltung eines FET-Hochfrequenzverstärkers und Bild 4.12 b seine Hochfrequenz-Ersatzschaltung. Mit dem Spannungsabfall des Gleichstromes I_0 am Vorwiderstand R_v wird ein Arbeitspunkt eingestellt, bei dem das Gate gegenüber Source und Substrat etwas negativ vorgespannt ist. Die Kapazität C_v überbrückt R_v hochfrequenzmäßig. Die Parallelresonanzkreise aus L_1 und C_1 am Eingang sowie aus L_2 und C_2 am Ausgang werden auf die zu empfangende Frequenz abgestimmt und dienen auch zur Selektion des Signalbandes.

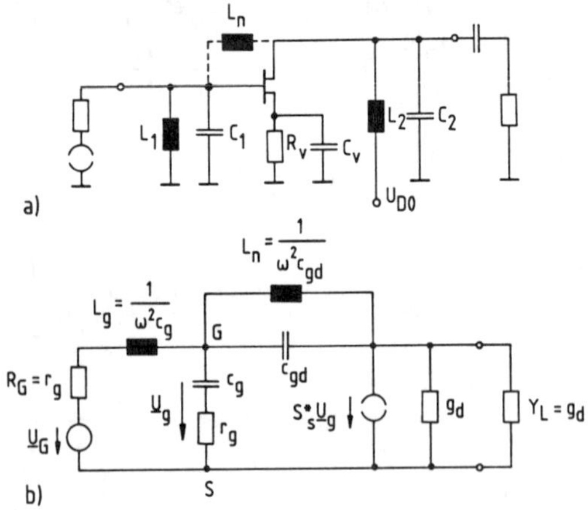

Bild 4.12

Hochfrequenzverstärker mit FETs mit Neutralisation und beidseitiger Leistungsanpassung
a) Prinzipschaltung
b) Hochfrequenz-Ersatzschaltung

Der MESFET wird in Bild 4.12 b mit seiner vereinfachten Hochfrequenz-Ersatzschaltung erfaßt. Ihre Drain-Gate-Kapazität c_{gd} wirkt als Rückkopplung zwischen Eingangs- und Ausgangskreis. Sonst ist die Schaltung aber rückwirkungsfrei. Wenn die kapazitive Rückkopplung stört, kann man sie mit einer Induktivität L_n zwischen Gate und Drain neutralisieren, indem man den Parallelresonanzkreis aus c_{gd} und L_n auf die Betriebsfrequenz abstimmt. Die Schaltung ist dann bei dieser Frequenz rückwirkungsfrei und ihre inneren Verstärkungsmöglichkeiten lassen sich voll nutzen. Wird sie unter diesen Bedingungen mit Leistungs-

anpassung am Ein- und Ausgang betrieben, so erzielt sie die sog. maximale unilaterale Leistungsverstärkung.

Zur Leistungsanpassung am Eingang wird gemäß Bild 4.12 b mit der Induktivität $L_g = 1/\omega^2 c_g$ der Generatorwiderstand konjugiert komplex zum Eingangswiderstand gemacht. Außerdem wird mit $Y_L = g_d$ auch der Ausgang angepaßt. Ohne Neutralisierung der Rückkopplung würde sich die beidseitige
Leistungsanpassung nicht so einfach gestalten. Die verfügbare Leistung des
Generators

$$P_E = |\underline{U}_G|^2/4R_G$$

wird wegen der Anpassung auch in den Verstärker geliefert. An den Lastwiderstand wird die Leistung

$$P_A = |S_S^\star|^2 \, |\underline{U}_g|^2/4g_d$$

abgegeben. Von der Generatorspannung $\underline{U}_G$ fällt der Teil

$$\underline{U}_g = \underline{U}_G \, \frac{r_g + 1/j \, \omega \, c_g}{2r_g + j \, \omega \, L_g + 1/j \, \omega \, c_g}$$

zwischen G und S ab. Bei $L_g = 1/\omega^2 c_g$ sind das

$$\underline{U}_g = \underline{U}_G \, (1+1/j \, \omega \, r_g \, c_g)/2 \quad .$$

Damit ergibt sich als maximale unilaterale Leistungsverstärkung

$$G_U = \frac{P_A}{P_E} = \frac{S^2}{4\omega^2 \, c_g^2 \, r_g \, g_d} \, \frac{1 + \omega^2 \, r_g^2 \, c_g^2}{(1+R_S \, S)^2(1+\omega^2 \tau_S^2)}. \tag{4.27}$$

Um die Frequenzgrenzen für diese Verstärkung abzuschätzen, berücksichtigen
wir nur die Elemente des inneren FET, setzen also $R_S = 0$; außerdem nehmen
wir $\tau_g \simeq \tau_S$ an oder aber $\omega \, \tau_g$, $\omega \, \tau_S < 1$. Dann wird

$$G_U = \frac{S^2}{4\omega^2 \, c_g^2 \, r_g \, g_d} = \frac{\omega_0^2}{4\omega^2 \, r_g \, g_d} \quad .$$

In dieser Näherung nimmt die maximale unilaterale Leistungsverstärkung mit dem Quadrat der Frequenz ab. Bei

$$\omega_U = \frac{\omega_o}{2\sqrt{r_g \, g_d}} \qquad (4.28)$$

wird gerade nicht mehr verstärkt. Ein Oszillator mit dem MESFET könnte sich durch verlustlose Rückkopplung bis zu dieser Frequenz noch selbsterregen. Darum heißt ω_U auch <u>unilaterale Schwing-Grenzfrequenz</u> des MESFET. Entsprechend Gl. (4.28) wird sie nicht nur durch die FET-Grenzfrequenz ω_o bestimmt, sondern auch das Produkt aus Gate-Widerstand r_{gs} und Drainleitwert g_d spielt eine Rolle. Für eine hohe Schwing-Grenzfrequenz ω_U sollte dieses Produkt möglichst klein sein. Ebenso wie die Grenzfrequenz ω_o läßt sich auch ω_U durch Kanalverkürzung steigern. Bei längeren Kanälen gilt ungefähr wieder $\omega_U \sim 1/L^2$. Wenn aber bei kürzerem Kanal die Driftsättigung sich stärker ausprägt und $U_s < U_p$ wird, gilt auch für $\omega_U \sim 1/L$. Diese Proportionalität bleibt auch erhalten, wenn alle parasitären Effekte des äußeren FETs mit einbezogen werden. Messungen haben bestätigt, daß sich mit GaAs-MESFETs eine unilaterale Schwing-Grenzfrequenz von

$$f_U = \frac{50 \text{ GHz}}{L/\mu m}$$

erreichen läßt. Bei weniger als 1 µm Kanallänge steigt f_U also über 50 GHz. Die FET-Grenzfrequenz ω_o läßt sich durch Kürzung des Kanales erhöhen, ist aber unabhängig von der Kanalbreite w. Weil $r_{gs} \sim 1/w$, aber $g_d \sim w$, ist das Produkt $r_{gs} \, g_d$ auch unabhängig von w. Ohne Beeinträchtigung von ω_o und ω_U lassen sich Steilheit und Ausgangsleistung durch Verbreiterung des Kanales steigern. In Leistungsverstärkern werden darum viele Elemente in Form von interdigitalen Strukturen auf einem GaAs-Substrat monolithisch integriert. Mit Drainströmen von etwa 100 mA je mm Kanalbreite werden bis zu 1 W Ausgangsleistung je mm Kanalbreite erreicht. Begrenzt wird die Kanalbreite, weil der Eingangswiderstand in seinem Wirkanteil so klein wird, daß besonders für höhere Frequenzen keine Leistungsanpassung mehr möglich ist. Praktisch werden zwischen 5 und 50 GHz etwa

$$P = \frac{1000 \text{ W}}{(f/\text{GHz})^2}$$

erreicht.

4.2 Überlagerungsempfang

Um die hochfrequente Empfangsschwingung, gegebenenfalls nach Vorverstärkung und Vorselektion, weiter zu sieben und auf die zur Modulation oder
Gleichrichtung notwendige Amplitude weiter zu verstärken, wird sie vorher
auf eine Zwischenfrequenz umgesetzt. Sie wird dazu mit einer anderen
hochfrequenten Hilfsschwingung in einem nichtlinearen Bauelement überlagert, so daß Summen und Differenzfrequenz entstehen. Die Frequenz der
Hilfsschwingung, auch Überlagerungsfrequenz $f_{\ddot{U}}$ genannt, wird so eingestellt, daß sie als Differenz mit der Empfangsfrequenz f_E gerade die
Zwischenfrequenz f_Z bildet:

$$f_Z = f_E - f_{\ddot{U}} \quad . \tag{4.29}$$

Die Hilfsschwingung wird normalerweise von einem Rückkopplungsoszillator
erzeugt, der als verstärkendes Element einen bipolaren Transistor oder
auch einen MESFET enthält. Dieser sog. Lokaloszillator wird zum Empfang
verschiedener Sender eines Frequenzbereiches entsprechend (4.29) abgestimmt.

4.2.1 MESFET-Mischer

Als nichtlineares Schaltelement kommen für Empfangsfrequenzen bis zu
einigen GHz bipolare Transistoren
in Frage, bei denen der Emitter-
strom stark nichtlinear von der
Basis-Emitter-Spannung abhängt.
Aber auch Feldeffekttransitoren
eignen sich sehr gut, weil ihre
Steilheit sich mit der Gatespannung
stark ändert.

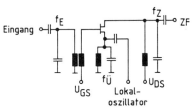

Bild 4.13
MESFET-Mischer

Sehr hohe Empfangsfrequenzen lassen
sich noch gut mit GaAs-MESFETs um-

setzen, die nur einen kurzen Kanal und entsprechend hohe Grenzfrequenz haben. Die MESFET-Steilheit ändert sich mit der Gatespannung, so wie Bild 4.7 es erkennen läßt und Gl. (4.16) es beschreibt. Der MESFET-Mischer wird darum im Prinzip wie in Bild 4.13 geschaltet. Die Hilfsschwingung aus dem Lokaloszillator wird kapazitiv am Source-Kontakt angekoppelt. Der Parallelresonanzkreis am Source-Kontakt ist auf die Überlagerungsfrequenz $f_{\ddot{U}}$ abgestimmt, so daß der Wechselspannungsabfall

$$U_{\ddot{U}} = \hat{U}_{\ddot{U}} \cos \omega_{\ddot{U}} t$$

den Arbeitspunkt im Takt der Überlagerungsfrequenz verschiebt. Damit ändert sich auch die Steilheit periodisch, was hier durch die lineare Näherung

$$S = S_o + S_1 \hat{U}_{\ddot{U}} \cos\omega_{\ddot{U}} t$$

erfaßt werden soll. Wird nun noch am Gate die Empfangsschwingung mit der Wechselspannung

$$U_E = \hat{U}_E \cos \omega_E t$$

angelegt, so entsteht im Drainstrom $I = S\,U_E$ neben Wechselkomponenten mit den Frequenzen $\omega_{\ddot{U}}$, ω_E und $\omega_E + \omega_{\ddot{U}}$ auch die Zwischenfrequenzkomponente

$$I_Z = \frac{1}{2} S_1 \hat{U}_{\ddot{U}} \hat{U}_E \cos \omega_Z t \quad .$$

Der Parallelresonanzkreis am Drain wird auf die Zwischenfrequenz abgestimmt, so daß nur bei ihr eine Spannung an ihm abfällt, alle anderen spektralen Stromkomponenten aber kurzgeschlossen werden. Bei dieser Mischung mit Transistoren wird die Empfangsschwingung nun nicht nur auf die Zwischenfrequenz umgesetzt, sondern es läßt sich auch ein Konversionsgewinn von typischerweise 10 dB erzielen. D. h. die Zwischenfrequenzleistung ist das zehnfache der am Mischereingang verfügbaren Empfangsleistung. Abwärtsmischer mit GaAs-MESFETs liefern Konversionsgewinn auch noch bei Empfangsfrequenzen über 10 GHz und kommen darum auch in

monolithisch integrierten Empfangsumsetzern für 12-GHz-Fernsehsignale von
Satelliten zur Anwendung.

4.2.2 Diodenmischer

Zum Überlagerungsempfang von Frequenzen oberhalb etwa 1 GHz bis hinauf zu
300 GHz dienen den Abwärtsmischern als nichtlineare Elemente oft Metall-
Halbleiter-Dioden, die auch Schottky-Dioden genannt werden, nach dem Physiker Schottky, der als erster ihre Wirkungsweise genau erklärte.
Schottky-Dioden enthalten einen Metall-Halbleiter-Übergang wie er auch
zwischen Gate und Kanal des MESFETs vorkommt. Auch bei der Schottky-Diode
verdrängen die festen negativen Ladungen an der Metall-Halbleiter-Grenze
die quasi-freien Elektronen in den Halbleiter. Es besteht also ebenso wie
unter dem Gate des MESFETs eine
Halbleiter-Sperrschicht
zwischen dem leitenden Metall
und dem Halbleiter. Die Bilder
4.14a und b zeigen einen
Metall-n-Halbleiterübergang mit
der Sperrschicht und sein
Energiebandmodell im
Gleichgewicht ohne Vorspannung.

Die Halbleitersperrschicht
bildet für die beweglichen
Metallelektronen eine Energiebarriere, die nur von den
wenigen Elektronen überwunden
werden kann, welche aufgrund
der Fermistatistik genügend
thermische Energie haben. Die
Verhältnisse sind für die
Metallelektronen ähnlich wie
an der Metall-Vakuumgrenz-
fläche in Bild 3.1. Auch von

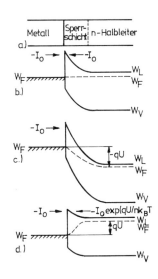

Bild 4.14
Metall-n-Halbleiterübergang und
Bändermodelle

den beweglichen Halbleiterelektronen können nur solche die Energiebarriere zum Metall überwinden, welche ebenfalls die entsprechende thermische Energie haben. Im Gleichgewicht halten sich diese beiden schwachen Elektronenströme $-I_0$ von Metallelektronen in den Halbleiter und $-I_0$ von Halbleiterelektronen in das Metall gerade die Waage.

Wird nun das Metall gegen den Halbleiter negativ vorgespannt, so ändert sich an der Energiebarriere für die Metallelektronen nichts. Es gehen also ebenso viele Elektronen zum Halbleiter über wie ohne Spannung. Für die Halbleiterelektronen wächst die Energiebarriere aber, so daß schließlich gar keine Halbleiterelektronen mehr ins Metall fließen. Damit stellt sich für negative Vorspannung ein spannungsunabhängiger Elektronenstrom $-I_0$ vom Metall zum Halbleiter ein.

Wird andererseits das Metall gegen den Halbleiter positiv vorgespannt, so ändert sich zwar die Energiebarriere für die Metallelektronen und damit ihr Strom $-I_0$ in den Halbleiter nicht. Für die Halbleiterelektronen sinkt die Energiebarriere nun aber und entsprechend den exponentiellen Schwänzen der Fermistatistik nimmt der Strom von Halbleiterelektronen zum Metall jetzt exponentiell mit der Spannung zu.

Mit beiden Stromkomponenten lautet die allgemeine Strom-Spannungscharakteristik des Schottky-Überganges

$$I = I_0(e^{\frac{qU}{nk_BT}} - 1). \tag{4.30}$$

Dabei ist n ein Korrekturfaktor, der aufgrund der Fermistatistik allein eigentlich n = 1 sein müßte. Tunnel- und Streueffekte [9, S.179] beeinflussen den Elektronenstrom aber derart, daß n = 1 - 2 wird.

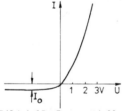

Bild 4.15 Exponentielle Strom-Spannungs-Charakteristik der Schottky-Diode

Bild 4.15 zeigt die exponentielle Charakteristik (4.30) und veranschaulicht ihre ausgeprägt nichtlineare Natur. Wenn man an ihr die Wechselspannungen von Empfangs- und Hilfsschwingung überlagert, enthält der Strom nicht nur diese Schwingungen, sondern auch ihre Oberschwingungen sowie alle ihre Summen- und Differenztöne.

Um nun die Empfangsschwingung mit möglichst geringen Verlusten auf die Zwischenfrequenz umzu-
setzen, schaltet man die Schottky-Diode im Prinzip wie im Bild 4.16 in ein Netzwerk mit 3 Ma-
schen. Jede Masche hat einen Reihenresonanzkreis
sehr hoher Güte, der nur Ströme bei seiner Resonanzfrequenz durch den betreffenden Kreis
fließen läßt, alle anderen Ströme aber sperrt.
Die Lokaloszillator-Spannungsquelle soll möglichst gar keinen, praktisch also nur einen sehr
kleinen Innenwiderstand haben.

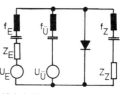

Bild 4.16

Prinzipschaltung eines
Diodenmischers für Strom-
aussteuerung

In solch einer Schaltung läßt sich unter günstigsten Bedingungen, nämlich
bei konjugiert komplexer Anpassung der Widerstände Z_E und Z_Z an die Schaltung und mit einer idealen Schottky-Diode sowie mit $U_0 \gg nk_BT/q$ die maximale Leistungsverstärkung [9, S. 194]

$$G_m = (1 + \sqrt{\frac{nk_BT}{q\hat{U}_0}})^{-2} \qquad (4.31)$$

erzielen. Bild 4.17 zeigt die maximale
Leistungsverstärkung als Funktion der Lokal-
oszillatoramplitude. Für großes $\hat{U}_0$ setzt der
Mischer die Empfangsschwingung mit nur geringen Verlusten auf die Zwischenfrequenz um.
Praktisch ist diese Amplitude aber auf
$\hat{U}_0 < 10\ nk_BT/q$ begrenzt. Für Aussteuerung des
Lokaloszillators über größere Bereiche der
Diodencharakteristik beeinträchtigen parasitäre Bahn- und Sperrwiderstände der
Schottky-Diode die Mischung, so daß man
praktisch mit mindestens 3 dB Konversionsverlusten des Diodenmischers rechnen muß.

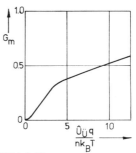

Bild 4.17

Maximale Leistungsverstärkung eines Diodenmischers
mit Stromaussteuerung

Um in Schottky-Dioden für sehr hohe Frequenzen den Bahnwiderstand möglichst klein und den Sperrwiderstand möglichst groß zu halten, wird nach
Bild 4.18 auf einem gut leitenden n^+-Halbleitersubstrat eine nur 0,5 μm

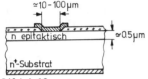

Bild 4.18

Schottky-Diode auf hochlei-
tendem Substrat mit dünner
Epitaxieschicht und passi-
vierter Oberfläche

dicke schwächer dotierte n-Halbleiter-
schicht epitaktisch aufgewachsen. Darauf
wird der eigentliche Schottky-Übergang als
Metallfilm aufgedampft. Oft wird dazu die
Epitaxieschicht vorher mit einer Isolator-
schicht passiviert, in die dann eine Öffnung von der Größe des Schottky-Übergangs
eingeätzt wird.

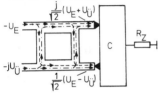

Bild 4.19

Gegentaktmischer mit 3-dB-Richt-
koppler in Streifenleiterbauweise

Diodenmischer lassen sich sehr vor-
teilhaft als Gegentaktmischer mit zwei
Dioden aufbauen. Bild 4.19 zeigt einen
Gegentaktmischer mit einem 3-dB-Richt-
koppler in Streifenleiterbauweise. An
einem Arm des 4-armigen Richtkopplers
liegt die Empfangsschwingung U_E. Die
Hälfte ihrer Leistung gelangt über die
durchgehende Leitung direkt zu einer

Diode, die andere Hälfte über die beiden Querleitungen mit 90^0 Phasenverschiebung zur anderen, entgegengesetzt gepolten Diode. Zum Eingangsarm für
die Hilfsschwingung U_0 kommt keine Empfangsschwingung, denn die beiden
Wellen über die Querleitungen sind in dieser Richtung in Gegenphase und
heben sich auf.

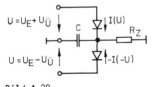

Bild 4.20

Spannungen und Ströme im
Gegentaktmischer

Entsprechend teilt sich die Hilfsschwingung
U_0 am anderen Seitenarm auf die beiden Aus-
gangsarme, so daß an der einen Diode die
Summe und der anderen die Differenz von
Empfangsschwingung und Hilfsschwingung liegen. Diese Verhältnisse sind in Bild 4.20
vereinfacht dargestellt. Die Diodenströme
durch U_0 allein sind in Gegenphase und heben
sich auf. Erst zusammen mit U_E entstehen

Stromdifferenzen, deren Zwischenfrequenzkomponenten Leistung an R_Z liefern.
Gegentaktmischer dieser Art werden bis Empfangsfrequenzen von 20 GHz mit
Konversionsverlusten von 4 bis 6 dB gebaut.

4.3 Empfangsempfindlichkeit und Rauschen

Mit einem Verstärker müßten beliebig kleine Schwingungen empfangen werden können, wenn nur die Verstärkung genügend hoch bemessen wird. Tatsächlich überlagern sich den Wechselströmen oder -spannungen der Empfangsschwingung aber immer andere, störende Schwankungen. Wenn die Empfangsschwingung zu klein ist, geht sie in diesen Störungen unter und kann nicht mehr wahrgenommen werden.

Solche Störungen werden in Funkempfängern in erster Linie als Störstrahlung von der Antenne zusammen mit der Empfangsschwingung aufgenommen. Dazu gehören atmosphärische Störungen, die hauptsächlich durch Blitzentladungen entstehen, industrielle Störungen durch Lichtbogenschwingungen an den Kollektoren von Elektromotoren und an Schaltern oder durch Zündfunken von Ottomotoren sowie kosmisches Rauschen von bestimmten Fixsternen, den sogenannten Radiosternen überwiegend vom Zentrum der Milchstraße.

Von außen über die Antenne wird als Störstrahlung schließlich auch die normale Wärmestrahlung der Atmosphäre und aller Gegenstände empfangen, die im Empfangsbereich der Antenne liegen.

Störende Strom- und Spannungsschwankungen entstehen aber auch im Inneren elektronischer Schaltungen. So führt die Schwingungsfrequenz der Stromversorgung aus dem Netz bei ungenügender Siebung zum Netzbrummen. Mechanische bzw. akustische Störschwingungen können die elektrischen Eigenschaften der Schaltung ändern und zu Strom- und Spannungsschwankungen hauptsächlich im Tonfrequenzbereich führen.

Schließlich entstehen im Inneren elektronischer Schaltungen auch noch Störungen vollkommen regelloser Natur. Ihre Ursachen sind die regellose Wärmebewegung der Ladungsträger, ihre quantenhafte Natur und ihre regellose Generation und Rekombination, insbesondere in Halbleitern. Für alle diese regellosen Störungen hat sich von der akustischen Wirkung die Bezeichnung Rauschen geprägt.

Entsprechend Bild 4.21 überlagern sie sich den gewünschten Strömen und Spannungen als regellose Schwankungen. Im Gegensatz zu der Empfangsschwingung bilden sie keine definierten Funktionen der Zeit. Es können besten-

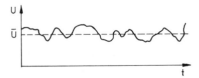

Bild 4.21

Spannung mit regelloser Schwankung

falls die statistischen Eigenschaften ihrer Zeitfunktionen festgestellt und z.B. in Verstärkern oder Mischern die statistischen Eigenschaften von Schwankungen am Ausgang durch statistische Eigenschaften von Schwankungen am Eingang dargestellt werden.

Ein statistischer Wert ist z.B. der arithmetische Mittelwert

$$\overline{U} = \lim_{T\to\infty} \frac{1}{T} \int_0^T U(t)\,dt \quad . \tag{4.32}$$

Beim Rauschen handelt es sich um vollkommen regellose Schwankungen. Sie werden hier genügend vollständig durch das mittlere Quadrat

$$\overline{U^2} = \lim_{T\to\infty} \frac{1}{T} \int_0^T (U - \overline{U})^2\,dt \tag{4.33}$$

oder ihren Effektivwert, d.h. den <u>quadratischen</u> <u>Mittelwert</u> $\sqrt{\overline{U^2}}$ der Schwankung erfaßt.

4.3.1. Widerstandsrauschen

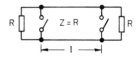

Bild 4.22

Verlustlose Leitung mit angepaßten Widerständen zur Ableitung der Formel für das Widerstandsrauschen

Die regellose Wärmebewegung von Ladungsträgern in Leitern erzeugt eine <u>Rauschleistung</u>. Um ihre Größe zu bestimmen, wird folgendes Gedankenexperiment durchgeführt: In Bild 4.22 sind zwei gleiche Widerstände R durch eine Leitung der Länge l und des Wellenwiderstandes

$$\sqrt{\frac{L'}{C'}} = R \tag{4.34}$$

verbunden. Im thermischen Gleichgewicht speist jeder Widerstand die Leitung mit seiner Rauschleistung und absorbiert dieselbe Rauschleistung aus der Leitung vom anderen Widerstand.

Nun wird die Leitung auf beiden Seiten kurzgeschlossen. Sie bildet dann einen Resonator mit den Resonanzfrequenzen $\frac{c}{2T}$, $\frac{2c}{2T}$, $\frac{3c}{2T}$, ... Dabei ist c die Ausbreitungsgeschwindigkeit auf der Leitung. Die Resonanzfrequenzen liegen um $\Delta f = \frac{c}{2T}$ auseinander.

Die Energie auf der Leitung verteilt sich nach dem Gleichverteilungssatz[+] der Thermodynamik. Jeder Freiheitsgrad bzw. jeder Energiespeicher nimmt $\frac{k_B T}{2}$ auf. k_B ist die Boltzmann'sche Konstante und T die absolute Temperatur. Im elektrischen und im magnetischen Feld jeder Eigenschwingung ist also je $\frac{k_B T}{2}$ enthalten oder $k_B T$ in jeder Eigenschwingung.

Im Frequenzband $B = n \; \Delta f$ gibt es n Eigenschwingungen der Gesamtenergie $n \, k_B T$. Die Energie pro Hz Bandbreite ist damit

$$W' = \frac{n \, k_B T}{B} = \frac{2 \, k_B T \, l}{c} \; . \tag{4.35}$$

Diese Energie ist im Zeitintervall $\frac{l}{c}$, der Laufzeit auf der Leitung, von beiden Widerständen geliefert worden. Ein Widerstand hat also pro Bandbreite die Rauschleistung

$$P'_r = \frac{1}{2} \; \frac{W'}{l/c} = k_B T \; . \tag{4.36}$$

Im Frequenzband B leistet er darum

$$P_r = k_B T \, B \; . \tag{4.37}$$

Diese Leistung gibt er nur an einen gleichgroßen Widerstand ab. Es handelt sich bei P_r also um die maximale oder verfügbare Leistung.

Wie in Bild 4.23 kann der Widerstand hinsichtlich seines Wärmerauschens durch eine Zweipolquelle mit dem Innenwiderstand R und entweder einer Spannungsquelle des Effektivwertes

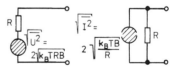

Bild 4.23

Widerstand als rauschender Zweipol mit Rauschspannungsquelle oder Rauschstromquelle

$$\sqrt{\overline{U^2}} = 2 \sqrt{k_B T \, R \, B} \tag{4.38}$$

[+] der Gleichverteilungssatz gilt nur für $hf \ll k_B T$

oder einer Stromquelle des Effektivwertes

$$\sqrt{\overline{I^2}} = 2 \sqrt{\frac{k_B T B}{R}} \tag{4.39}$$

ersetzt werden.

Jedes Schaltelement mit endlichen Wirkwiderständen bildet eine Rausch-quelle. Reine Blindwiderstände wie ideale Induktivitäten oder ideale Kapazitäten sind dagegen rauschfrei.

4.3.2 Die Rauschzahl von Vierpolen

Verstärker und Mischer in Hochfrequenzempfängern bilden bezüglich der Ein- und Ausgangsklemmen für die Empfangsschwingung Vierpole. Diese Vierpole enthalten neben den Widerständen als Wärmerauschquellen auch noch Transistoren oder Dioden als Rauschquellen.

Die Rauscheigenschaften des gesamten Vierpoles an seinen Klemmenpaaren werden für Hochfrequenzanwendungen meistens vollständig genug durch seine

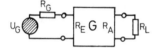

Bild 4.24

Zur Definition der Rauschzahl eines Vierpoles

Rauschzahl beschrieben. Sie wird hier anhand von Bild 4.24 definiert. Der Lastwiderstand R_L nimmt ohne Empfangsschwingung am Eingang des Vierpoles die verstärkte (oder geschwächte) Leistung des Wärmerauschens vom Generatorwiderstand R_G auf

$$P_{rG} = G k_B T_o B \quad , \tag{4.40}$$

wobei G die Leistungsverstärkung des Vierpoles ist und T_o die Temperatur des Generatorwiderstandes. Außerdem nimmt R_L die Leistung P_{rV} aus den Rauschquellen des Vierpoles auf. Die Rauschzahl ist nun definiert als

$$F = \frac{P_{rG} + P_{rV}}{P_{rG}} = 1 + \frac{P_{rV}}{G k_B T_o B} \quad . \tag{4.41}$$

F bildet also das Verhältnis der tatsächlichen Rauschleistung am Ausgang des Vierpoles zur Rauschleistung, die dort abgegeben würde, wenn die einzige Rauschquelle thermisches Rauschen der Temperatur T_o am Eingang wäre.

F ist dimensionslos und wird oft auch in dB angegeben.

$$(F/dB) = 10 \log_{10} F$$

Sowohl P_{rV} als auch G hängen vom Generatorwiderstand R_G ab. Darum ist auch die Rauschzahl abhängig von R_G. Man definiert die Rauschzahl absichtlich nicht für einen angepaßten Generatorwiderstand, weil sich die niedrigste Rauschzahl im allgemeinen für eine gewisse Fehlanpassung von R_G ergibt.

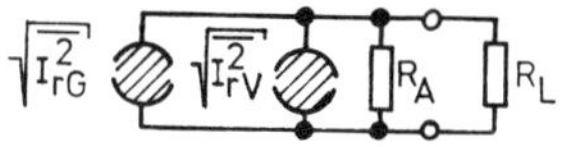

Dagegen ist die Rauschzahl unabhängig vom Abschlußwiderstand. Bezüglich des Ausganges läßt sich nämlich der Vierpol durch eine Zweipolquelle mit Innenwiderstand R_A und Rauschstromquellen $\sqrt{\overline{I_{rG}^2}}$ und $\sqrt{\overline{I_{rV}^2}}$ darstellen. $\sqrt{\overline{I_{rG}^2}}$ ist der Effektivwert für den Kurz-

Bild 4.25

Ersatzrauschquelle für den Ausgang eines Vierpoles

schlußstrom, den das Rauschen von R_G am Ausgang verursacht, und $\sqrt{\overline{I_{rV}^2}}$ ist der Effektivwert für den entsprechenden Kurzschlußstrom der inneren Rauschquellen des Vierpoles. Es ist

$$P_{rG} = \overline{I_{rG}^2} \frac{R_A^2 \, R_L}{(R_A + R_L)^2} \quad \text{und} \quad P_{rV} = \overline{I_{rV}^2} \frac{R_A^2 \, R_L}{(R_A + R_L)^2} \quad ;$$

damit wird

$$F = 1 + \frac{\overline{I_{rV}^2}}{\overline{I_{rG}^2}} \tag{4.42}$$

unabhängig vom Lastwiderstand.

4.3.3 MESFET-Verstärkerrauschen

Der MESFET zeigt Wärmerauschen und Rekombinationsrauschen. Das Wärmerauschen entsteht hauptsächlich in dem Widerstand, mit dem der leitende Kanal zwischen Source und Drain behaftet ist. Das Rekombinationsrauschen kommt von der Generation und Rekombination der Ladungsträger an Störstellen in diesem Kanal und an den Oberflächenzuständen am Metall-Halbleiter-Übergang. Das Spektrum des Rekombinationsrauschens nimmt aber mit der Frequenz so schnell ab, daß bei hohen Frequenzen nur noch das Wärmerauschen, insbesondere des Kanalwiderstandes, eine Rolle spielt.

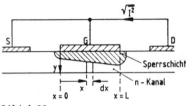

Bild 4.26

Kurzgeschlossener MESFET mit
Rauschstrom im Drain

Bei einem MESFET entsprechend Bild
4.26 mit Kurzschluß zwischen Source,
Gate und Drain verursacht das thermische Kanalrauschen einen Rauschstrom im Drain, zu dem jedes Element
dx mit seiner thermischen Rausch-
quelle beiträgt. Wegen des Span-
nungsabfalles im Kanal wird er zum
Drain hin zunehmend eingeschnürt,
so daß der Kanalwiderstand
pro Länge zum Drain hin wächst. Jedes Kanalelement trägt darum unter-
schiedlich zum Kurzschlußrauschstrom im Drain bei. Die Integration über
alle Beiträge von x = 0 bis l führt auf folgendes Quadrat des Effektivwertes für diesen Strom [9, S.280]

$$\overline{I^2} = \frac{8}{3} k_B T\, BS \qquad (4.43)$$

mit S als Steilheit des MESFET im Arbeitspunkt gemäß Gl. (4.16).

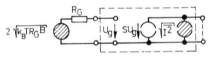

Bild 4.27

Vereinfachte Wechselstrom-Ersatzschaltung des MESFET-Verstärkers in Source-
schaltung mit Rauschquellen

Ein MESFET-Verstärker in Source-
schaltung hat bei Vernachlässi-
gung aller parasitären Elemente
die Wechselstrom-Ersatzschaltung
des Bildes 4.27. Bei kurzge-
schlossenem Ausgang fließen Aus-
gangsrauschströme der Effektiv-
wertquadrate

$$\overline{I^2_{rV}} = \overline{I^2} = \frac{8}{3} k_B T\, BS \qquad (4.44)$$

vom thermischen Kanalrauschen und

$$\overline{I^2_{rG}} = 4\, k_B T\, BS^2 R_G \qquad (4.45)$$

vom Wärmerauschen des Generatorwiderstandes. Der Verstärker-Vierpol hat
damit die Rauschzahl

$$F = 1 + \frac{2}{3\, S\, R_G} \quad . \qquad (4.46)$$

Diese Rauschzahl kann durch Vergrößerung von R_G beliebig gesenkt und damit der Verstärker sehr empfindlich werden. Praktisch sind R_G aber durch den endlichen Eingangswiderstand des MESFETs Grenzen gesetzt. Wenn man nämlich

Bild 4.28

Neutralisierter
MESFET-Verstärker
mit Rauschquellen

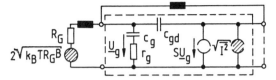

gemäß Bild 4.28 die parasitären MESFET-Elemente r_g, c_g und c_{gd} mit berücksichtigt, aber c_g und c_{gd} durch Induktivitäten neutralisiert, so fließt wegen des Wärmerauschens vom Generatorwiderstand am Ausgang ein Kurzschlußrauschstrom des mittleren Quadrates

$$I_{rG}^2 = 4 k_B T \; BS^2 R_G \; \frac{\left| r_g + \frac{1}{j\omega c_g} \right|^2}{(R_G + r_g)^2} \qquad (4.47)$$

und die Rauschzahl lautet für $\omega r_g c_g \ll 1$

$$F = 1 + \frac{2}{3SR_G} \cdot \frac{(R_G + r_g)^2}{\left| r_g + \frac{1}{j\omega c_g} \right|^2} = 1 + \frac{2\omega^2 c_g^2 \, (R_G + r_g)^2}{3S \; R_G} \; . \; (4.48)$$

Diese Rauschzahl ist bei $R_G = r_g$ minimal, und zwar

$$F_{min} \equiv 1 + \frac{8\omega^2 c_g^2 r_g}{3S} \qquad (4.49)$$

Die Eingangswiderstandsbedingung für minimale Rauschzahl nennt man <u>Rausch-anpassung.</u> Im vorliegenden speziellen Fall stimmen Rausch- und Leistungs-anpassung überein.

Rauscharme Hochfrequenz-MESFETs wie die Type, deren Elektroden Bild 4.11 zeigt, haben minimale Rauschzahlen, die bis 4 GHz noch unter 1,4 und bis 12 GHz noch unter 2,5 liegen.

Um festzustellen, wie stark die Empfangsschwingung sein muß, um sie bei einer bestimmten Rauschzahl noch sicher wahrzunehmen, wird der <u>Rausch-</u> oder <u>Störabstand</u> als Verhältnis der Empfangsleistung P_E zur Rauschleistung P_r spezifiziert

$$S_r = \frac{P_E}{P_r} \; . \qquad (4.50)$$

Der Verstärker muß für sicheren Empfang dieses Verhältnis einhalten. Wenn also bei einer Leistungsverstärkung G am Verstärkerausgang

$$\frac{P_{EA}}{P_{rA}} = S_r \qquad (4.51)$$

sein soll, muß am Eingang

$$\frac{P_{EE}}{P_{rE}} = \frac{P_{EA}}{GP_{rE}} = F \frac{P_{EA}}{P_{rA}} = F S_r \qquad (4.52)$$

sein. Mit $P_{rE} = k_B TB$ ist die erforderliche Eingangsleistung

$$P_{EE} = k_B TBFS_r \quad . \qquad (4.53)$$

Soll beispielsweise in einem B = 10 kHz breiten Band ein Signal mit
10 $\log_{10} S_r$ = 20 dB Rauschabstand empfangen werden und rauscht der Ein-
gangsverstärker mit F = 2, so müssen mindestens $P_{EE} = 8 \cdot 10^{-15}$ W
empfangen werden.

4.3.4 Dioden-Mischer-Rauschen

Empfangsfrequenzen von bis zu 50 GHz können mit MESFETs vorverstärkt werden. Die Rauschzahl der MESFET-Verstärker bestimmt dann die Empfindlichkeit des Empfanges. Empfangsfrequenzen oberhalb 1 - 20 GHz werden normalerweise vor Verstärkung auf eine Zwischenfrequenz umgesetzt. Unter diesen
Umständen wird die Empfindlichkeit durch das Mischerrauschen begrenzt.
Auch der Mischer ist bezüglich seiner Eingangsklemmen bei der Empfangsfrequenz und seiner Ausgangsklemmen bei der Zwischenfrequenz ein Vierpol,
für den (4.41) eine Rauschzahl definiert. Daß Eingangs- und Ausgangssig-
nale ganz verschiedene Frequenzlagen haben, ändert an dieser Definition
nichts.

Die Schottky-Diode im Mischer bildet eine Rauschquelle, die zu einer
Mischerrauschzahl von F > 1 führt. Der Diodenstrom besteht aus einzelnen
Ladungsträgern, welche unabhängig voneinander durch die Sperrschicht
zwischen Halbleiter und Metall driften. Dabei influenzieren sie im
äußeren Kreis Impulse von der Dauer der Driftzeit. Es fließt also kein
konstanter Strom, sondern eine Folge von Stromimpulsen. Diese Impuls-
folge enthält einen Gleichstrom, dem regellose Schwankungen überlagert
sind. Die Schwankungen haben ein gleichmäßig verteiltes Frequenzspektrum,

so daß in einem Frequenzband bestimmter Breite B sich ein mittleres Quadrat $\overline{I_S^2}$ der Stromschwankung ergibt, das nicht von der Frequenzlage abhängt, solange nur die Schwingungsperiode bei dieser Frequenz lang gegen die Impulsdauer, also gegen die Transitzeit der Ladungsträger durch die Sperrschicht ist. Aus einer detaillierten Rechnung folgt für das mittlere Quadrat der spektralen Schwankungskomponenten in einem Frequenzband B [10, S.174]

$$\overline{I_S^2} = 2 q I B .$$ (4.54)

Von der physikalischen Erscheinung her nennt man diese Schwankung Schrotrauschen. Ihr mittleres Quadrat ist proportional zur Ladung q des einzelnen "Schrotkornes" und zum gesamten Ladungsfluß pro Zeiteinheit, also zum Diodenstrom I.

Die Hilfsschwingung bei der Überlagerungsfrequenz f_0 setzt nun an der nichtlinearen Diodencharakteristik alle solchen spektralen Komponenten des Schrotrauschens auf die Zwischenfrequenz f_Z um, die im Abstand f_Z von f_0 oder von einer ihrer Harmonischen nf_0 liegen. Alle diese Beiträge zusammen addieren sich zum Schrotrauschen des Mischers am Zwischenfrequenzausgang. Für die Rauschzahl durch dieses Schrotrauschen ergibt sich insbesondere dann ein einfacher Ausdruck, wenn der Mischer nach der Prinzipschaltung in Bild 4.16 mit Stromaussteuerung arbeitet und am Eingang und Ausgang leistungsmäßig angepaßt ist. Die Rauschzahl ist unter diesen Umständen minimal und beträgt [9 , S.202]

$$F_{min} = 1 + \frac{n}{2} (\frac{1}{G_m} - 1) .$$ (4.55)

Dabei ist n = 1 - 2 der Korrekturfaktor im Exponenten der Stromspannungscharakteristik (4.30) der Schottky-Diode und G_m die unter diesen Umständen maximale Leistungsverstärkung.

Nach den Voraussetzungen für Gl.(4.55) bedeutet Leistungsanpassung beim idealen Mischer auch Rauschanpassung. Mit n = 2 und G_m = 0,5 wird beispielsweise F_{min} = 2. Praktisch liegt die Rauschzahl von Diodenmischern etwas höher. Bei sorgfältiger Bemessung erreicht man aber die für n = 2 aus (4.55) folgende Rauschzahl:

$$F_{min} = \frac{1}{G_m} .$$ (4.56)

So werden für die Gegentaktmischer in Streifenleiterbauweise nach Bild
4.19 bei 4 dB Konversionsverlust auch 4 dB Rauschzahl gemessen.

Beim Mischer ohne Vorverstärker wird nicht nur durch das Eigenrauschen des
Mischers der Rauschabstand vermindert, sondern auch durch die Konversions-
verluste die Empfangsschwingung geschwächt. Es muß darum auch der Zwischenfrequenzverstärker rauscharm ausgeführt werden. Die Gesamtrauschzahl
F_G von Mischer und ZF-Verstärker ergibt sich aus der Mischerrauschzahl
F_M, der Verstärkerrauschzahl F_V und der Mischerleistungsverstärkung G_M
nach der Beziehung [11, S.117]

$$F_G = F_M + \frac{F_V - 1}{G_M} \qquad (4.57)$$

für die Rauschzahl zweier Vierpole in Kaskade. Je kleiner also G_M und je
größer F_V ist, umso mehr erhöht das ZF-Verstärkerrauschen die Gesamtrauschzahl. Ist beispielsweise $F_M = F_V = 2$ und $G_M = \frac{1}{2}$, so folgt $F_G = 4$.
Die Empfangsschwingung muß unter diesen Bedingungen für gleichen Rauschabstand doppelt soviel Leistung haben wie beim Vorverstärker mit $F = 2$.

5   Rundfunktechnik

Rundfunksender arbeiten in allen Frequenzbereichen, angefangen von den
Langwellen bis hinauf zu den Zentimeterwellen. Dabei dienen die Lang-,
Mittel- und Kurzwellen sowie auch die Ultrakurzwellen dem Hörrundfunk,
während die Ultrakurzwellen und Dezimeterwellen unter der Bezeichnung
VHF (very high frequency) bzw. UHF (ultra high frequency) dem Fernseh-
rundfunk dienen. Neuerdings wird auch Programmfernsehen von Satelliten mit
Zentimeterwellen im Bereich von 12 GHz ausgestrahlt.

Im Bereich der Lang-, Mittel- und Kurzwellen arbeitet der Hörrundfunk mit
Amplitudenmodulation (AM), im Bereich der Ultrakurzwellen dagegen mit
Frequenzmodulation (FM). Beim Fernsehrundfunk wird der Ton auch mit Frequenzmodulation übertragen, das Bild dagegen mit Restseitenbandmodulation,
einer modifizierten Amplitudenmodulation, bei der ein Seitenband ganz, vom
anderen Seitenband aber nur ein Rest übertragen wird.

Allen Rundfunksendern gemeinsam ist die relativ hohe Sendeleistung, um in
weiten Gebieten vielen Teilnehmern einen einfachen und sicheren Empfang

zu ermöglichen.

5.1   AM-Rundfunksender

Die Großsender für den Hörrundfunk mit Amplitudenmodulation strahlen
100 bis 2000 kW aus. Ihr Schaltschema zeigt Bild 5.1. Ein quarzgesteuerter
Generator erzeugt die
Trägerschwingung mit
zeitlich sehr kon-
stanter Frequenz. Ihm
folgt ein rückwir-
kungsfreier Trennver-
stärker, durch den
der Quarzgenerator
und seine Frequenz
unabhängig von der
Belastung durch die
nachfolgenden Stufen
werden. Die Träger-
schwingung wird an-
schließend in einem

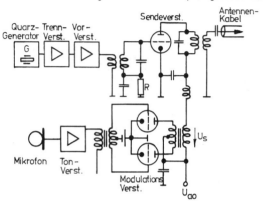

Bild 5.1   Schema eines Hörrundfunksenders mit
Anoden-B-Modulation

mehrstufigen Vorverstärker auf die vom Sendeverstärker benötigte Leistung
gebracht. Die letzten Stufen dieses Vorverstärkers und insbesondere seine
Endstufe, die sog. Treiberstufe, sind mit Elektronenröhren bestückt, um
die jeweilige Leistung verarbeiten zu können. Der Sendeverstärker arbeitet
im C-Betrieb, und zwar mit hoher Spannungsausnutzung an der Grenze des
überspannten Zustandes.

Die Ausgangs-Trägeramplitude wird durch Veränderung der Anodenspannung im
Takte und nach Größe der Tonschwingung moduliert. Dazu wird das Tonsignal
vom Mikrophon oder dem Magnetkopf eines Bandgerätes bzw. Tonabnehmer eines
Plattenspielers in einem Tonverstärker kräftig und verzerrungsfrei verstärkt und steuert dann einen Modulationsverstärker aus, der mit zwei Trioden in Gegentakt geschaltet ist und im B-Betrieb arbeitet.

Im Ausgangskreis des Modulationsverstärkers liegt der Modulationstransformator, dessen Sekundärwicklung die tonfrequente Signalschwingung der Ampli-

tude $\hat{U}_s$ in Reihe mit der Anodengleichspannung U_{ao} der Anode des Sendeverstärkers zuführt. Die Anodenspeisespannung des Sendeverstärkers schwankt
also mit dem Signal zwischen $U_{ao} - \hat{U}_s$ und $U_{ao} + \hat{U}_s$, wobei $\hat{U}_{smax}$ nur wenig
kleiner als U_{ao} bleibt. U_{ao} sowie Gittervor- und Wechselspannung werden
zusammen mit dem Anodenresonanzwiderstand so eingestellt, daß der Sendeverstärker bei $U_{ao} + \hat{U}_{smax}$ voll ausgesteuert wird. Beim Absinken der
Anodenspeisespannung auf $U_{ao} - \hat{U}_{smax}$ geht der C-Verstärker in den überspannten Zustand. Das Steuergitter übernimmt dann Strom, durch den im
Gittervorwiderstand R aber eine Spannung abfällt, so daß sich der Arbeitspunkt weiter zu negativer Gitterspannung verschiebt. Diese Selbstregulie-
rung hält den Sendeverstärker dicht an der Grenze des überspannten Zustandes mit hoher Spannungsausnutzung. Außerdem folgt dadurch die Anoden-HF-
Amplitude nahezu proportional der Signalamplitude $\hat{U}_s$, so daß die Modulationscharakteristik wie gewünscht linear wird.

Neben dieser linearen Modulationscharakteristik bleibt bei dieser Anodenmodulation auch der Wirkungsgrad über den ganzen Bereich der Signalspannung hoch. Als Nachteil erfordert die Anodenmodulation nur eine sehr hohe
Signalleistung zur Modulation. Die vom Modulationsverstärker aufzubringen-
de niederfrequente Leistung beträgt

$$P_m = \frac{m^2}{2} U_{ao} I_{ao} \qquad (5.1)$$

mit m als Modulationsindex und U_{ao} sowie I_{ao} als Anodengleichspannung bzw.
-gleichstrom. Bei hundertprozentiger Modulation muß der Modulationsverstärker also die halbe Gleichstromleistung der Sendestufe liefern. Da
dieser als verzerrungsfreier Verstärker bestenfalls mit dem Wirkungsgrad
des B-Betriebes arbeiten kann, sind dem Gesamtwirkungsgrad Grenzen ge -
setzt. Auch erfordert der Modulationstransformator beträchtlichen Aufwand,
damit er die hohe Signalleistung bei allen Signalfrequenzen verzerrungsfrei übersetzt. Trotzdem arbeiten die meisten AM-Großsender mit Anoden-
B-Modulation, hauptsächlich wegen des guten Gesamtwirkungsgrades.
Neuerdings setzt sich für AM-Rundfunksender noch ein anderes Verfahren
der Anodenmodulation durch, bei dem das Modulationssignal mit Hilfe von
Pulsdauermodulation (PDM) energiesparend verstärkt wird. Bild 5.2 zeigt
das Prinzip dieser PDM-Signalaufbereitung für Anodenmodulation. Der
Komparator vergleicht das niederfrequente Modulationssignal mit einer

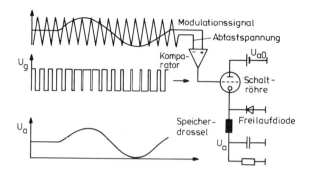

Bild 5.2 PDM-Signalaufbereitung für Anodenmodulation [12]

dreieckigen Abtastspannung, deren Frequenz groß gegen die höchste Modu-
lationsfrequenz ist, für Tonsignale normalerweise zwischen 50 und 80 kHz.
Ist die momentane Modulationsspannung größer als die momentane Abtastspannung, dann gibt der Komparator eine Spannung ab, welche die Schaltröhre einschaltet. Im umgekehrten Fall sperrt er sie. Am Steuergitter der
Schaltröhre liegt damit eine pulsdauermodulierte Rechteckspannung, deren
Pulsdauer der momentanen Modulationsspannung direkt proportional ist. Bei
durchgeschalteter Schaltröhre fließt Strom von der Batterie durch die
Speicherdrossel in Lastwiderstand und Kondensator. Wird die Röhre ge-
sperrt, so reißt dieser Strom wegen der Drosselinduktivität nicht ab,
sondern wird von der Freilaufdiode übernommen. Die Spannung U_a am Lastwiderstand ändert sich also nur allmählich und zwar ist sie um so größer,
je länger im zeitlichen Mittel die Röhre eingeschaltet ist. Schaltröhre
mit Freilaufdiode sowie der Tiefpaß aus Speicherdrossel und Kapazität
wandeln also die pulsdauermodulierte Rechteckspannung wieder in die
Modulationsspannung, die aber jetzt maximal gleich der Batteriespannung
U_{ao} ist, also direkt als Anodenspannung der Senderöhre dient. Die
Leistung zur Versorgung der Senderöhre kommt dabei ganz aus der Batterie,
ohne daß im Prinzip Leistung verloren geht.
Der Sendeverstärker speist das Antennenkabel, und zwar liegt sein Wellenwiderstand als Reihenwiderstand im sekundären Zweig der beiden gekoppelten
Anoden-Schwingkreise. Diese beiden Kreise werden so bemessen und verkoppelt, daß sie eine Bandfiltercharakteristik mit dem doppelten Signalband

als Bandbreite erhalten und den relativ niedrigen Wellenwiderstand des
Antennenkabels auf einen hohen Resonanzwiderstand im Anodenkreis trans-
formieren.

AM-Sender für den Hörrundfunk werden mit einem maximalen Modulationsgrad
von m = 0,7 moduliert. Das Tonfrequenzband wird auf den Bereich von 30 Hz
bis 4,5 kHz begrenzt. Dementsprechend liegen Sender, die sich mit ihren
Empfangsreichweiten überschneiden, im gegenseitigen Abstand von etwa
9 kHz.

5.2 FM-Rundfunksender

Die Ultrakurzwellensender für den Hörrundfunk arbeiten im Frequenzband
von 88 bis 100 MHz. Da ihre Empfangsreichweiten nur wenig über die optische Sicht hinausgehen, steht jeweils nur relativ wenigen Sendern dieses
ganze Frequenzband zur Verfügung. Sie haben deshalb etwa 300 kHz Abstand
voneinander und jeder für sich ein recht breites Frequenzband. Dieses
breite Band wird durch Frequenzmodulation mit relativ großem Frequenzhub,
nämlich ± 75 kHz ausgenutzt. Es wird damit nicht nur das gegen AM-Rundfunk
breitere Tonfrequenzband von 30 Hz bis 15 kHz übertragen, sondern auch ein
höherer Störabstand erreicht.

Bei stereophonem Hörrundfunk wird neben dem Summensignal aus zwei Mikro-
phonen auch ihr Differenzsignal übertragen. Dieses Differenzsignal, ebenfalls mit Frequenzen von 30 Hz bis 15 kHz, wird durch Amplitudenmodulation mit unterdrücktem Träger von 38 kHz in den Frequenzbereich von 23 kHz
bis 37,97 kHz für das untere Seitenband und 38,03 kHz bis 53 kHz für das
obere Seitenband umgesetzt. Bild 5.3 zeigt die mittlere spektrale Ver-

teilung in den Basisfrequenzbändern von
Summen- und AM-Differenzsignal mit unterdrücktem Träger. Der Sender wird
dann mit der Überlagerung von Summensignal und diesem AM-Differenzsignal
in der Frequenz moduliert.

Die UKW-Sender für den Hörrundfunk
strahlen mit 1 bis 10 kW, und zwar
über Antennensysteme mit starker

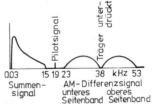

Bild 5.3
Mittlere spektrale Verteilung
von Summen- und AM-Differenz-
Signal beim FM-Stereo-Rundfunk

Bündelung in der Horizontalebene.

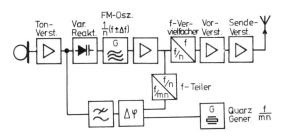

Bild 5.4 zeigt das
Blockschema eines
FM-Hörrundfunksen-
ders. Ein rückge-
koppelter Oszilla-
tor, beispielsweise
mit Transistor,
schwingt bei einer
relativ niedrigen
Subharmonischen $\frac{f}{n}$
der eigentlichen

Bild 5.4 Blockschema eines UKW-FM-Senders mit
quarzgeregelter Mittenfrequenz

Sendefrequenz f. Normalerweise ist n = 20 ÷ 30. Der frequenzbestimmende
Schwingkreis enthält eine elektronisch steuerbare Reaktanz, mit der auch
die Oszillatorfrequenz elektronisch gesteuert, d. h. moduliert wird.

Als Reaktanz kann eine einfache PN-Halbleiterdiode dienen. In Sperrichtung
vorgespannt, bildet ihre Sperrschicht einen Kondensator. Wenn die Sperr-
schichtweite sich mit der Sperrspannung ändert, ändert sich umgekehrt proportional dazu auch die Kapazität dieses Plattenkondensators. Damit aber
nach der Thompsonschen Schwingungsformel

$$\omega = \frac{1}{\sqrt{LC}} \tag{5.2}$$

die Frequenz linear von der Spannung abhängt, muß

$$C \sim U^{-2} \tag{5.3}$$

sein. Diese Spannungsabhängigkeit der Kapazität erreicht man nur mit einem
besonderen Dotierungsprofil des PN-Überganges [9, S.47]. Sonst ist die
Modulationscharakteristik nur in engen Grenzen linear.

Weil aber eine relativ niedrige Subharmonische $\frac{f}{n}$ der Sendefrequenz f moduliert wird, braucht für den endgültigen Frequenzhub Δf hier nur der kleinere Frequenzhub $\Delta f/n$ erzeugt zu werden, die Modulationskennlinie also nur
über den relativ kleinen Bereich $2\Delta f/n$ linear zu sein. Die Modulationsspannung zur Aussteuerung der variablen Reaktanz liefern Ton- und Modulationsverstärker, die ihrerseits von Mikrophon, Tonabnehmer oder Magnetkopf

gespeist werden.

Damit die Sendefrequenz die für Rundfunksender geforderte Konstanz und Stabilität einhält, kann nicht wie bei AM-Sendern direkt ein Schwingquarz zur Stabilisierung eingesetzt werden. Die Frequenz muß vielmehr durch eine Regelschaltung stabilisiert werden. Dazu wird die Frequenz $\frac{f}{n}$ des direkt modulierten Oszillators durch eine relativ hohe Zahl m geteilt. Die resultierende Subharmonische $\hat{f}/mn$ ist dann nur mit einem so kleinen Frequenzhub $\frac{\Delta f}{mn}$ moduliert, daß man ihre Phase mit der stabilen Phase eines quarzgesteuerten Oszillators bei f/mn vergleichen und eine der Phasendifferenz $\Delta\varphi$ proportionale Spannung U_r ableiten kann. Mit dem zeitlichen Mittel $\overline{U}_r$ von U_r stellt man dann die Mittenfrequenz des frequenzmodulierten Oszillators über dieselbe variable Reaktanz nach, die auch zur Frequenzmodulation dient.

Die modulierte Frequenz (f ± Δf)/n wird vervielfacht und verstärkt und steuert schließlich den Sendeverstärker aus, der mit einer Triode oder einer Tetrode bestückt ist. Die Amplitude der frequenzmodulierten Schwingung ist konstant, so daß C-Betrieb im Grenzzustand mit hoher Spannungsausnutzung eingestellt und ständig eingehalten werden kann. Dadurch arbeitet die Endstufe trotz der hohen Frequenz mit einem Wirkungsgrad von 70 %.

5.3   Hörrundfunk-Empfänger

Amplitudenmodulierte Rundfunksignale bei Lang-, Mittel- oder Kurzwellen werden nach dem Blockschema von Bild 5.5 mit Überlagerungsempfängern vorverstärkt, auf eine Zwischenfrequenz umgesetzt, weiter verstärkt und gesiebt und dann demoduliert. Die demodulierten Tonfrequenzsignale werden ihrerseits dann noch so weit verstärkt, bis sie Lautsprecher für die jeweils gewünschte Schalleistung aussteuern können.

Ganz ähnlich werden entsprechend Bild 5.5 auch die frequenzmodulierten Hörrundfunksignale bei Ultrakurzwellen empfangen. Auch sie werden vorverstärkt, auf eine Zwischenfrequenz umgesetzt, weiter verstärkt und gesiebt und dann demoduliert. Die demodulierten Tonfrequenzsignale speisen den gleichen Niederfrequenzverstärker wie auch die Signale aus dem AM-Kanal. Im Unterschied zum AM-Kanal ist aber die FM-Zwischenfrequenz viel höher,

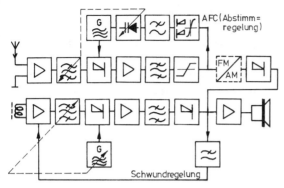

Bild 5.5 Blockschema eines Rundfunküberlagerungs-empfängers

und die Zwischen-frequenzverstärker und Filter im FM-Kanal haben ein dem Frequenzhub entsprechend breites Band. Außerdem wird im FM-Kanal vor der Demodulation die Amplitude begrenzt, um AM-Störungen zu beseitigen, die der Demodulator in Tonfrequenzstörungen umsetzen würde. Mitunter erfolgt die Frequenzdemodulation auch in zwei Schritten: zuerst wird in einem Modulationswandler die Frequenzmodulation in Amplitudenmodulation umgewandelt und dann die Amplitudenmodulation, ähnlich wie im AM-Kanal, demoduliert. Die Zwischenfrequenz im AM-Kanal liegt normalerweise bei 470 kHz, während sie im FM-Kanal 10,7 MHz beträgt.

Für gleichmäßigen Empfang und um den Bedienungskomfort zu steigern, enthalten Rundfunkempfänger meist Regelkreise. Die Empfangsschwingung ändert sich bei Mehrfachempfang, z.B. der Boden- und der Raumwelle und durch wechselnde Interferenz der verschiedenen Wellen oft so stark, daß durch Nachsteuern der Verstärkung für einen gleichmäßigeren Empfang gesorgt werden muß. Ein Regelkreis kann diesen Schwund automatisch ausgleichen. Er entnimmt dem Demodulator eine Gleichspannung, die der mittleren Amplitude der Empfangsschwingung proportional ist und führt sie einer vorhergehenden Verstärkerstufe, z.B. dem Vorverstärker, zu. Dort regelt sie durch Verschiebung des Arbeitspunktes die Verstärkung,bis eine Amplitude am Demodulator liegt, die ihn in der gewünschten Weise aussteuert.

Ein weiterer Regelkreis erleichtert die Abstimmung auf einen bestimmten Sender. Im Beispiel der Abstimmregelung oder AFC (automatic frequency control) des UKW-Empfängers in Bild 5.5 wird die amplitudenbegrenzte Zwischenfrequenzspannung an einen Diskriminator gelegt. Dieser Diskriminator ist genau auf die Zwischenfrequenz abgestimmt, so daß an seinem Ausgang keine Spannung besteht, wenn die Eingangswechselspannung gerade die Zwischenfrequenz hat. Bei Abweichungen nach oben oder unten entsteht am Ausgang aber eine positive bzw. negative Spannung. Die Diskriminatorspannung schwankt demnach im Takte der Frequenzmodulation, ihre Gleichspannungskomponente aber ist der Abweichung der Mittenfrequenz des ZF-Signales von der Sollfrequenz proportional. Über einen Tiefpaß wird diese Gleichspannungskomponente der Kapazitätsdiode zur Nachstimmung des Lokaloszillators zugeleitet und verschiebt dessen Frequenz so lange, bis mit Gleichspannungsnull am Diskriminatorausgang die LO-Frequenz mit der Empfangsfrequenz als Differenz genau den Sollwert der Zwischenfrequenz bildet. Diese oder ähnliche Abstimmregelkreise erweisen sich besonders nützlich in UKW-Empfängern, weil sich wegen der hohen Frequenz der Lokaloszillator durch Temperaturschwankungen oder andere äußere Einflüsse leicht verstimmt. Die Schwundregelung zeigt demgegenüber ihren besonderen Nutzen bei Lang-, Mittel- und Kurzwellenempfang, wo die Überlagerung von Boden- und Raumwelle oder verschiedener Raumwellen oft zu starkem und schnellem Schwund führen. Dieser relativen Bedeutung der verschiedenen Regelkreise wird mit der Darstellung in Bild 5.5 Rechnung getragen.

5.4 Fernseh-Sender

Gemäß einer auch in Deutschland geltenden internationalen Norm [13, S. 44] werden Bilder zur Übertragung im Fernsehrundfunk nach dem Zwischenzeilenverfahren 50mal in der Sekunde abgetastet, und zwar mit 575/2 Zeilen pro Bild. Bei einem Verhältnis der Bildhöhe zur Bildbreite von 3/4 ergeben sich 575·4/3 = 767 Bildpunkte pro Zeile. Erfahrungsgemäß werden vertikal aber nur 0,67 Pkte/Zeile aufgelöst. Darum begnügt man sich auch mit einer Horizontalauflösung von 0,67·767 ≈ 520 Pkte/Zeile. Weil außerdem der Zeilenrücklauf 19% der Zeilenzeit und der Bildrücklauf 8 % der Bildzeit dauern, sind

$$520 \cdot \frac{575}{2 \cdot 0,81} \cdot \frac{50}{0,92} \approx 10^7 \frac{\text{Bildpunkte}}{\text{s}}$$

zu übertragen. Für ein Schachbrettmuster solcher Bildpunkte würde bei dieser Abtastgeschwindigkeit die Helligkeit mit der Frequenz $\frac{10^7}{2}$ = 5 MHz rechteckförmig schwanken. Mit Rücksicht auf diesen Grenzfall bildet 5 MHz die obere Grenze des Videobandes, während die untere Grenze als die Anzahl der pro Zeiteinheit vollständig abgetasteten Bilder bei 50/2 = 25 Hz liegt.

Für die trägerfrequente Übertragung eines so breiten Signalbandes kommen
nur Ultrakurzwellen oder noch kürzere Wellen in Frage. Aber selbst für
Ultrakurzwellen ist das Videoband so breit, daß ein frequenzbandsparendes
Modulationsverfahren gewählt werden muß, um genügend viele Sender in den
für Fernsehrundfunk vorgesehenen Frequenzbereichen unterbringen zu können.
Es wird Restseitenbandmodulation mit dem in Bild 5.6 dargestellten träger-

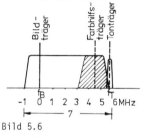

frequenten Spektrum verwandt.

Dazu moduliert man den Träger mit dem Videosignal in der Amplitude und unterdrückt
anschließend sein unteres Seitenband so,
wie es Bild 5.6 zeigt. Vom unteren Seitenband wird also nur der Teil bis etwa 1 MHz
Frequenzabstand vom Träger übertragen.

Bild 5.6
Trägerfrequenzspektrum eines
Fernsehsenders

Beim Farbfernsehen liegt im oberen Seitenband auch noch der Farbhilfsträger im Abstand 4,43 MHz vom eigentlichen Bildträger.
Seine Seitenbänder sind im oberen Drittel
des oberen Seitenbandes mit dem Luminanzsignal spektral verkämmt, liegen
also in den Lücken vom Kammspektrum des Luminanzsignales.

Der Ton wird von einem eigenen Träger übertragen, dessen Mittenfrequenz
5,5 MHz oberhalb der Bildträgerfrequenz liegt. Den Tonsender moduliert
man mit $\pm$ 50 kHz Hub in der Frequenz und strahlt ihn mit 20 % der Bild-
sender-Spitzenleistung aus.

Bild 5.7 zeigt die Blockschaltung eines Fernsehsenders. Das Bildsignal
moduliert nach Verstärkung (1) einen Zwischenfrequenzträger (2) von
38,9 MHz in der Amplitude (3). Nach Zwischenfrequenzverstärkung (4)
unterdrückt das Restseitenbandfilter (5) das obere Seitenband oberhalb 39.9 MHz. Danach wird der Bildzwischenträger mit seiner Restseitenbandmodulation auf die Sendefrequenz mit der Frequenz f_B des Bildträgers
umgesetzt (6). Die Überlagerungsschwingung für diese Umsetzung wird als
Summenton aus den quarzstabilisierten Generatoren für f_B (7) und den
Bildzwischenträger (2) im Mischer (8) gewonnen. Transistorvor- und
-treiberstufen (9) sowie Röhrenendstufen (10) verstärken den modulierten
Bildträger auf die Sendeleistung, von wo er über die Bild-Tonweiche (11)
zur Antenne (12) gelangt. Das Tonsignal moduliert nach Verstärkung (13)

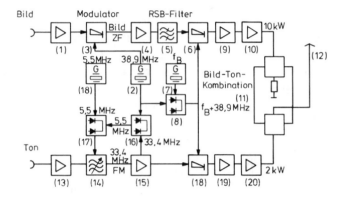

Bild 5.7   Blockschaltung eines Fernsehsenders

einen Zwischenfrequenzträger in der Frequenz (14), der anschließend verstärkt wird (15). Seine mittlere Frequenz wird um 5,5 MHz niedriger als
die Bildzwischenfrequenz gehalten, indem der Mischer (16) die Differenzfrequenz aus Bild- und mittlerer Tonzwischenfrequenz erzeugt und durch
Vergleich (17) mit den 5,5 MHz aus einem quarzstabilisierten Generator
(18) ein der Frequenzabweichung proportionales Signal erzeugt, das die
mittlere Tonzwischenfrequenz auf genau 33,4 MHz hält. Durch Überlagerung
(18) mit der gleichen Schwingung wie schon für die Bildträgerumsetzung
wird dann auch der Tonträger auf die Sendefrequenz umgesetzt und nach
Transistorvor- (19) und Röhrenendverstärkung (20) über die Bild-Tonweiche auch von der Antenne ausgestrahlt.

In Bild 5.7 steht als Ausgangsleistung des Bildsenders 10 kW. Dieser
Wert ist für Fernsehsender tatsächlich üblich. Im Bereich I von 41 - 68
MHz (Kanal 1 bis 4) oder im Bereich III von 174 bis 230 MHz (Kanal 5 bis
12) arbeiten die Bildsendeverstärker mit Trioden oder Tetroden. Auch für
die Bereiche IV und V von 470 bis 790 MHz (Kanal 21 bis 60) gibt es noch
geeignete Strahltetroden. Es werden bei diesen hohen Frequenzen aber auch
Mehrkammerklystrons als Sendeverstärker eingesetzt, die sich gegenüber
dichtgesteuerten Röhren durch höhere Verstärkung und mehr Lebensdauer
auszeichnen.

Die Sendeverstärker von Fernsehsatelliten müssen im 12 GHz-Bereich Sendeleistungen von 100 W bis 1 kW erzeugen. In ihnen werden Wanderfeldröhren
eingesetzt.

5.5 Fernsehempfänger

Normale Heimempfänger sind so ausgebaut, daß sie auf alle Kanäle in den
Bereichen I, III, IV und V abgestimmt werden können. Wie die Blockschaltung in Bild 5.7 zeigt, haben sie einen Hochfrequenzteil, in dem sowohl

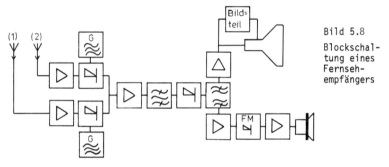

Bild 5.8

Blockschal-
tung eines
Fernseh-
empfängers

Ton als auch Bild, also das ganze 7 MHz breite trägerfrequente Spektrum
von Bild 5.6, gemeinsam verarbeitet werden.

Die Empfangsschwingungen werden von zwei verschiedenen Antennen aufgenommen, eine für die Kanäle in den (UKW)-Bereichen I und III und eine zweite
für die Kanäle in den (UHF)-Bereichen IV und V. Sie werden auch in ge -
trennten, rauscharmen HF-Verstärkern vorverstärkt, dann aber durch
Mischung auf eine einheitliche Zwischenfrequenz im Band von 33 bis 40 MHz
umgesetzt. Der nachfolgende Zwischenfrequenzverstärker dieser Bandbreite
verstärkt Bild- und Tonsignale in der ZF-Lage gemeinsam.

Hochfrequenz- und Zwischenfrequenzfilter formen mit ihrer Durchlaßkurve
das trägerfrequente Spektrum von Bild- und Tonsignalen so, wie es Bild 5.9
zeigt. Dabei kommt der sog. Nyquistflanke, die von 100 % bei 1 MHz oberhalb des Bildträgers auf Null bei 1 MHz unterhalb des Bildträgers abfällt,
für die Demodulation besondere Bedeutung zu.

Zur Demodulation werden der Bildträger mit dem oberen Seitenband und den
Restseitenbändern im Bereich der
Nyquistflanke an einer nichtlinearen
Diodencharakteristik überlagert. Es
ergeben sich Mischprodukte im Basisband, die für f > 1 MHz genau der
spektralen Verteilung im oberen
Seitenband oberhalb 1 MHz vom Bildträger entsprechen. Von 0 bis 1 MHz
addieren sich im Basisband die
Mischprodukte vom oberen Restseiten-
band mit denen vom unteren Restsei-
tenband wegen der linearen Flanke
gerade richtig, so daß sich auch hier

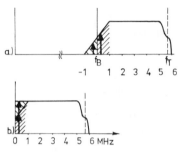

Bild 5.9 Fernseh-Demodulation
a) Durchlaßkurve von HF- und ZF-
   Teil des Bildempfängers mit
   Nyquistflanke
b) Überlagerung der Restseiten-
   bandkomponenten bei der
   Demodulation

das ursprüngliche Spektrum ergibt. Die Restseitenbandübertragung und Demodulation mit Nyquistflanke reproduziert damit amplituden- und phasentreu
auch die ganz niederfrequenten Komponenten des Videosignales.

Am Ausgang des Demodulators trennt eine Weiche die Bildsignale vom frequenzmodulierten Träger der Tonsignale. Die Bildsignale werden in einem
Videoverstärker auf die zur Steuerung der Bildröhre notwendige Leistung
verstärkt. Am Ausgang des Videoverstärkers werden Leuchtdichtesignale von
den Impulssignalen zur Zeilen- und Bildablenkung und gegebenenfalls auch
von den Farbsignalen getrennt. Alle diese Signale werden im Bildwieder-
gabeteil weiter verarbeitet und steuern schließlich die Bildröhre aus.

Der frequenzmodulierte Träger von (5,5 ± 0,05) MHz mit den Tonsignalen
durchläuft einen Ton-ZF-Verstärker und wird danach demoduliert. Die niederfrequenten Tonsignale werden im Ton-NF-Verstärker verstärkt und steuern schließlich den Lautsprecher aus.

6   Richtfunktechnik

Mit Richtfunk werden Nachrichten zwischen normalerweise zwei Punkten auf
der Erdoberfläche übertragen, und zwar in beiden Richtungen. Der Richtfunk
stellt so eine Alternative zur Nachrichtenübertragung mit Leitungen dar,

die aber meist wirtschaftlicher ist, einfach, weil drahtlos übertragen wird. Für den Richtfunk sind Frequenzbänder in allen Wellenbereichen oberhalb und einschließlich der Kurzwellen reserviert. Reichweite und Übertragungskapazität von Richtfunkverbindungen hängen von den Ausbreitungseigenschaften der Atmosphäre in den verschiedenen Wellenbereichen ab. Als charakteristisches Merkmal vom Richtfunk arbeiten Sender und Empfänger mit möglichst stark bündelnden Antennen. Damit soll nicht nur die Übertragungsdämpfung gemindert, sondern auch die Störung anderer Funkdienste vermieden bzw. der Empfang von Störstrahlung unterdrückt werden.

Breitbandrichtfunk von gleichzeitig vielen Sprachkanälen oder auch von Fernsehkanälen arbeitet mit Frequenzen im UHF- und im cm-Wellenbereich. Weil Funkübertragung mit diesen Wellen nur bis zur optischen Sichtweite reicht, werden bei größeren Entfernungen Relaisstationen installiert, welche die Funksignale empfangen, verstärken und an die nächste Relaisstation weitersenden. Es werden auf diese Weise Richtfunklinien gebaut, die nach dem Schema von Bild 6.1 mit vielen Relaisstationen Tausende von Kilometern überbrücken und zigtausende von Fernsprechkanälen oder viele Fernsehprogramme gleichzeitig übertragen. Die Richtfunktürme, auf denen die End- und Relaisstellen mit ihren

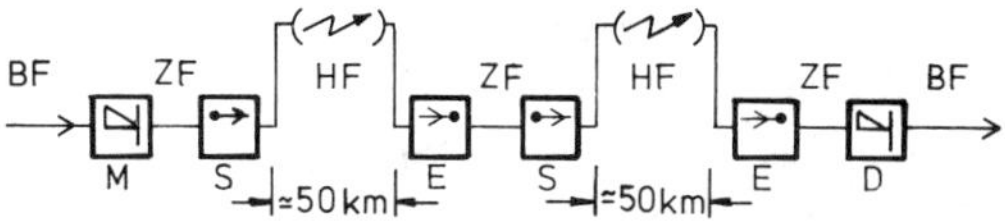

Bild 6.1
Vereinfachte Blockschaltung für eine Übertragungsrichtung einer Richtfunklinie
BF, ZF, HF: Basis-, Zwischen-, Hochfrequenz
M: Modulator   D: Demodulator
S: Sender   E: Empfänger

Parabol- und Muschelantennen, ihren Empfangs-, Verstärker- und Sendeeinrichtungen installiert sind, finden sich heute in allen Städten und an vielen Stellen der freien Landschaft. Grenzen in der Anwendung sind dieser Richtfunktechnik nur dort gesetzt, wo schon alle Möglichkeiten raum- und frequenzmäßig erschöpft sind. Um möglichst viele Richtfunklinien einrichten zu können, arbeitet man mit scharfbündelnden Richtantennen und Modulationsverfahren, die nicht mehr Bandbreite als nötig beanspruchen.

6.1 Frequenzmodulation

Von den 3 Modulationsverfahren Einseitenbandmodulation, Frequenzmodulation und digitale Phasenumtastung, die in Breitband-Richtfunklinien angewandt werden, hat Frequenzmodulation die größte Bedeutung. Darum sollen auch hier nur Breitband-Richtfunksysteme mit Frequenzmodulation behandelt werden.

Frequenzmodulation eignet sich deshalb so gut für den Breitbandrichtfunk, weil sie zwar Phasenlinearität in den trägerfrequenten Übertragungskanälen verlangt, aber keine Amplitudenlinearität. Einigen der aktiven Hochfrequenzkomponenten für den Breitbandrichtfunk mangelt es aber nun gerade an Amplitudenlinearität. Dazu gehören insbesondere die Sendeverstärker. Selbst die Wanderfeldröhre mit ihren ausgezeichneten Breitbandeigenschaften geht bei der für hohe Sendeleistungen erforderlichen Aussteuerung in die Sättigung, und die Ausgangsamplitude steigt nicht mehr linear mit der Eingangsamplitude. Dem frequenzmodulierten Träger schadet solch eine Sättigung nicht. Er wird ja sogar zur Minderung von Störungen vor der Demodulation ganz hart in der Amplitude begrenzt. Ein amplitudenmodulierter Träger dagegen oder gar Einseitenbandsignale würden durch diese Sättigung aber so verzerrt, daß die vielen Sprachkanäle, die sie beim Breitband - richtfunk zu übertragen haben, sich gegenseitig stören.

Um mit der Frequenzmodulation nicht mehr Frequenzband zu beanspruchen als irgend nötig, wählt man den Frequenzhub Δf etwa gleich der höchsten Frequenz f_m des Signalfrequenzbandes. Diese Wahl gewährleistet noch eine verhältnismäßig störsichere Übertragung und beansprucht nur die Bandbreite

$$B \simeq 4 \, f_m \qquad\qquad (6.1)$$

während für viel kleinere Δf mit wenig Störabstand auch schon

$$B \simeq 2 \, f_m \qquad\qquad (6.2)$$

beansprucht würde.

Extrem hohe Anforderungen stellt der Breitbandrichtfunk aber an die Linearität der Frequenzmodulationscharakteristik. Jede Abweichung wirkt sich hinsichtlich Übersprechen zwischen den Kanälen ähnlich schädlich aus wie Abweichungen von der Amplitudenlinearität in einem AM-System. Die hohen Anforderungen an die Linearität der Frequenzmodulation lassen sich z.B. mit Modulatoren nach dem Gegentaktprinzip erfüllen. Nach Bild 6.2 werden zwei Transistoroszillatoren durch Spannungsänderung an den Kapazitätsdioden ihrer Schwingkreise in der Frequenz moduliert. Dabei ändert man die Dio-

Bild 6.2

Lineare Frequenzmodulation nach
dem Gegentaktprinzip

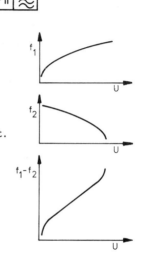

denspannungen im Gegentakt, so daß
die Frequenz des einen Oszillators
steigt, wenn die des anderen fällt. Im Arbeitspunkt werden beide Oszillatoren auf eine Frequenzdifferenz eingestellt, die der Mittenfrequenz des jeweiligen ZF-Bandes entspricht. Für
diese Differenzfrequenz am Ausgang des Mischers
ergibt sich so eine Modulationscharakteristik,
die im Wendepunkt von höherer Ordnung linear ist.

Um eine jeweils größere Zahl von Fernsprechkanälen oder auch einen Fernsehkanal zusammen mit
Fernsprechkanälen einem hochfrequenten Träger
zur Übertragung mit Frequenzmodulation aufzu-
prägen, werden diese Kanäle ebenso aufbereitet
wie auch zur Trägerfrequenzübertragung auf Leitungen. Nach dem Schema von Bild 6.3 werden je
3 Fernsprechkanäle durch Einseitenbandmodulation
mit Trägern bei 12, 16 und 20 kHz zu einer Vorgruppe von 12 bis 24 kHz
zusammengefaßt. Je 4 solche Vorgruppen in Kehrlage auf den Frequenzbereich
von 60 bis 108 kHz umgesetzt bilden eine Primärgruppe mit 12 Kanälen. 5
solche Primärgruppen wiederum auf den Frequenzbereich von 312 bis 552 kHz
umgesetzt bilden eine Sekundärgruppe mit 60 Kanälen. Die Sekundärgruppen
werden nun wiederum in der Frequenz umgesetzt und zu Tertiärgruppen
von 300 Kanälen aus 5 Sekundärgruppen, sowie zu Quartärgruppen aus mehreren Tertiärgruppen angeordnet.

Mit dem Signal solcher Obergruppen, in der sich die umgesetzten Sprachsig-
nale aller Einzelkanäle über das ganze Spektrum der jeweiligen Obergruppe
verteilen , wird dann der Hochfrequenzträger für die Richtfunkübertragung
in der Frequenz moduliert.

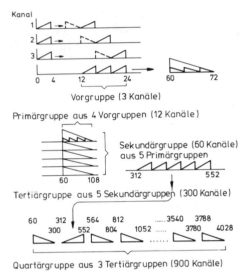

Bild 6.3
Kanalanordnung in Vor-
und Obergruppen.
Die Frequenzen sind in
kHz angegeben.

6.2 Sendeleistung

Der frequenzmodulierte Träger muß zur Richtfunkübertragung auf so hohe
Leistung verstärkt werden, daß er nach der Funkfelddämpfung sich im
Empfänger noch gut aus dem Rauschen heraushebt und störungsfrei wahrgenommen werden kann. Die Antennen eines Richtfunkfeldes liegen normalerweise in gegenseitiger optischer Sicht. Sie werden dazu auf Türmen möglichst auf Bodenerhebungen oder sogar Bergen installiert. Trotzdem haben
sie meist nicht mehr als 50 km Abstand. Unter den Bedingungen der optischen Sicht gilt die Gl. (1.66) für die Funkfelddämpfung. Wenn der Abstand
ungefähr festliegt, hängt die Funkfelddämpfung a nur noch von den Wirkflächen der Sende- und Empfangsantennen und der Frequenz ab. Für kleine
Funkfelddämpfung sollten die Antennen möglichst scharf bündeln. Die erforderliche Sendeleistung wird durch die Rauschleistung

$$P_r = k_B \, T \, B \, F \qquad\qquad (6.3)$$

am Eingang des Empfängers der Rauschzahl F bei der Bandbreite B bestimmt.
Die Empfangsleistung P_E muß für sicheren Empfang einen Störabstand

$$S_r = \frac{P_E}{P_r} \qquad (6.4)$$

vom Rauschen haben. S_r hängt von der Modulationsart ab und wird auch durch andere Eigenschaften des Richtfunksystems mitbestimmt. In S_r berücksichtigt man meist auch noch eine angemessene Schwundreserve, um die Übertragung sicher und zuverlässig zu gestalten. Damit die Sendeleistung P_S nach der Funkfelddämpfung a noch diesen Störabstand S_r hat, muß

$$P_S = a\, S_r\, k_B\, T\, B\, F \qquad (6.5)$$

sein.

Sendeleistungen, wie sie sich aus diesen Überlegungen für Richtfunksysteme ergeben, liegen je nach Bandbreite B für den einzelnen Träger und je nach seiner Frequenz zwischen 100 mW und 10 W. Bis zu einigen Watt lassen sich diese Sendeleistungen noch mit Halbleiterschaltungen erzeugen. Es werden dazu je nach Frequenz Transistorleistungsverstärker oder Aufwärtsmischer mit leistungsfähigen Kapazitätsdioden eingesetzt, die von der Zwischenfrequenz auf die Sendefrequenz umsetzen und dabei die erforderliche Sendeleistung direkt ohne Nachverstärkung liefern. Auch leistungsstarke Frequenzvervielfacher mit Kapazitätsdioden kommen zur Erzeugung der Sendeleistung in Frage.

Sendeleistungen, die wesentlich über einem Watt liegen, kommen aus Wanderfeldröhren. Moderne Breitband-Richtfunksysteme werden, abgesehen von dieser einen Wanderfeldröhre, aber sonst ganz röhrenlos mit Halbleiterschaltungen aufgebaut.

6.3   Das Richtfunksystem FM 1800/6000

Als repräsentatives Beispiel wird im folgenden ein Breitband-Richtfunksystem mit Frequenzmodulation behandelt, wie es die Deutsche Bundespost in ihrem Nachrichten-Weitverkehrsnetz einsetzt und wie es auch sonst in der Welt in ähnlicher oder nur wenig abgewandelter Form vorkommt. Das System führt die Bezeichnung FM 1800/TV/6000, welche auf die frequenzmodulierte Übertragung von 1800 Fernsprechkanälen oder Television und Fernsprechkanälen mit je einem Hochfrequenzträger im Bereich von 6000 MHz hinweist. Die 1800 Fernsprechkanäle sind in 30 Sekundärgruppen zusammengefaßt und bilden eine Quartärgruppe mit einem Frequenzband von 300 bis 8248 kHz. Bei einem Spitzenfrequenzhub von 6,3 MHz muß der Kanal für den frequenzmodulierten Träger 36 MHz breit sein, um auch die zweiten Seitenbänder der Frequenzmodulation noch mit zu erfassen.

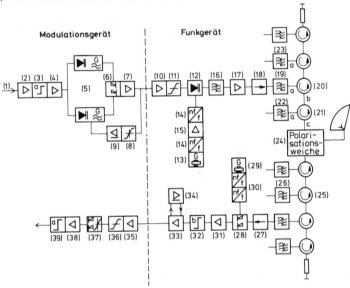

Bild 6.4 Blockschaltung der Endstelle des Richtfunksystems FM 1800/TV/
6000

Bild 6.4 zeigt die Blockschaltung der Endstelle dieses Richtfunksystems. Sie teilt sich in Modulationsgerät und Funkgerät. Eine Relaisstelle des Richtfunksystems besteht demgegenüber nur aus dem Funkgerät, in welchem dann auf der Zwischenfrequenzebene der Empfänger wieder einen Sender speist. Am Eingang (1) des Modulationsgerätes liegt das Quartärgruppensignal in der Basisfrequenzebene mit 1800 Fernsprechkanälen im Frequenzmultiplex. Nach Vorverstärkung (2), Preemphase (3) (d.h. mit der Basisfrequenz ansteigende Amplitude, um das nach der FM-Übertragung ebenfalls so ansteigende Rauschen auszugleichen) und weiterer Verstärkung im Modulationsverstärker (4) steuert dieses Multiplexsignal die Frequenz der Modulationsoszillatoren (5) im Gegentakt. Diese Modulationsoszillatoren schwingen mit etwa 200 MHz, und zwar mit einer Frequenzdifferenz im Bereich der Zwischenfrequenz von 70 MHz. Nach Oberlagerung im Gegentaktmischer (6) wird die modulierte Differenzfrequenz verstärkt (7) und dem Funkgerät zugeführt. Über den Diskriminator (8) und Gleichspannungsverstärker (9) wird die Frequenz eines Modulationsoszillators so nachgeregelt, daß die Mittenfrequenz von 70 MHz erhalten bleibt.

Das Funkgerät verstärkt das Zwischenfrequenzsignal zunächst noch weiter (10) und begrenzt es in der Amplitude (11), um irgendwelche Störungen durch AM-PM-Konversion im nachfolgenden Umsetzer und Verstärker zu vermeiden. Der Aufwärtsmischer (12) zur Umsetzung von der Zwischenfrequenz auf die Sendefrequenz enthält als nichtlineares Element eine oder mehrere Kapazitätsdioden. Durch den Einsatz dieser nichtlinearen Energiespeicher anstelle von nichtlinearen Energieverbrauchern wird das Zwischenfrequenzsignal beim Aufwärtsmischen nicht geschwächt, sondern verstärkt, und zwar steht im Idealfall die Ausgangsleistung zur ZF-Eingangsleistung im Verhältnis von Sendefrequenz zu Zwischenfrequenz [9, S.109]. Die Hilfsfrequenz für diese Umsetzung wird aus einem Quarzgenerator (13) durch wiederholte Frequenzvervielfachung mit Kapazitätsdioden (14) und Verstärkung mit Transistoren (15) gewonnen. Ein Bandpaß (16) siebt das Sendefrequenzband aus und schließt den Aufwärtsmischer bei allen anderen Frequenzen blind ab. Die Wanderfeldröhre (17) verstärkt den modulierten Hochfrequenzträger auf 10 bis 15 Watt.

Dem Wanderfeldverstärker folgt eine Richtungsleitung (18). Dieses ist ein Koaxial-, Streifen- oder Hohlleiterbauelement mit einem magnetisierten Ferriteinsatz. Der unsymmetrische Permeabilitätstensor des magnetisierten Ferrits macht das Leitungselement derart nicht-reziprok, daß es in Vorwärtsrichtung verlustlos überträgt, in Rückwärtsrichtung aber mehr oder weniger vollständig absorbiert [4, S.347]. Solche Richtungsleitungen werden zur Entkopplung an mehreren Stellen des Funkgerätes eingeschaltet, ihren wichtigsten Platz haben sie aber am Ausgang des Verstärkers. Reflexionen, die von der Antenne durch die relativ lange Antennenleitung zurückkommen, würden ohne Richtungsleitung am Verstärkerausgang zum zweiten Male reflektiert und sich dem primären Sendesignal mit entsprechender Laufzeitdifferenz überlagern. Dadurch entstehen für die Frequenzmodulation unzulässige Phasenverzerrungen. Sie lassen sich nur mit der Richtungsleitung (18) vermeiden, welche die Antennenreflexionen absorbiert, bevor sie ein zweites Mal reflektiert werden.

Am Ausgang des Senders durchläuft das Sendesignal einen Bandpaß (19) und speist dann über ein Verzweigungsnetzwerk mit <u>Zirkulatoren</u> (20) die Antennenleitung. Die Zirkulatoren sind Leitungsverzweigungen, denen magnetisierte Ferriteinsätze nicht-reziproke Eigenschaften ähnlich wie bei Richtungsleitungen geben. Eine in einem Arm einfallende Welle wird nur auf den Arm übertragen, der im Drehsinn des Zeigers benachbart ist.

Das Sendesignal durchläuft den Zirkulator (20) also von a nach b und dann den Zirkulator (21) von b nach a. Hier wird es vom Bandfilter (22) reflektiert, weil es in dessen Sperrbereich liegt. Damit fällt das Sendesignal wieder auf den Zirkulator (21) und erscheint am Arm c.

Gleichfalls aus Arm c von (21) tritt auch das Sendesignal, welches vom Sender mit dem Bandpaß (22) am Ausgang kommt, ebenso wie auch ein Sendesignal vom Bandpaß (23) nach Reflexion an (19) und (22) am Arm c erscheint. Auf diese Weise vereinigen sich die Sendesignale der verschiedenen Trägerfrequenzen, um alle zur Antenne zu laufen.

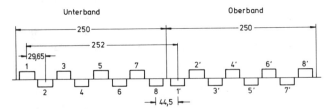

Bild 6.5

Hochfrequenzkanäle des Richtfunksystems FM 1800/TV/6000
1. Polarisationsverteilung
   Kanal 1, 3, 5, 7, 2', 4', 6', 8' horizontal
   Kanal 2, 4, 6, 8, 1', 3', 5', 7' vertikal
2. Polarisationsverteilung
   Kanal 1, 3, 5, 7, 2', 4', 6', 8' vertikal
   Kanal 2, 4, 6, 8, 1', 3', 5', 7' horizontal

Bild 6.5 zeigt den Trägerfrequenzplan des Richtfunksystems FM 1800/TV/6000. Sein Hochfrequenzbereich geht von 5925 bis 6425 MHz. Es werden bis zu 8 Träger in beiden Richtungen übertragen. Sie liegen im gegenseitigen Abstand von 29,65 MHz. In jeder Relaisstelle wird die Sendefrequenz eines Kanales gegenüber seiner Empfangsfrequenz um 252 MHz versetzt. Wenn also die Kanäle 1 bis 8 des Unterbandes von einer Relaisstelle empfangen wer-

den, so sendet sie in den Kanälen des Oberbandes in der gleichen Richtung
weiter, und zwar wird Empfangskanal 1 zum Sendekanal 1'. Dadurch vermeidet
man störende Interferenzen in der übernächsten Relaisstelle bei Überreichweiten.

Um benachbarte HF-Kanäle oder Sende- und Empfangskanäle besser zu trennen,
arbeitet man mit zwei zueinander senkrechten Polarisationen. Die Antennenleitungen müssen dazu runde oder quadratische Hohlleiter sein, und auch
die Antennen selbst müssen beide, orthogonale Polarisationen getrennt voneinander senden und empfangen. Eine Polarisationsweiche (24) zwischen
Funkgerät und Antennenleitung trennt die beiden Polarisationen und verbindet sie mit den richtigen Zugängen am Funkgerät.

Praktisch erreicht man eine Polarisationsentkopplung von 25 dB. Wegen
dieser Polarisationsentkopplung haben benachbarte Träger nur den Abstand
29,65 MHz, bei dem sich die zweiten Seitenbänder der frequenzmodulierten
Träger zwar schon überschneiden, durch die verschiedenen Polarisationen
aber noch voneinander zu trennen sind.

Am Eingang des Empfängers durchläuft das ankommende HF-Signal zunächst
Zirkulatoren (25) und wird von den Eingangsbandfiltern (26) für andere
Kanäle reflektiert, bis es auf seinen eigenen Kanal trifft. Durch eine
Richtungsleitung (27) gelangt es dann zu dem Gegentaktmischer (28), der
es durch Überlagerung mit der Hilfsfrequenz aus dem Quarzoszillator (29)
und der Frequenzvervielfacherkette (30) auf die Zwischenfrequenz umsetzt.
Dieses Zwischenfrequenzsignal wird verstärkt (31) und im Laufzeitentzer-
rer (32) werden die Laufzeitdifferenzen ausgeglichen, die hauptsächlich
in den Filter- und Verzweigungsschaltungen entstehen. Nach weiterer Verstärkung (33) mit Schwundregelung (34) gelangt das Zwischenfrequenzsignal
in den Demodulationszweig des Modulationsgerätes. Hier wird es nach aber-
maliger Verstärkung (35) und Amplitudenbegrenzung (36) im Diskriminator (37) demoduliert. Über den Ausgangsverstärker (38) und nach Deem-
phase (39) der ursprünglichen Preemphase (3) gelangt das Multiplexsignal
in Basisfrequenzlage zum Ausgang des Modulationsgerätes.

Bei voller Belegung aller 8 Träger könnte dieses Richtfunksystem 14400
Sprachkanäle gleichzeitig in beiden Richtungen übertragen. Noch mehr Über-

tragungskapazität hat das Richtfunksystem FM 2700/6700. Seine 8 Hin- und
8 Rückkanäle mit je 2700 Fernsprechkanälen ermöglichen 21600 Fernsprechverbindungen auf 16 Trägerfrequenzen im Bereich von 6425 bis 7125 MHz.

7   Digitale Trägerfrequenztechnik

Um digitale Signale über Funk bzw. Lichtwellenleiter zu übertragen, muß
der HF- bzw. optische Träger mit ihnen moduliert werden. Wie auch bei der
Trägerfrequenzübertragung analoger Signale kann dazu Amplituden-, Phasen-
oder Frequenzmodulation dienen. Im Gegensatz zur analogen Übertragung sind
aber digitale Signale nicht wertekontinuierlich, sondern haben bestimmte
Kennzustände. Bei binären Signalen sind es zwei. Der HF-Träger muß zwischen entsprechenden Kennzuständen umgeschaltet werden, weshalb man digitale Modulation auch Umtastung oder englisch "keying" nennt. Es gibt also

ASK   (Amplitude Shift Keying),

PSK   (Phase Shift Keying),

FSK   (Frequency Shift Keying)

oder auch Kombinationen dieser Umtastungen. Welche Art der Umtastung man
wählt, hängt vom Schaltungsaufwand ab, der im Sender bzw. Empfänger damit
verbunden ist, sowie von der Empfindlichkeit gegenüber Störungen, mit
welcher die Fehlerquote beim Empfang steigt. Schließlich spielt auch die
HF-Bandbreite für die Übertragung eine wichtige Rolle. Auf Kosten einer
dieser Größen kann man die anderen verbessern, so daß als Kompromiß diejenige digitale Modulation zu wählen ist, welche den jeweiligen Anforderungen am besten gerecht wird. Dazu werden Modulations- und Demodulations-
schaltungen, Bandbreitebedarf und Fehlerraten hier behandelt.

7.1   Amplitudentastung (ASK)

Die einfachste Art der Amplitudenumtastung ist das Ein- und Ausschalten
des Trägers gemäß Bild 7.1 und 7.2. Diese ASK heißt OOK für On-Off-Keying.
Im Sender braucht dazu nur der Träger

$$u_T(t) = \hat{U}_T \sin \omega_T t \qquad (7.1)$$

mit dem binären Signal
$s(t) = 0,1$ (Bild 7.2a)
multipliziert zu wer-
den, wozu ein Ringmodu-
lator mit Schottky-Dioden
dienen kann. Der rechteck-

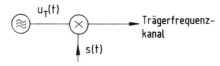

Bild 7.1   ASK (2-PSK) Sender

modulierte Träger in Bild 7.2b hat als Seitenbänder das aus dem Basisband transponierte Spektrum des entsprechenden Rechteckimpulses (Bild 7.2c).

Um dieses Seitenbandspektrum auf das verfügbare HF-Band zu begrenzen, muß entweder schon das Spektrum von $s(t)$ oder aber das Spektrum von $u_s(t) = s(t)\, U_T(t)$ begrenzt werden. Dadurch verformt sich jeder einzelne Trägerfrequenzimpuls und stört mit seinen Vor- und Nachläufern eine ganze Reihe von zeitlich benachbarten Impulsen. Wenn man aber das Am-
plitudenspektrum so formt, daß
wie in Bild 7.3a jede seiner
beiden Flanken gegensymmetrisch
zur zugehörigen Halbwertsfre-
quenz $f_T \pm f_g$ ist, hat nach der
zweiten Nyquist-Bedingung die
Einhüllende des einzelnen Trä-
gerfrequenzimpulses Nulldurch-
gänge in den zeitlichen Abständen $\Delta t = n/f_g$ von der Impuls
mitte, mit $n = 1, 2, \ldots$. Wenn
unter diesen Bedingungen die Taktzeit der binären Folge zu $T = 1/f_g$
gewählt wird, stören sich die
einzelnen Impulse in dem abso-
luten Maximum ihrer Einhüllenden
nicht mehr gegenseitig.

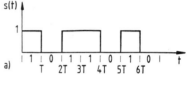

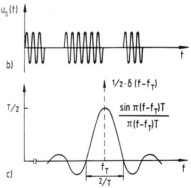

Das Augendiagramm in Bild 7.3c
hat in der Impulsmitte als Öffnung die ganze Impulsamplitude.
Die Impulse können dann ohne Impuls-

Bild 7.2

a) Unipolares Binärsignal
b) OOK-ASK Signal
c) Amplitudenspektrum des
   OOK-ASK-Signals in Bild 7.2b

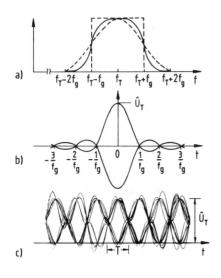

Bild 7.3

a) Amplitudenspektren bei denen die Flanken zu ihren Halbwerten gegensymmetrisch sind

b) zugehörige Impulseinhüllende

c) Augendiagramm einer zufälligen Folge von Impulsen mit $T = 1/f_g$ Impulsabstand

nebensprechen empfangen werden. Das HF-Band ist mindestens

$$B = 2 f_g \qquad (7.2)$$

breit, wenn nämlich das Leistungsspektrum rechteckig ist. Bei endlich steilen Flanken verbreitert es sich aber auf bis zu

$$B = 4 f_g \qquad (7.3)$$

und zwar, wenn der sog. Roll-off des Leistungsspektrums vom Zentrum bis $2 f_g$ reicht. Das Produkt aus HF-Bandbreite und Taktzeit liegt zwischen

$$B T = 2 \ldots 4 . \qquad (7.4)$$

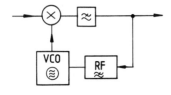

Bild 7.4

ASK-Synchron-Demodulator mit Phasenregelschleife (PLL)

VCO: Spannungsgeregelter Oszillator

RF: Regelfilter

Ohne Rücksicht auf Impulsnebensprechen reicht auch eine HF-Bandbreite von

$$B = 1/T \qquad (7.5)$$

aus, um das ASK-Signal zu übertragen. Dieses Band enthält nämlich gerade noch die beiden Seitenbänder der Grundschwingung einer Rechteck- oder überhaupt nur periodischen Modulation mit 2T als Modulationsperiode. Das mindestens erforderliche Produkt aus

HF-Bandbreite und Taktzeit beträgt also bei ASK

$$B\,T = 1\,. \qquad (7.6)$$

Beim <u>Empfang von ASK-Signalen</u> erzielt man die kleinste <u>Fehlerquote</u> mit
kohärenter <u>Demodulation.</u> Dabei wird das HF-Eingangssignal gemäß Bild 7.4
mit einem lokal erzeugten Träger multipliziert, der in Phase mit dem Signalträger ist. Der Lokaloszillator wird dazu in einer Phasenregelschleife
PLL (phase locked loop) mit dem Signalträger synchronisiert. Aus

$$u_s(t) = s(t) \cdot \hat{U}_T \cdot \sin\omega t \qquad (7.7)$$

mal

$$u_o(t) = \hat{U}_o \sin\omega t \qquad (7.8)$$

ergibt sich das Basisbandsignal

$$s_E(t) = \frac{1}{2} K \hat{U}_T \hat{U}_o \, s(t) \qquad (7.9)$$

mit K als Konversionsfaktor des Multiplizierers.

Störungen, welche mit dem Signal empfangen werden oder vor der Demodula-
tion im Empfänger entstehen, überlagern sich mit dem Effektivwert ihrer
Rauschspannung $U_{HF,eff}$ dem Eingangssignal $u_s(t)$. Auch sie werden im
Multiplizierer ins Basisband umgesetzt und überlagern sich mit dem
Effektivwert der Rauschspannung

$$u_{r,eff} = \frac{1}{2} K \hat{U}_o U_{HF,eff} \qquad (7.10)$$

dem Basisbandsignal $s_E(t)$. Dadurch schwankt die Spannung an der Ent-
scheiderstufe, und es wird gemäß Bild 7.5a die Öffnung des Augendiagram-
mes eingeengt. Wenn es sich bei der Störung um weißes Rauschen handelt,
hat ihre Wahrscheinlichkeitsdichtefunktion die Gaußsche Normalverteilung
in Bild 7.5b, mit $\sigma = u_{r,eff}$ als Streuung dieser Normalverteilung. Die
Wahrscheinlichkeit, daß sie die Signalspannung $s_E(t)$ in Impulsmitte um
mehr als die Schwellenspannung verfälscht, ist gleich der schraffierten
Fläche unter dem Ausläufer der Gaußkurve jenseits der Schwellenspannung.
Diese Fläche bestimmt also die <u>Fehlerwahrscheinlichkeit</u> p_e und führt zu

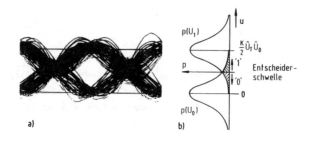

Bild 7.5   ASK-Empfang: a) Augendiagramm mit Öffnung, die
                           durch Störungen eingeengt ist
                        b) Wahrscheinlichkeitsdichten der ver-
                           rauschten Spannungen $U_{"1"}$ und $U_{"0"}$

folgender Abhängigkeit vom Signalrauschabstand am Multiplizierereingang

$$p_e(\text{ASK}) = \frac{1}{2}\,\text{erfc}\left(\frac{1}{2}\sqrt{S_r}\right) . \tag{7.11}$$

Dabei bezeichnet

$$\text{erfc}(x) = \frac{2}{\sqrt{\pi}}\int_x^\infty e^{-u^2}\,du \tag{7.12}$$

die komplementäre Fehlerfunktion, wie sie sich aus der Integration über
den Ausläufer der Gaußschen Normalverteilung in Bild 7.5b ergibt.

$$S_r = P_T("1") \,/\, P_r \tag{7.13}$$

ist der Störabstand, d.h., das Verhältnis von Trägerleistung $P_T("1")$ im
Zustand "1" zu Rauschleistung P_r am Eingang des Multiplizierers. Um diese
Rauschleistung bei gegebener spektraler Dichte $P'_r = P_r/B$ möglichst klein
zu halten, sollte das HF-Band möglichst eingeengt werden. Bei $B = 1/T$
entsprechend Gl. (7.5) ergibt sich

$$S_r = \frac{P_T("1") \cdot T}{P'_r} = \frac{W_{"1"}}{P'_r} \tag{7.14}$$

als Störabstand, also das Verhältnis von Signalenergie $W_{"1"}$ zu spektraler

Rauschleistungsdichte. Bild 7.6 zeigt die <u>Bitfehlerwahrscheinlichkeit</u> nach Gl. (7.11) als Funktion des Störabstandes nach Gl. (7.14). Zum Vergleich mit eingetragen in Bild 7.6 sind die Bitfehlerwahrscheinlichkeiten anderer Trägerumtastungen wie sie in folgenden Abschnitten noch behandelt werden.

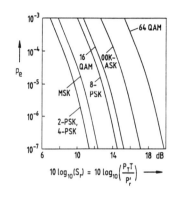

ASK in Form von OOK wird hauptsächlich zur optischen Nachrichtenübertragung mit Glasfasern eingesetzt. Die Sender in Form von LED oder Laserdioden werden direkt ein- und ausgeschaltet. Kohärente Demodulation geht nicht, weil LED-Strahlung inkohärent und Laserdiodenstrahlung auch nur partiell kohärent ist. Stattdessen wird mit Photodioden direkt empfangen, also Hüllkurvendemodulation durchgeführt, wobei der Photostrom proportional zur optischen Strahlungsleistung

Bild 7.6

Bitfehlerwahrscheinlichkeit bei Trägerumtastung als Funktion des Störabstandes (Trägerenergie pro Bit $P_T T$ zu Rauschleistungsdichte P'_r)

ist. Je nach Photodioden und Verstärkerrauschen im Empfänger braucht man entsprechend viele Photonen pro Impuls für bestimmte Fehlerquoten, muß dabei aber höhere Fehlerquoten als nach Gl. (7.11) in Kauf nehmen.

7.2   Zweiphasenumtastung (2-PSK)

Bei 2-PSK wird die Trägerschwingung in der Phase um 180° umgetastet. Dazu kann wieder der Multiplizierer in Bild 7.1 dienen, bei dem das binäre Signal jetzt aber die Werte

$$s(t) = \begin{cases} +1 \;\hat{=}\; "1" \\ -1 \;\hat{=}\; "0" \end{cases} \qquad (7.15)$$

hat. Bild 7.7 zeigt, wie das PSK-Signal dabei verläuft. Mit den abrupten Phasensprüngen durch das Umtasten hat das PSK-Signal das gleiche unbegrenzte Spektrum in Bild 7.2c wie das ASK-Signal mit entsprechender

Rechteckmodulation allerdings ohne die Dirac-Stoß-förmige Spektrallinie
bei der Trägerfrequenz aber mit T statt T/2 als absolutem Maximalwert.

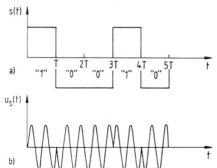

a) "1" "0" "0" "1" "0"

b)

Bild 7.7

a) Bipolares Binärsignal
b) 2-PSK Signal

Reduzieren lassen sich Stärke
und Ausdehnung der Seitenbänder durch allmähliche Phasen-
übergänge anstelle der Sprünge
oder aber auch durch Nullstellen der Amplitude beim Phasen-
sprung. Dazu zeigt Bild 7.8 eine Schwebung zweier Schwingungen der Frequenzdifferenz Δf
mit ihren 180^0-Phasensprüngen
in den Knoten im Abstand

$$T = 1 \ / \ \Delta f. \qquad (7.16)$$

Nach diesem Bild kann das HF-
Band auf

$$B = 1 \ / \ T \qquad (7.17)$$

begrenzt werden, ohne daß die Phasenumtastung verloren geht. Praktisch
begrenzt man das HF-Band von PSK-Signalen aber nur auf

$$B = \frac{1,4}{T}. \qquad (7.18)$$

Beim Empfang von 2-PSK-Signalen erzielt man die kleinste Fehlerquote,

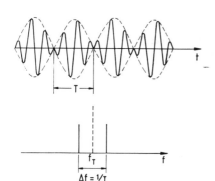

f_T f

$\Delta f = 1/T$

wenn man kohärent demoduliert,
und zwar durch Multiplizieren
des PSK-Trägers mit der Schwingung aus einem Lokaloszillator.
Um den Lokaloszillator phasen-

Bild 7.8

Die Schwebung stellt
ein 2-PSK-Signal mit
sinusförmigem Ampli-
tudenverlauf für ein
periodisches Binärsi-
gnal 0,1,0,1, ... dar.

richtig mit dem PSK-Träger zu synchronisieren, wird in der Quadrierschleife in Bild 7.9 das 2-PSK-Signal quadriert

$$(\pm \hat{U}_T \cos\omega_T t)^2 = \frac{1}{2} \hat{U}_T^2 (1 + \cos 2\omega_T t) \qquad (7.19)$$

und mit der darin
enthaltenen Schwin-
gung doppelter Trä-
gerfrequenz ein VCO
synchronisiert. Durch
Frequenzteilung ge-
winnt man daraus die
unmodulierte Träger-
schwingung, aller-
dings mit 180° Pha-
senunsicherheit. Die
richtige Phase wird
durch Übertragung
eines Phasensynchron-

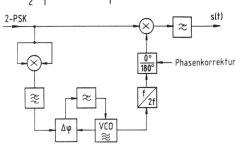

Bild 7.9

Blockschema des 2-PSK Empfängers mit Quadrierschleife zur Trägerrückgewinnung

wortes erkannt und der abgeleitete Träger gegebenenfalls in seiner Pha-
senlage korrigiert. Fehler bei der Entscheidung, welche Phase der 2-PSK-
Träger im Abtastzeitpunkt hat, entstehen durch Störungen, welche sich dem
Träger überlagern. Bild 7.10a zeigt die typische Einengung der Öffnung im
Augendiagramm durch überlagerte Störungen. In Bild 7.10b sind dazu die

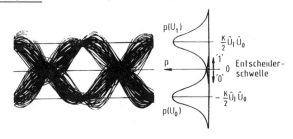

Bild 7.10   2-PSK Empfang
              a) Augendiagramm am Entscheider mit durch
                 Störungen eingeengter Öffnung
              b) Wahrscheinlichkeitsdichten der verrauschten
                 Spannungen $U_{"1"}$ und $U_{"0"}$ im Abtastzeitpunkt

Gaußschen Normalverteilungen für die Wahrscheinlichkeit aufgetragen, mit der aufgrund von weißem Rauschen die Spannung am Entscheider von ihren ungestörten Werten abweicht. Die Flächen unter den Ausläufern jenseits der Schwellenspannung geben wieder die Wahrscheinlichkeit an, mit der falsch entschieden wird. Gegenüber den Verhältnissen bei OOK-Amplitudentastung ist bei gleicher Trägeramplitude die ungestörte Augenöffnung doppelt so groß. Gleiche Fehlerquoten wie bei ASK werden bei gleichem Rauschen schon mit halber Trägeramplitude erreicht. Aus Gl. (7.11) folgt darum die Fehlerwahrscheinlichkeit für 2-PSK mit kohärenter Demodulation zu

$$p_e(2\text{-PSK}) = \frac{1}{2} \text{erfc} \sqrt{S_r} . \qquad (7.20)$$

Auch hier ist

$$S_r = \frac{P_T}{P_r} \qquad (7.21)$$

der Störabstand von Trägerleistung P_T zu Rauschleistung P_r. Weil sie aber für beide binäre Signale "0" und "1" gesendet wird, ist für OOK-ASK mit gleichem $P_T("1")$ in Gl. (7.13) die zeitlich gemittelte Trägerleistung nur die Hälfte der entsprechenden 2-PSK-Trägerleistung. Bei einer bestimmten Trägerleistung P_T des PSK-Signales und bestimmter spektraler Dichte $P'_r = P_r/B$ der Rauschleistung wird der größte Störabstand bei der Mindestbandbreite nach Gl. (7.17) erreicht. Er folgt ebenso wie für ASK aus Gl. (7.14), ist also wieder das Verhältnis von Trägerenergie pro Bit zur Rauschleistungsdichte.

7.3   2-PSK mit Differenzcodierung (2-DPSK)

Um die Phasenunsicherheit von 180^0 in der Quadrierschleife des kohärenten 2-PSK-Demodulators aufzuheben, muß extra ein Phasensynchronwort mit übertragen werden. Unabhängig von dieser Phasenunsicherheit kann man sich durch Phasen-Differenzcodierung machen. Die Information wird bei ihr durch den Phasenunterschied des Trägers in zwei aufeinanderfolgenden Übertragungsschritten dargestellt. Bei "0" ändert sich also die Phase nicht und bei "1" um 180^0. Das unipolare Binärsignal wird dazu so in ein

bipolares umcodiert, wie es das
Beispiel in Bild 7.11a und b
zeigt. Dieses differenzcodierte
bipolare Signal tastet den Träger in die auf der Ordinate von
Bild 7.11b bezeichneten Phasenlagen um. Produktdemodulation
mit einer synchronen Schwingung
führt wieder auf ein bipolares
Binärsignal mit der gleichen
Differenzcodierung, und zwar
unabhängig von einer 180^0-Pha-
senunsicherheit bei der synchronen Schwingung. Viel einfacher
als mit Produktdemodulation kann
man das 2-DPSK-Signal aber mit
Phasendifferenzdemodulation empfangen. Dazu wird gemäß Bild 7.12
das 2-DPSK-Signal einmal direkt
und zum anderen um eine Schritt-
zeit T verzögert auf die beiden
Eingänge eines Multiplizierers

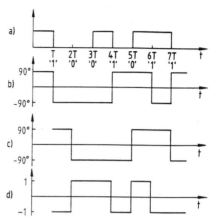

Bild 7.11
a) unipolares Binärsignal
b) Phase des 2-DPSK-Signals zu (a)
c) um T verzögert
d) bipolares Binärsignal nach
   Phasendifferenzdemodulation

gegeben. Bild 7.11c zeigt die Phasenlagen des um T verzögerten 2-DPSK-Si-
gnals. Nach dem Tiefpaß am Ausgang des Multiplizierers erscheint das bipolare Binärsignal in Bild 7.11d. Ohne Phasendifferenz zwischen zwei aufeinanderfolgenden Schritten ergibt sich "1" und mit 180^0 Phasendifferenz erscheint "0". Gegenüber Bild 7.11a ist dieses Binärsignal um T verzögert
und invertiert. Natürlich läßt sich auch ein einfaches PSK-Signal mit Phasendifferenzdemodulation empfangen, es erscheint dann nur in differenzco-
dierter Form und müßte noch umcodiert werden.

Bild 7.12
Phasendifferenzdemodulation

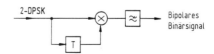

Beim Phasendifferenzdemodulator erübrigt sich die meist schwierige Erzeugung der phasenstarren LO-Schwingung. Dafür ist er aber etwas empfindlicher gegenüber Störungen, weil diese sich ja am Multiplizierer nicht nur dem direkten PSK-Signal, sondern auch dem um T verzögerten überlagern. Für gleiche Fehlerhäufigkeit wie bei der Synchrondemodulation mit Absolutphasencodierung braucht er einen um etwa 1 dB größeren Störabstand.

7.4 Vierphasenumtastung (4-PSK)

Bei der Vierphasenumtastung gibt es Phasensprünge der Trägerschwingung um $90°$ und $180°$. Dazu werden beispielsweise nach Bild 7.13 den vier möglichen Kombinationen von zwei aufeinanderfolgenden Bits vier Phasenzustände zugeordnet. Um die Trägerphase entsprechend umzutasten, wird nach der Tabelle

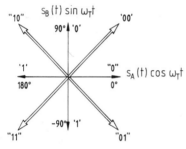

Bild 7.13

Phasenzustandsdiagramm
bei 4-Phasentastung

Bitfolge	Dibit A	Dibit B
00	-1	-1
01	-1	1
11	1	1
10	1	-1

die Bitfolge in zwei parallele sog. Dibitfolgen A und B getrennt. Ihre Schrittzeiten sind also 2T. Gemäß Bild 7.14 wird Dibit A direkt mit der Trägerschwingung multipliziert und Dibit B mit der um $90°$ in der Phase verschobenen Trägerschwingung. Die beiden Trägerkomponen-

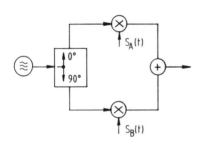

Bild 7.14

4-PSK-Modulator

199

ten werden je nach Dibit in ihren Phasen um 180° umgetastet. Anschließende Überlagerung dieser beiden zueinander orthogonalen 2-PSK-Signale ergibt einen der vier Phasenzustände in Bild 7.13. Weil die vier Phasenzustände aus zwei orthogonalen Komponenten entstehen, spricht man auch von QPSK (Quadrature Phase Shift Keying) oder von QAM für Quadratur Amplitudenmodulation, weil die vier Kennzustände quadratisch im Zustandsdiagramm verteilt sind. Das Spektrum der 4-PSK-Signale hat bei abrupten Phasensprüngen wieder die Form eines rechteckmodulierten Trägers in Bild 7.2c (ohne δ-Funktion), nur daß jetzt jeder Schritt 2T dauert, und darum auch die ersten Nullstellen im Spektrum den Abstand

$$\Delta f = 1 \,/\, T \qquad (7.22)$$

haben. Wenn die Trägerphase statt abrupt zu springen allmählich von einem zum anderen Phasenzustand wechselt oder dabei auch die Trägeramplitude durch Null geht, nehmen die Seitenbänder abseits von der Trägerfrequenz schneller ab. Bei periodischer 4-PSK hätten die beiden ersten Seitenbänder den Abstand

$$B = \frac{1}{2T} \,. \qquad (7.23)$$

Darum muß wenigstens ein Band dieser Breite übertragen werden. Praktisch wird meist

$$B = \frac{0,7}{T} \qquad (7.24)$$

gewählt. Beim Empfang von 4-PSK-Signalen erzielt man die größte Störsicherheit wieder mit kohärenter Produktdemodulation mit einem synchronen Träger nach Bild 7.15. Die Trägerkomponente, welche im Phasenzustandsdiagramm

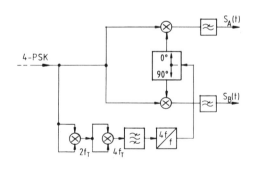

Bild 7.15   4-PSK Synchrondemodulation mit zweifacher Quadrierschleife zur Trägerrückgewinnung

von Bild 7.13 die Phase 0^0 zum 4-PSK-Signal hat, liefert nach dem Tiefpaß am Ausgang des entsprechenden Multiplizierers die Dibitfolge A und die dazu orthogonale Trägerkomponente nach dem Tiefpaß des anderen Multiplizierers die Dibitfolge B. Um aus dem empfangenen 4-PSK-Signal den Träger rückzugewinnen, wird es zweimal quadriert und aus der dabei gewonnenen Schwingung mit $4f_T$ durch Frequenzteilung der Träger selbst wieder erhalten, allerdings in einer von 4 möglichen Phasenlagen. Die richtige davon muß unter Bezugnahme auf ein mit zu übertragendes Phasensynchronwort festgestellt werden, oder man macht sich ähnlich wie bei 2-PSK durch Phasendifferenzcodierung von der Absolutphase des Phasendifferenzträgers unabhängig. Auch die Phasendifferenzdemodulation, wie sie oben für 2-PSK beschrieben wurde, kann man auf 4-PSK anwenden und damit einen Demodulator aufbauen, der ohne die oft problematische Trägerrückgewinnung arbeitet.

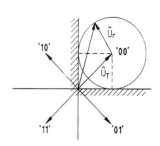

Bild 7.16

Phasenzustandsdiagramm
bei 4-PSK mit Störträger
kritischer Grenzamplitude

Wenn sich Störungen dem 4-PSK Signal überlagern, kann der Entscheider nach der Demodulation Fehler machen. Jeweils gerade noch richtig wird immer entschieden, wenn die Störungsamplitude

$$\hat{U}_r < \hat{U}_T/\sqrt{2} \qquad (7.25)$$

ist. Dann verfälscht nämlich die Störung auch in ihrer kritischsten Phasenlage zum Signalträger gemäß Bild 7.16 die Phase des Signalträgers um weniger als 45^0. Der Signalträger bleibt dann innerhalb des für den jeweiligen Zustand begrenzten Entscheiderbereiches.

Bei 2-PSK durfte der Störträger im Amplitudenbereich

$$\hat{U}_r < \hat{U}_T \qquad (7.26)$$

liegen, bei ASK mit OOK aber nur im Bereich

$$\hat{U}_r < \hat{U}_T/2 . \qquad (7.27)$$

Darum muß auch der Rauschabstand auf

$$S_r(4\text{-PSK}) = 2\, S_r(2\text{-PSK}) \qquad (7.28)$$

erhöht werden, um bei 4-PSK mit Synchrondemodulation die gleiche Fehlerquote einzuhalten, wie bei 2-PSK und Synchrondemodulation. Weil aber
4-PSK bei gleicher Bitrate nur die halbe Schrittgeschwindigkeit hat,
also nur die Hälfte des HF-Bandes von 2-PSK braucht, halbiert sich bei
gleicher Rauschleistungsdichte P'_r die Rauschleistung und man erzielt
den Rauschabstand nach Gl. (7.28) mit der gleichen Trägerleistung wie bei
2-PSK. Auch in Abhängigkeit vom Verhältnis der Trägerenergie pro Bit zur
Rauschleistungsdichte

$$\frac{W_{Bit}}{P'_r} = \frac{P_T T}{P'_r} \qquad (7.29)$$

ergibt sich bei Synchrondemodulation für 4-PSK die gleiche Fehlerquote
wie bei 2-PSK. Etwas ungünstiger verhält sich aber die Phasendifferenzdemodulation. 4-PSK braucht mit ihr ungefähr 2,5 dB mehr Störabstand
als mit Synchrondemodulation. Bei 2-PSK beträgt dieser Unterschied
ja nur 1 dB.

7.5   Höherwertige Trägerumtastung

4-PSK erzielt mit Synchrondemodulation bei gleicher Trägerenergie pro
Bit die gleiche Fehlerquote, aber braucht nur die halbe Übertragungs-
bandbreite. Noch besser wird das Übertragungsband mit höherwertiger
Trägerumtastung genutzt. Dabei kommen sowohl 2^m-PSK als auch Kombinationen von ASK und PSK mit 2^m Trägerzuständen in Frage. Bild 7.17
zeigt Signalzustandsdiagramme von 8- und 16-wertigen Trägerumtastungen.
Die gestrichelten Linien sind die Grenzen zwischen den Entscheidungsbe-
reichen in den einzelnen Signalzuständen. Für die 8-PSK in Bild 7.17a
werden drei aufeinanderfolgende Binärzeichen zu einem Tribit zusammen-

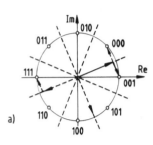

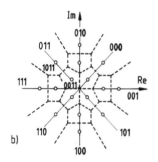

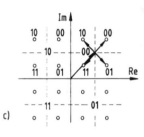

Bild 7.17

Signalzustandsdiagramme höherwertiger Trägerumtastungen:

a) 8-PSK durch Superposition
   zweier 4-PSK Träger der
   Amplituden $0,94 \cdot \hat{U}_T$ und $0,38 \cdot \hat{U}$

b) 8-PSK / 4-ASK

c) 16-QAM durch Superposition
   zweier 4-PSK Träger der relativen Amplituden 2/3 und 1/3

gefaßt und ihm nach der Gray-Code-Tabelle eine von den acht möglichen Phasenlagen zugeordnet. Die Schrittgeschwindigkeit und damit die notwendige
HF-Bandbreite verringern sich auf ein Drittel der Übertragungsgeschwindig-
keit. Wegen der Einengung des Entscheidungsbereiches von dem 90^0-Sektor bei
4-PSK auf nur einen 45^0-Sektor bei 8-PSK muß der Störabstand um

$$\left(\frac{\sin \pi/4}{\sin \pi/8}\right)^2 = 3,41 \; \widehat{=} \; 5,3 \; \text{dB} \tag{7.30}$$

erhöht werden, damit die Fehlerquote gleich bleibt. Weil aber nur noch 2/3
der 4-PSK Bandbreite erforderlich sind, braucht das Verhältnis von Trägerenergie pro Bit zur Rauschleistungsdichte nur um

$$3,41 \cdot 2/3 \; \widehat{=} \; 3,6 \; \text{dB} \tag{7.31}$$

erhöht zu werden.

Für 8-PSK werden zwei orthogonale Trägerkomponenten der Amplitude $0,94 \cdot \hat{U}_T$
und zwei der Amplitude $0,38 \cdot \hat{U}_T$ mit bipolaren Binärsignalen um 180^0 umgetastet und dann so wie in Bild 7.17a überlagert.

Noch weiter reduzieren lassen sich Schrittgeschwindigkeit und HF-Bandbreite bei konstanter Bitrate mit der 8-PSK/4-ASK in Bild 7.17b bzw. 16-QAM in Bild 7.17c. Hier werden jeweils vier Binärzeichen zu einem "Quadbit" zusammengefaßt und einem der 16 Kennzustände im Signalzustandsdiagramm zugeordnet. Schrittgeschwindigkeit und Mindest-HF-Bandbreite sind jetzt nur noch ein Viertel der Bitrate. Durch die Kombination von PSK und ASK werden möglichst große Mindestabstände zwischen den Kennzuständen im Signalzustandsdiagramm angestrebt und zwar relativ zur größten Amplitude der Kennzustände. Dadurch erreicht man einen möglichst kleinen erforderlichen Störabstand für eine bestimmte Fehlerquote, allerdings nur mit einem größeren Schaltungsaufwand.

Bei der 8-PSK/4-ASK in Bild 7.17b steuern die ersten 3 Bits die 8-PSK, wie oben beschrieben. Das vierte Bit bestimmt, ob die große oder die kleine Amplitude in der jeweiligen Phasenlage gesendet wird. Bei der 16-QAM in Bild 7.17c wird ein 4-PSK Träger der relativen Amplitude 2/3 mit einem halb so großen 4-PSK Träger überlagert. Der erste bestimmt den Quadranten im Zustandsdiagramm und der zweite den Kennzustand im jeweiligen Quadranten.

Wenn mit 2^m Kennwerten übertragen werden soll und m eine gerade Zahl grösser als 4 ist, verteilt man die Kennwerte über ein Quadrat im Zustandsdiagramm so wie auch schon bei 4-QAM und 16-QAM. Der Modulator für eine solche 2^m-QAM wird im Prinzip so aufgebaut, wie es Bild 18 zeigt. Die binäre

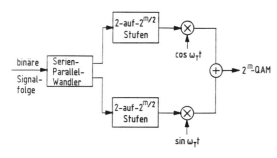

Bild 7.18
2^m-QAM-Sender

Zeichenfolge mit der Bitrate 1/T wird im Serien-Parallel-Wandler in zwei parallele binäre Folgen mit Bitraten von je 1/(2T) verzweigt. Die 2-auf-$2^{m/2}$ Amplitudenwandler erzeugen aus jeweils m/2 Bits jeder der beiden Folgen eine von $2^{m/2}$ polaren Amplitudenstufen. Mit einer dieser Folge von Amplitudenstufen wird der Träger durch Multiplikation moduliert und mit der anderen der um $\pi/2$ in der Phase verschobene Träger. Bei gleichen Amplitudenstufen addieren sich beide so getasteten Träger zu Kennzuständen, die sich wie bei der 16-QAM in Bild 17c äquidistant über ein Quadrat im Signalzustandsdiagramm verteilen.

Bei mehrwertiger Trägerumtastung mit 2^m Kennzuständen ergibt sich ganz allgemein das Verhältnis von Bitrate zur HF-Mindestbandbreite theoretisch zu

$$\left(\frac{1}{BT}\right)_{theor} = m. \tag{7.32}$$

Praktisch begrenzt man aber diese Bandbreiteausnutzung auf

$$\left(\frac{1}{BT}\right)_{prak} = 0{,}7\ m \tag{7.33}$$

Die folgende Tabelle faßt diese Daten auch für noch höherwertige Trägerumtastung zusammen.

Modulations-verfahren	2-PSK	4-PSK	8-PSK	16 QAM	64 QAM
Phasenzustände	2	4	8	12	52
theoretisch max. Bandbreiteaus-nutzung bit/s/Hz	1	2	3	4	6
praktische Bandbreiteaus-nutzung bit/s/Hz	0,7	1,4	2,1	2,8	4,2
$P_T T/P'_r$ in dB für 10^{-6} Fehler-quote	10,7	10,7	13,8	14,5	19

7.6   Zweifrequenzumtastung (2-FSK)

Bei Zweifrequenzumtastung schaltet das binäre Signal die Trägerfrequenz zwischen zwei Werten f_1 und f_2. Zugunsten eines schmalen Spektrums sollten dabei Amplituden- und Phasensprünge vermieden werden, also beispielsweise ein Oszillator einfach durch das binäre Signal elektronisch verstimmt werden. Als Differenz zur unmodulierten Trägerphase $\omega_T t$ ergibt sich ein Phasenverlauf gemäß Bild 7.19. Ebenso wie in der analogen FM wird

$$\Delta f_T = (f_1 - f_2)/2 \qquad (7.34)$$

Frequenzhub genannt. Während der Taktzeit T führt er zum Phasenhub

$$\Delta \Phi = 2\pi \Delta f_T \cdot T \qquad (7.35)$$

und der Modulationsindex ist

$$M = \frac{f_1 - f_2}{f_{Bit}} = (f_1 - f_2) \cdot T \qquad (7.36)$$

Bei sehr großem Modulationsindex konzentriert sich das 2-FSK-Spektrum um die beiden Frequenzen f_1 und f_2. Für $M < 1$ ist die spektrale Leistung aber hauptsächlich innerhalb der Bandbreite $B = 1/T$ um f_T konzentriert. Die Seitenbänder nehmen abseits von f_T ziemlich schnell ab, denn ohne Phasensprünge und bei konstanter Amplitude ändert sich gemäß Bild 7.19 nur noch die Phase allmählich, wodurch sich das Spektrum nur wenig verbreitert.

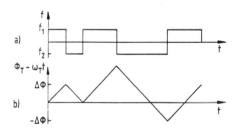

Bild 7.19
Zweifrequenzumtastung

Für hohe Bandbreiteausnutzung sollten M und $\Delta\Phi$ klein sein, dadurch wird die 2-FSK aber störanfälliger. Einen günstigen Kompromiß bildet

$$M = 1/2, \qquad \text{wofür} \qquad \Delta\Phi = \pi / 2 \qquad (7.37)$$

ist. Das ist die sog. MSK (Minimum Shift Keying). Bild 7.20 zeigt das MSK-Leistungsdichtespektrum. Es hat weniger als 1/2T Halbwertsbreite und fällt darüber hinaus sehr schnell ab.

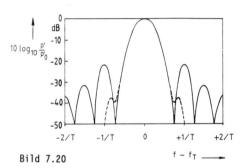

Bild 7.20

Leistungsdichtespektrum des MSK-Signales
(GMSK mit BT = 0,3 gestrichelt)

MSK-Modulatoren werden nach dem Blockschema in Bild 7.21 aufgebaut Die Dreiecksfunktion $\Phi(t)$, wie sie durch Integrieren des bipolaren Binärsignales s(t) entsteht, ergibt die viertel cos- bzw. sin-Schwingungen, aus denen nach Multiplikation mit den orthogonalen Trägerkomponenten und ihrer Überlagerung das MSK-Signal hervorgeht. Empfangen kann man MSK-Signale mit kohärenter Demodulation, indem mit den orthogonalen Komponenten des lokal rückzugewinnenden synchronen Trägers multipliziert wird. Man erzielt die gleiche Fehlerquote wie bei 2-PSK oder 4-PSK, wenn das Verhältnis von Trägerenergie pro Bit zur Rauschleistungsdichte etwa 1 dB größer ist. Inkohärente MSK-Demodulation entsprechend der 2-PSK-Phasendif-

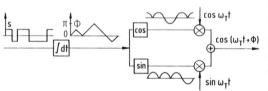

Bild 7.21

Funktionsblöcke des MSK-Modulators
mit Signalverläufen

ferenzdemodulation in Bild 7.11 braucht für gleiche Fehlerquoten noch
etwas mehr Rauschabstand.

7.7   Das Mobilfunknetz D

Eine wichtige Anwendung findet MSK im ersten größeren Mobilfunknetz, das
mit digitaler Übertragung arbeitet, dem D-Netz. Weil bei ihm in 25-MHz
breiten HF-Bändern 124 Trägerfrequenzen mit je 271 kbit/s getastet zu
übertragen sind, also diese MSK-Träger nur 200 kHz Abstand haben können,
wird der einzelne HF-Kanal auf BT = 0,3 begrenzt. Dazu wird schon das
Ausgangssignal Φ(t) aus dem Integrator in Bild 7.21 durch ein Filter
mit Gaußscher Normalverteilung als Filtercharakteristik so verschliffen,
daß eine einzelne Dreiecksflanke sich weit in den folgenden Zeittakt aus-
dehnt. Dieser sog. "Partial Response" des Kanales wird durch eine vorher-
gehende Partial-Response-Codierung wettgemacht, bei der jedes Signalbit
zwei Kanalbits erzeugt. Bei der Decodierung werden mit dieser Redundanz
aus den sich zeitlich überlappenden Kanalbits die eigentlichen Signalbits wiedergewonnen. Mit BT = 0,3 stören sich benachbarte HF-Kanäle auch
bei dem mäßigen Kanalfilteraufwand in kleinsten Mobilstationen nur wenig.
Das so modifizierte Modulationsverfahren heißt GMSK (Gaussian Minimum
Shift Keying). Sein Leistungsspektrum erscheint als gestrichelte Linie
mit in Bild 7.20.

Im D-Netz wird aus der Sicht der Basisstation zwischen 890 und 915 MHz
empfangen und zwischen 935 und 960 MHz gesendet. Mit 45 MHz Abstand zwischen zusammengehörigen Sende- und Empfangsfrequenzen läßt sich Nahnebensprechen genügend unterdrücken. Um große Teilnehmerzahlen zu bedienen wird
Frequenz- mit Zeitmultiplex im sog. "Schmalband-TDMA" kombiniert (TDMA =
Time Division Multiple Access). Jede Station verfügt zum Empfangen und
zum Senden über das Frequenzmultiplex von zweimal 124 Einzelkanälen in
200 kHz Abstand (Bild 7.22). In jedem Kanal ist die Zeit in Blöcke eingeteilt, die 4,616 ms dauern und je aus 8 Zeitschlitzen von je 0,577 ms
Dauer bestehen. Jeder dieser 8 Zeitschlitze wird einer anderen Verbindung
zugeteilt, so daß auf den 124 Trägerfrequenzpaaren 992 Funkverbindungen
möglich sind.

Im TDMA-Rahmen von Bild 7.23 enthält der einzelne Zeitschlitz 148 nutzbare Bits; das ist eine <u>Nutzbitrate</u> von 32 kbit/s je Verbindung. Von den 148

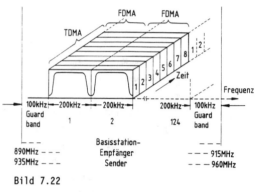

werden aber nur die 2 × 57 = 114 Datenbits je Schlitz für Sprache oder Daten genutzt, d.h. nur 24,7 kbit/s. Die restlichen 34 Bits pro Zeitschlitz dienen dem Empfänger zum "<u>Training</u>", d.h. zum Synchronisieren und zur Abschätzung von Übertragungsverzerrungen, um sie

Bild 7.22

Schmalband TDMA mit <u>FDMA</u> im D-Netz

beim Empfang adaptiv zu entzerren, und um Datenbitfolgen zu erkennen, mit denen signalisiert wird. Eine <u>Mobilstation</u> bekommt im TDMA-Rahmen zum Emp-

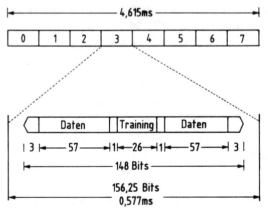

fangen immer einen anderen Zeitschlitz zugeteilt als zum Senden, damit sie nicht gleichzeitig empfangen und senden muß.

Außerdem können nach jedem 4,616 ms-Rahmen die Empfangs- und Sendefrequenzen gewechselt werden. Es gibt dann also bis zu 217 Frequenzsprünge pro Sekunde. Damit wirken sich momentan ungünstige Übertragungsbedingungen bei

Bild 7.23

TDMA-Rahmen und Bitfolge in den Zeitschlitzen

einer bestimmten Frequenz nur auf die wenigen Datenbits eines Zeitschlitzes
für die einzelne Funkverbindung aus.

Mobilfunknetze hoher Verkehrskapazität werden als "zellulare" Netze aufgebaut. Dieses Prinzip hat sich schon beim C-Netz bewährt, und auch das
D-Netz ist zellular, um die 124 Trägerfrequenzen in den beiden HF-Bändern
möglichst effektiv wieder zu verwenden. Dazu wird das Versorgungsgebiet
in Zellen eingeteilt, die theoretisch wabenförmig wie in Bild 7.24a sind,
praktisch aber den örtlichen Gegebenheiten in der Form und dem Verkehrs-

bedarf in der Größe
angepaßt werden, so
wie es Bild 7.24b für
das Kleinzellennetz
München des Mobilfunk-
netzes C zeigt. Für das
D-Netz reicht der Zel-
lenradius von 30 km bis
herab zu 100 m. Jede
Zelle hat eine Basis-
station, und dieser
wird nur ein Teil der
124 Trägerfrequenzpaare
zugeteilt. Erst in einer
Zelle im sog. Gleichka-
nalabstand hat die Basis-
station wieder die glei-
chen Trägerfrequenzpaare
Damit stören sich Funk-
verbindungen auf gleichen
Trägerfrequenzen gegenseitig nicht ungebührlich. Da
der Gleichkanalabstand mehrere Zellendurchmesser be-

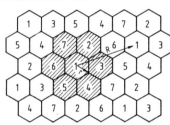

a)

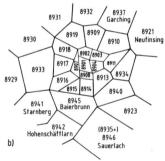

b)

Bild 7.24

Zellulares Mobilfunknetz
a) r: Zellenradius, R: Gleichkanalabstand
b) Kleinzellennetz München im Mobilfunknetz C

trägt, stehen jeder Zelle nur entsprechend wenige der 124 Trägerfrequenzpaare zur Verfügung. Jede Basisstation kann deshalb nur bis zu
etwa 100 Verbindungen mit Mobilstationen gleichzeitig herstellen.

Zellengröße und Gleichkanalabstand werden dem Verkehrsaufkommen angepaßt, wobei die Sendeleistung angemessen reduziert wird.

Mobilfunkverbindungen werden durch Abschattungen und <u>Mehrwegeausbreitungen</u> gestört und zwar insbesondere in bebauten Gebieten. <u>Schwunderscheinungen</u> sowie Signalverzögerungen und -verzerrungen in Form von Echos sind die Folge. Das einzelne D-Netz-Bit von rund 3,7 μs Dauer kann mit seinen z.B. durch Gebäudereflexionen entstehenden Nachläufern etliche Nachbarbits stören. Adaptiv entzerren können die Funkempfänger im D-Netz Verzerrungen durch Laufzeitunterschiede von bis zu 16 μs. Entsprechend große Wegdifferenzen von Mehrwegeausbreitung können also die Empfänger verkraften.

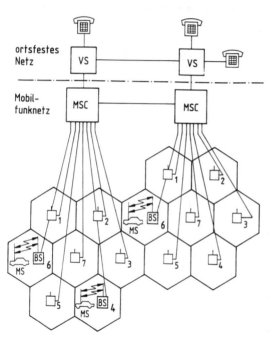

Bild 7.25

Struktur eines zellularen Mobilfunknetzes
VS   Vermittlungsstelle
MSC Mobile Service Switching Center
BS   Basis Station
MS   Mobile Station

Zellulare Mobilfunknetze haben die Struktur von Bild 7.25. Jede Funkzelle hat eine Basisstation (BS). Die bis zu etwa 100 Basisstationen eines entsprechend großen (Funkverkehrs-) Bereiches gehören zu einem "<u>Mobile Service Switching Center</u>" (MSC). Die MSCs vermitteln

Verbindungen untereinander und zu den ortsfesten Netzen.

Jeder Teilnehmer ist mit seiner Funkrufnummer in Verbindung mit einer
persönlichen Berechtigungskarte einem MSC zugeordnet und in dem Heimatregister dieses MSC gespeichert. Dieses Heimatregister speichert auch den
aktuellen Aufenthalt des Funkteilnehmers bis auf die Funkzelle des Hei-
mat- bzw. des jeweiligen Fremd-MSC. Dazu registriert jedes MSC in einem
Fremdregister alle Funkteilnehmer, die sich in seinen Funkzellen gerade
aufhalten. Jede BS hat eine Aktivdatei, in der sie alle gemeldeten Teilnehmer in ihrer Funkzelle speichert. Mit diesen Aktivdateien werden die
Heimat- und Besucherregister auf dem laufenden gehalten. Beim Einbuchen
einer Mobilstation in eine Funkzelle paßt sich ihre Sendeleistung an die
Ausdehnung der Zelle an.

Der Verbindungswunsch von einer Mobilstation wird von der Basisstation
im Signalisierungsdialog an die MSC des jeweiligen Aufenthaltsbereiches
weitergegeben, welche je nach Verbindungswunsch die Wählinformation an
das ortsfeste Netz übergibt oder den gewünschten Mobilteilnehmer sucht
Dazu wird von dem Heimat-MSC des gewünschten Teilnehmers sein augenblick-
licher Aufenthaltsort erfragt, womit die Verbindung aufgebaut werden kann.
Der ganze Signalisierungsdialog zum Verbindungsaufbau wird über gemein-
same Organisationskanäle mit Warteschlangen abgewickelt, und erst der
eigentlichen Verbindung wird ein voller Datenkanal zugeteilt.

Mobilstationen gehen von einer in eine andere Funkzelle über, ohne daß
Verbindungen unterbrochen werden. Dazu beobachtet jede BS alle Funkkanäle ihrer Nachbarzellen. Die Annäherung einer Mobilstation an ihre eigene
Zelle erkennt die BS zunächst an der steigenden Empfangsfeldstärke und
dann selektiv durch Entfernungsmessung. Die BS beantragt sodann bei ihrem MSC, die betreffende Mobilstation in ihre eigene Zelle umzubuchen.

Wenn in ausgedehnten Funkzellen die Verbindungsqualität in Randbereichen
nachlassen sollte, meldet die Mobilstation das ihrer Basisstation, welche
die Beschwerde an ihr MSC weitergibt. Das MSC läßt dann alle Nachbar-BS
den betreffenden Funkkanal selektiv messen und sucht eine Funkzelle mit
besseren Übertragungsbedingungen, auf welche die Mobilstation gegebenenfalls umgebucht wird.

Insgesamt gibt es also in Mobilfunknetzen neben den eigentlichen Sprach-
bzw. Datenverbindungen viele recht komplizierte Steuerungsaufgaben. Im
D-Netz sorgen die Festlegungen der GSM (Groupe Spéciale Mobile) für einen grenzüberschreitenden europaeinheitlichen Mobilfunkverkehr. Neuerdings wurden allerdings die Buchstaben GSM in den Werbeslogan "Global
System for Mobile Communication" umgemünzt.

7.8 Digitale Richtfunksysteme

Richtfunksysteme mit Frequenzmodulation, wie das System FM 1800/6000 in
Abschnitt 6.3 dienen in Fernsprechnetzen den Fernverbindungen. Mit der Um-
stellung auf digitale Übertragung laufen Fernsprechverbindungen aber mehr
und mehr über Glasfaserstrecken. Wo dann trotzdem drahtlos übertragen werden soll, sind digitale Richtfunksysteme einzusetzen.

Moduliert wird beim digitalen Breitband-Richtfunk normalerweise mit
16-QAM oder sogar 64-QAM, wobei manche Systeme mit 64-QAM so ausgestat-
tet sind, daß sie auf 256-QAM umgerüstet werden können. Die Modulatoren
sind dafür im Prinzip so aufgebaut, wie es Bild 7.18 zeigt. Es wird aber
nach diesem Prinzip zunächst ein Zwischenfrequenzträger typischerweise
im Bereich von 100 bis 200 MHz moduliert. Dieser ZF-Träger wird dann in
einem Aufwärtsmischer auf die Funkfrequenz im Bereich der cm-Wellen umgesetzt.

Im Empfänger wird die Funkfrequenz im Abwärtsmischer wieder auf die Zwischenfrequenz heruntergesetzt, bevor sie zum Demodulator gelangt. Als
Fortentwicklung des Demodulators für 4-QAM in Bild 7.15 ist der 2^m-QAM-
Demodulator im Prinzip so aufgebaut, wie es Bild 7.26 zeigt. Der modulierte Zwischenfrequenzträger wird in einem Zweig mit dem unmodulierten
ZF-Träger selbst und im anderen mit dem um 90 Grad in der Phase verschobenen Träger multipliziert. Erzeugt wird dieser unmodulierte ZF-Träger
in der richtigen Phasenlage mit der Trägerrückgewinnung TR aus dem modulierten ZF-Träger in einem synchronisierten VCO. Die Tiefpässe filtern
aus den Produkten der Multiplizierer diejenige der $2^{m/2}$-Signalstufen in
jedem Zweig, welche im Modulator nach Bild 7.18 mit $\cos(\omega t)$ bzw. $\sin(\omega t)$
moduliert wurden. Die anschließenden Regeneratoren RG entscheiden, um

genau welche Stufe es sich jeweils handelt, und die A/D-Wandler ordnen
jeder dieser Stufen die m/2 binären Signale zu, aus denen sie beim Wandeln von "2 auf $2^{m/2}$-Stufen" im Modulator des Bildes 7.18 entstanden
sind. Schließlich verschachtelt der Parallel-Serienwandler noch die binären Signale aus jedem Zweig zur ursprünglichen binären Folge am Eingang der digitalen Funkstrecke. Abgesehen vom Modulator nach Bild 7.18

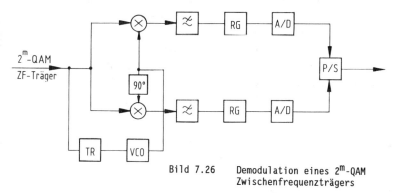

Bild 7.26   Demodulation eines 2^m-QAM
Zwischenfrequenzträgers

und Demodulator nach Bild 7.26 ist das eigentliche Funkgerät beim digitalen Richtfunk ganz ähnlich wie beim FM-Richtfunk, also wie im Beispiel
des Bildes 6.4 aufgebaut. Gegenüber dem FM-Richtfunk entfällt nur der
Begrenzer (11) in Bild 6.4. Hinzu kommt gegenüber Bild 6.4 in modernen
Richtfunkgeräten aber noch ein rauscharmer Vorverstärker mit <u>GaAs-MESFET</u>
zwischen Richtungsleitung (27) und Mischer (28). Auch arbeitet der Sendeverstärker (17) für Sendeleistungen bis zu 20 Watt mit GaAs-MESFET anstelle einer Wanderfeldröhre.

Wieviel Übertragungskapazität ein Digital-Richtfunksystem haben kann, zeigt
das Beispiel des DRS 4x155/6800-64-QAM. "DRS" steht für Digital-Richtfunksystem. "4" und "64-QAM" spezifizieren, daß vier 64-QAM-Träger pro Funkkanal übertragen werden, "155" ist die Megabitrate pro Sekunde jedes einzelnen dieser Träger und "6800" weist auf den Funkfrequenzbereich des Systems
von 6425 bis 7125 MHz hin, in dem für Hin- und Rückrichtung je vier 80 MHz
breite Funkkanäle untergebracht sind. Insgesamt kann das System in jeder
Richtung also $4 \times 4 \times 155 \cdot 10^6$ Bit/s = 2.48 Gbit/s übertragen.

Aufgebaut ist dieses System so wie in Bild 7.27. Jede der insgesamt 16 Signaleingänge mit je 155 Mbit/s steuert einen 64-QAM-Modulator. Eine Hälfte der Modulatoren hat 122,5 MHz als Zwischenfrequenz ZF 1 und die andere 157.5 MHz als ZF 2. In Bild 7.27 erscheint nur das eine Viertel von Signaleingängen mit ihren Modulatoren, welche auf Funkfrequenzen in einem der 80 MHz breiten Funkkanäle umgesetzt werden. Je ein Paar ZF 1 und ZF 2 von 64-QAM-ZF-Trägern werden im Sender Sd gemeinsam durch Aufwärtsmischung umgesetzt und in einem verzerrungsarmen mehrstufigen MES-FET-Verstärker auf 1 W mittlerer Leistung pro Träger verstärkt. Über Bandfilter und Zirkulatoren werden dann vier Funkkanäle im Frequenzmultiplex überlagert und von der Antenne in einer Polarisation ausgestrahlt. Noch einmal vier Funkkanäle im gleichen Frequenzmultiplex gelangen auch über die Polarisationsweiche PW zur Antenne und werden in der anderen Polarisation ausgestrahlt.

Was die Antenne aus der Gegenrichtung empfängt, erreicht je nach Polarisation den einen oder anderen Zugang der PW und über die anschließenden Zirkulatoren denjenigen Empfänger Em, dessen vorgeschaltetes Bandfilter den betreffenden Funkkanal durchläßt. Nach rauscharmer Vorverstärkung und Abwärtsmischung auf die beiden Zwischenfrequenzen wird mit Schwundregelung verstärkt und die Laufzeit entzerrt. Danach erst werden beide ZF-Träger getrennt und demoduliert.

In Breitband-Richtfunksystemen wie dem DRS 4x155/6800-64-QAM müssen Störungen durch zeitvarianten und frequenzselektiven Mehrwegeempfang und durch ebenfalls zeitvariante Kreuzpolarisation ausgeglichen werden. Adaptive Entzerrung im Zeitbereich und Kreuzpolarisationsentkopplung erfolgt hierzu in digitalisierter Form erst nach der Demodulation im Basisband. Die Blöcke XPIC (Cross Polarization Interference Canceller) in Bild 7.27 deuten an, wo die Störungen durch kreuzpolare Signale weitgehend kompensiert werden.

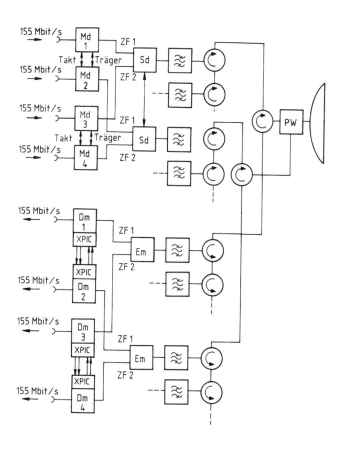

Bild 7.27   Blockdiagramm des Systems DRS 4x155/6800-64 QAM
mit Kreuzpolarisationsentkopplung XPIC

8 Satellitenfunk

Mit der Weltraumtechnik läßt sich terrestrischer Nachrichtenverkehr über Erdsatelliten als Richtfunkrelaisstationen abwickeln. Diese Nachrichtensatelliten laufen auf einer synchronen Kreisbahn um die Erde. Das ist eine Bahn, die über dem Äquator liegt, und auf welcher der Satellit gerade so schnell läuft, wie die Erde sich dreht. Relativ zur Erde bleibt der Satellit dann ständig über demselben Ort auf dem Äquator stehen. Zur Unterscheidung von Satelliten, die auf anderen Bahnen laufen und sich relativ zur Erde bewegen, nennt man Satelliten auf der synchronen Bahn auch geostationäre oder Synchron-Satelliten.

Der Radius r_S der synchronen Bahn bzw. die Bahnhöhe $h_S = r_S - r_E$ mit dem Erdradius r_E folgen aus der Bedingung, daß sich Erdanziehung und Zentrifugalkraft bei der Umlaufzeit von 24 Stunden gerade das Gleichgewicht halten. Es ergibt sich daraus

$$h_S = 36\ 000\ \text{km} \ . \qquad\qquad (8.1)$$

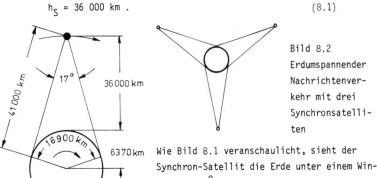

Bild 8.1
Maße der synchronen Erdumlaufbahn
von stationären Satelliten

Bild 8.2
Erdumspannender
Nachrichtenver-
kehr mit drei
Synchronsatelli-
ten

Wie Bild 8.1 veranschaulicht, sieht der Synchron-Satellit die Erde unter einem Winkel von 17°. Die von ihm mit direkten Strahlen erreichbare kreisförmige Erdoberfläche mißt im Durchmesser 16 900 km. Drei stationäre Satelliten gemäß Bild 8.2 in gleichem Abstand auf der synchronen Bahn plaziert erreichen alle bewohnten Gebiete der Erdoberfläche. Sie überschneiden sich sogar längs des Äquators und schließen nur die Polarzonen aus.

Für die kontinentale Nachrichtenübertragung konkurriert der Satellitenfunk mit Trägerfrequenzverbindungen auf Leitungen und mit Breitband-Richtfunk. Dafür macht Bild 8.3 deutlich, was gegenüber Richtfunklinien mit Relaisstationen im Abstand von etwa 50 km an technischem Aufwand gespart werden kann, wenn ein Nachrichtensatellit alle Relaisstationen ersetzt.

Für Übersee-Verbindungen konkurriert der Satellitenfunk nur mit Trägerfrequenz-Übertragung in Seekabeln. Fernsehprogramme können sogar nur von Glasfaser-Seekabeln übertragen werden. Darum wurden Fernsehsendungen zwischen den Kontinenten zunächst nur durch Satellitenfunk übertragen.

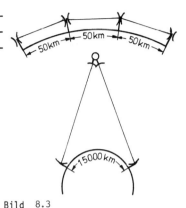

Bild 8.3
Relaisstationen beim Breitband-Richtfunk im Vergleich zum Satellitenfunk

Neben diesen Breitbanddiensten können Nachrichtensatelliten mit entsprechend breiten Strahlungskeulen ihrer Sende- und Empfangsantennen auch viele kleinere Stationen miteinander verbinden, die jede für sich nur wenige Fernsprechkanäle haben und nur wenig Übertragungskapazität bzw. Bandbreite beanspruchen. Der Nachrichtensatellit wird dazu mit einem Vielfachzugriff für eine größere Zahl von Bodenstationen ausgerüstet.

8.1 Streckendämpfung und Frequenzbereiche

Bei der großen Entfernung zwischen Bodenstationen und Synchron-Satelliten ist die Funkfeld- oder Streckendämpfung sehr hoch, und es müssen sowohl die Sender möglichst leistungsstark als auch die Empfänger möglichst rauscharm sein, ebenso wie die Antennen einen möglichst hohen Gewinn haben sollen, um eine störungsfreie Übertragung zu gewährleisten. Allen drei Forderungen sind aber grundsätzliche bzw. technisch bedingte Grenzen gesetzt, so daß man zunächst einmal einen Frequenzbereich für die Funkübertragung wählt, in dem äußere Störungen möglichst klein sind.

Die zum Satelliten gerichtete Bodenantenne nimmt kosmisches Rauschen hauptsächlich von den Fixsternen unseres Milchstraßensystems auf, hinzu kommt <u>Wärmerauschen</u> der atmosphärischen Gase. Die aus Gl. (4.37) folgende <u>äquivalente Rauschtemperatur</u>

$$T_r = \frac{P_r}{k_B B} \qquad (8.2)$$

dieser beiden Rauschquellen ist in Bild 8.4 über der Frequenz aufgetragen.

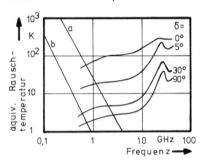

Bild 8.4

Äquivalente Rauschtemperatur des kosmischen Rauschens und des atmosphärischen Wärmerauschens
a: maximales kosmisches Rauschen
b: minimales kosmisches Rauschen
δ: Antennenelevation beim atmosphärischen Wärmerauschen

Das kosmische <u>Rauschen</u> fällt umgekehrt proportional zu nahezu der dritten Potenz der Frequenz und ist maximal, wenn die Antenne aus der Ebene der Milchstraße empfängt (Kurve a in Bild 8.4). Das Wärmerauschen der Atmosphäre steigt mit der molekularen Absorption in der Atmosphäre (Bild 2.16) an. Außerdem fällt es mit zunehmendem Elevationswinkel der Antenne über dem Horizont, weil dann die Strecke in der Atmosphäre, die zum Wärmerauschen beiträgt, immer kürzer wird. Für $0°$ Elevation bei der Resonanzfrequenz der Wasserdampfabsorption nähert sich die äquivalente Rauschtemperatur des atmosphärischen Wärmerauschens der Atmosphärentemperatur selbst. Um zu hohes <u>atmosphärisches Rauschen</u> zu vermeiden, wird mit einer Elevation größer als $5°$ gearbeitet, was den Empfangsbereich eines Satelliten auf der Erdoberfläche etwas einschränkt.

Damit die äußeren Störungen nicht mit mehr als $T_r = 30$ K rauschen, kommen für den Satellitenfunk nur Frequenzen zwischen 1 und 20 GHz in Frage. Satellitensysteme benutzen vorzugsweise Bänder im Bereich von 4 GHz für die Übertragung vom Satelliten zurück zur Erde. Bei maximalem kosmischen Rauschen und genügender Elevation sind in diesem Frequenzbereich die äußeren Störungen am kleinsten. Von der Erde zum Satelliten wird sehr oft mit Bändern im Bereich von 6 GHz übertragen.

Die Streckendämpfung soll nun für eine Satellitenantenne abgeschätzt werden, die mit einer Strahlungskeule von 17^0 Halbwertsbreite gemäß Bild 8.1 gerade ihren ganzen Überdeckungsbereich auf der Erde erfaßt. Ihre Sendeleistung P_S verteilt sich über die Kreisfläche πR^2 mit $R \simeq 6370$ km bei einem Abfall der Strahlungsdichte am Rand auf 50 % der maximalen Strahlungsdichte. Eine Empfangsantenne auf der Erde nahe dem Horizont, die eine Wirkfläche von 50 % der geometrischen Apertur, also bei einem Durchmesser d

$$A = \frac{\pi}{8} d^2 \qquad (8.3)$$

hat, nimmt von P_S den Anteil

$$P_E = \frac{d^2}{16 R^2} P_S \qquad (8.4)$$

auf. Unter diesen Bedingungen lautet die Streckendämpfung

$$\frac{a}{dB} = 20 \log_{10} \left(\frac{4R}{d} \right) . \qquad (8.5)$$

Bei den für Satellitenfunk eingesetzten Bodenantennen mit Parabolspiegeln von 25 m Durchmesser beträgt a = 120 dB.

8.2   Leistungspegel, Verstärkung und Rauschzahlen

Um repräsentative Werte für die Sendeleistung umd Empfängerempfindlichkeit von Bodenstationen abzuschätzen, müssen noch weitere Systemeigenschaften spezifiziert werden. Viele der gegenwärtigen Satellitensysteme arbeiten mit Frequenzmodulation, und zwar mit sehr großem Frequenzhub zur Störminderung. Wegen dieses großen Frequenzhubes benötigt ein einzelner Träger mit seinen Seitenbändern ein Frequenzband von etwa B = 30 MHz, braucht dafür aber nur einen Störabstand von etwa S_r = 200. Rechnet man mit einer Rauschzahl des Satellitenempfängers von F = 6 dB bzw. einer äquivalenten Rauschtemperatur von T_r = 1200 K, so ergibt sich die erforderliche Sendeleistung der Bodenstation aus

$$P_S = a k_B T_r B S_r \qquad (8.6)$$

zu P_S = 120 W. Dabei wurde mit einer Streckendämpfung a = 120 dB gerech-

net, wie sie sich wegen der Reziprozität aus Gl. (8.5) auch für die Über-
tragung vom Boden zum Satelliten ergibt, wenn dieser eine erdausleuchtende
Empfangsantenne hat. Zur Verstärkung breitbandiger FM-Signale auf diesen
Leistungspegel werden Wanderfeldröhren eingesetzt.

Bedeutend schwieriger gestaltet sich die Übertragung vom Satelliten zurück
zum Boden. Die Satellitensendeleistung wird zwar auch mit Wanderfeldröhren
erzeugt, ist aber wegen der Stromversorgung aus Sonnenbatterien und des
damit verbundenen Gewichtes auf etwa P_S = 10 W begrenzt. Um bei 4 GHz und
einer Streckendämpfung von a = 120 dB im Band B = 30 MHz noch einen Störabstand von S_r = 200 zu erzielen, darf am Empfängereingang in der Bodenstation die äquivalente Rauschtemperatur nur

$$T_r = \frac{P_S}{a \, k_B \, B \, S_r} \simeq 125 \text{ K} \qquad (8.7)$$

betragen. Hiervon sind gemäß Bild 8.4 noch etwa 25 K als Rauschtemperatur
der äußeren Rauschquellen abzuziehen. Der Empfänger selbst darf darum einschließlich Antenne und Antennenleitung nur 100 K äquivalente Rauschtemperatur haben.

Ein derart niedriges Rauschen läßt sich mit gewöhnlichen Verstärkern und
Mischern nicht erreichen. Selbst ein Vorverstärker mit MESFET hat nach
den Angaben, die auf S. 163 der Gl. (4.49) folgen, eine höhere Rauschtemperatur. Erst mit einer Weiterentwicklung des MESFET's, welche HEMT
(High Electron-Mobility Transistor) genannt wird, haben Vorverstärker die
für Erdfunkstellen erforderliche niedrige Rauschtemperatur. Bild 8.5a
zeigt schematisch im Schnitt wie ein HEMT aufgebaut ist. Auf einem semi-
isolierenden GaAs-Substrat sind epitaktisch zunächst eine bis zu 1 μm
dicke undotierte GaAs-Schicht, dann eine nur wenige nm dicke ebenfalls
undotierte GaAlAs-Schicht und schließlich eine 20 bis 50 nm dicke GaAlAs-
Schicht aufgewachsen. Letztere ist mit Donatoren dotiert. Der ternäre
GaAlAs-Kristall hat zwar die gleiche Gitterkonstante wie GaAs aber einen größeren Bandabstand. Dadurch gibt es am Heteroübergang vom GaAs zum
GaAlAs eine Stufe im Verlauf der Leitungsbandkanten, so wie es Bild 8.5b
für den Bandkantenverlauf unter normaler Betriebsspannung am Gate des
HEMT zeigt. Die quasi freien Elektronen aus dem n-leitenden GaAlAs dif-

fundieren in den dreieckähnlichen Potentialtopf an der Leitungsbandstufe. Diese Zone hoher Elektronenkonzentration bildet einen Kanal zwischen Source und Drain, in dem der Strom durch den Feldeffekt der Gatespannung gesteuert wird. Die Elektronen fließen dabei im undotierten GaAs, sind also viel beweglicher als im n-dotierten Kanal des normalen MESFET's, wo die positiv geladenen Donatoratome als Streuzentren ihre Bewegung behindern. Die bessere Beweglichkeit der Elektronen erhöht nach den Gln. (4.4), (4.11) und (4.16) den Leitwert des Kanals und die Steilheit des Transistors und reduziert nach Gl. (4.49) seine Rauschzahl. Vorverstärker mit HEMT können selbst bei Frequenzen von 12 GHz eine Rauschtemperatur von nur 100 K haben.

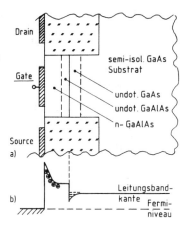

Bild 8.5
a) Schnitt durch den prinzipiellen Aufbau eines HEMT
b) Verlauf der Leitungsbandkante unter dem Gate

8.3 Modulationsverfahren und Vielfachzugriff

Viele Satellitensysteme arbeiten mit Frequenzmodulation. Um bei gegebenen Leistungspegeln vom HF-Signalträger und bei störendem Rauschen einen hohen Störabstand nach der Demodulation zu erreichen, wird mit einem großen Frequenzhub moduliert. Diese Weitwinkelmodulation benötigt allerdings ein entsprechend breites HF-Band zur Übertragung. In diesem breiteren HF-Band fällt zwar auch mehr Rauschleistung ein, trotzdem ergibt sich aber mit steigendem Frequenzhub ein höherer Störabstand.

Um den Störabstand an der kritischsten Stelle des Systems, nämlich im Empfänger der Bodenstation, noch weiter zu verbessern, wird z.B. die Hubge-

<u>genkopplung</u> nach Bild 8.6 eingesetzt. Bei ihr wird das Signal mit weitem Frequenzhub und entsprechend breitem Band B_s auf eine Zwischenfrequenz umgesetzt, durchläuft hier ein Bandfilter der Breite B_z und wird im Dis-

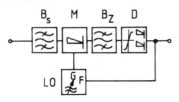

kriminator D demoduliert. Das Ausgangssignal steuert nun die Frequenz des Lokaloszillators so, daß er ständig fast parallel zur Momentanfrequenz des Eingangssignales läuft. Der Zwischenfrequenzhub als Differenz von Signal- und LO-Hub läßt sich dadurch deutlich reduzieren und das Band B_z einengen. Am Diskriminator liegt damit ein

Bild 8.6

Schaltung zur Hubgegenkopplung

Signal mit entsprechend höherem Träger-Rausch-Verhältnis. Die Verbesserung des Störabstandes läßt sich als Verhältnis der Rauschbandbreiten vor der Schleife und innerhalb der Schleife abschätzen. Praktisch wird der Störabstand durch Hubgegenkopplung um 4 bis 6 dB verbessert.

Um einer größeren Anzahl von Bodenstationen den Zugriff zu einem Satelliten zu ermöglichen, arbeitet man im <u>Frequenzmultiplex.</u> Der Satellit wird dazu mit einer größeren Zahl von Übertragungskanälen ausgerüstet, die je etwa 30 MHz Breite haben und nebeneinander ein Gesamtband bis zu mehrere GHz einnehmen. Jeder Kanal kann einen breitbandig modulierten Träger oder auch mehrere schmalbandige Träger im Frequenzmultiplex übertragen. Die breitbandige Modulation reicht für ein Farbfernsehprogramm aus, kann aber auch 500 bis 1000 Fernsprechkanäle gleichzeitig aufnehmen. Die Bodenstationen senden bzw. empfangen bei diesem Vielfachzugriff auf jeweils den Frequenzen bei 6 bzw. 4 GHz, für die der Satellit einen Kanal für sie frei hat. Insgesamt verarbeitet ein Satellit auf diese Weise bis zu 12 Farbfernsehsendungen oder 30 000 Ferngespräche.

Wenn Digitalsignale zu übertragen sind, geschieht der Vielfachzugriff mehrerer Erdfunkstellen auf einen Satelliten meist im <u>Zeitmultiplex,</u> abgekürzt <u>TDMA</u> für <u>Time Division Multiple Access.</u> Entsprechend Bild 8.7 dient dabei eine der beteiligten Erdfunkstellen als Referenzstation und sendet Rahmenbursts mit der Rahmenperiode als zeitlichen Abstand aus. Zwischen diesen Rahmenbursts senden die anderen Erdfunkstellen auf der gleichen Trägerfrequenz nacheinander nach einem genau festgelegten Zeitplan ihre Datenpakete als Datenbursts aus. Getastet wird der Träger dabei normalerweise mit 4-PSK, weil damit die kleinste Bitfehlerquote für bestimmte Störabstände erzielt und auch das Frequenzband gut genutzt wird.

Beim Empfang von TDMA-Signalen selektiert jede Erdfunkstelle die für sie bestimmten Datenbursts aus der Folge aller Bursts, der sog. Summen-Burst-Folge. Hierfür beginnt jeder Datenburst mit Bitfolgen zur Stationskennung aber auch zur Träger- und Taktrückgewinnung für die Demodulation und Synchronisation.

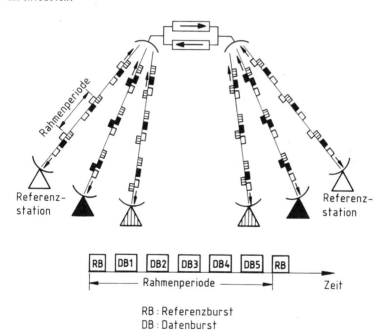

RB : Referenzburst
DB : Datenburst

Bild 8.7
TDMA: Vielfachzugriff im Zeitmultiplex

Typischerweise dauert eine ganze Summen-Burst-Folge von Referenz- zu Referenzburst 2 ms. Bei Sprachübertragung muß dann jeder Datenburst 16 Abtastwerte des auf 4 kHz begrenzten und mit 8 kHz abgetasteten Sprachsignals enthalten. Da jeder Abtastwert mit 8 Bit kodiert wird, muß jeder Datenburst 128 Signalbits aufnehmen. Insgesamt werden bis zu 1800 Sprachkanäle auf einer Frequenz in einer Richtung übertragen. Die dafür erforderliche Nutzbitrate von 115,2 Mbit/s erhöht sich durch Referenzbursts und Rahmenbits der Datenbursts sowie Schutzabständen zwischen ihnen auf eine Übertragungsrate von 144 Mbit/s.

8.4   Aufbau eines Nachrichtensatelliten

Jeder Satellit enthält neben den nachrichtentechnischen auch raumfahrttechnische Einrichtungen, wie ferngesteuerte Raketentriebwerke, die ihn in die geforderte Kreisbahn bringen und später Bahn- und Lagestörungen ausgleichen. Außerdem enthält er Solarzellen und Einrichtungen, um die Primärenergie für die Stromversorgung aufzubereiten und zu regeln.

Die primären nachrichtentechnischen Einrichtungen sind die Antennen und Transponder. Damit die Antenne bei höchstmöglichem Gewinn von der Synchronbahn gerade die Erdoberfläche ausleuchtet, muß der Satellit 3-achsen-stabilisiert sein und die Hauptstrahlungskeule sich mit 17^0 öffnen. Eine Parabolantenne muß für 4 GHz dazu 34 cm Durchmesser haben und hat dann bei 50 % Flächenwirkungsgrad einen Gewinn von etwa 20 dB. Die einfachste Art von Transponder zeigt Bild 8.8 in Blockschaltung. Er arbeitet mit HF-Durchschaltung. Das 6 GHz-Empfangssignal wird in einer rauscharmen Eingangsstufe vorverstärkt und dann direkt in den 4 GHz-Bereich umgesetzt. Hier wird es weiter verstärkt und abgestrahlt. Andere Transponder-Typen

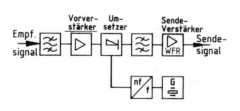

Bild 8.8

Transponder mit HF-Durchschaltung

arbeiten wie Richtfunk-Relais mit ZF-Durchschaltung. Bei ihnen wird nach Vorverstärkung auf eine Zwischenfrequenz heruntergemischt, wo die Hauptverstärkung und -selektion erfolgt. Danach wird wieder auf die Sendefrequenz umgesetzt, auf den Sendeleistungspegel verstärkt und abgestrahlt. Als Sendeverstärker dienen zur Zeit noch Wanderfeldröhren. Sonst hat der Transponder aber nur Halbleiterschaltungen. In Zukunft werden auch die Sendeverstärker einmal mit Leistungs-FET arbeiten.

Bild 8.9 zeigt als neueres Beispiel den Aufbau des Nachrichtensatelliten Intelsat V. Er ist dreiachsenstabilisiert, empfängt bei 6 und 14 GHz, hat HF-Transponder und sendet bei 4 und 11 GHz. Die Vorverstärker arbeiten bei 6 GHz mit Bipolartransistoren und bei 14 GHz mit Tunneldioden [10, S. 75]. In Gegentaktmischern wird von 6 bzw. 14 GHz auf 4 GHz umgesetzt und mit Bipolartransistoren weiter verstärkt. Danach wird auf 11 GHz umgesetzt und mit je einer Wanderfeldröhre pro Kanal auf die Sendeleistung verstärkt bzw. es werden Wanderfeldröhren-Verstärker bei 4 GHz direkt gespeist. Intelsat V hat insgesamt 27 Senderendstufen mit jeweils zusätzlichen Wander-

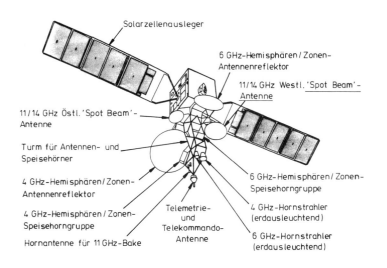

Bild 8.9   Nachrichtensatellit Intelsat V

feldröhren zur Reserve. Schaltmatrizen können durch Funkkommando jeden Empfangskanal mit jedem Ausgangskanal verbinden. Neben Vielfachzugriff im Frequenzmultiplex auf frequenzmodulierte Träger, kurz _FDMA_ (für Frequency Division Multiple Access) arbeitet Intelsat V auch mit Vielfachzugriff im Zeitmultiplex kurz TDMA (für Time Division Multiple Access). Je ein HF-Kanal des Satelliten überträgt dabei in einem sich ständig wiederholenden Zeitrahmen nacheinander die digitalen Signale der durch Phasenumtastung modulierten Träger von den teilnehmenden Erdefunkstellen.

Außer erdausleuchtenden Hornstrahlern zum Empfangen bei 6 GHz hat Intelsat V Reflektorantennen für 6 und 4 GHz, die von Gruppen aus bis zu 72 Speisehörnern so angestrahlt werden, daß jede der Reflektorantennen begrenzte Zonen der Erde ausleuchtet. Bild 8.10 zeigt diese Zonen für einen

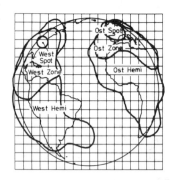

Intelsat V über dem Atlantik. Es können also entweder alle Gebiete mit Fernsprechverkehr in den Ost- und West-Hemisphären gleichzeitig erfaßt werden oder aber auch nur die enger begrenzten Ost- und Westzonen mit erhöhtem Verkehrsaufkommen.

Die Spot-Beam-Antennen empfangen und senden bei 14 bzw. 11 GHz für Verbindungen zwischen dem Westspot (nordöstliche USA und östliches Kanada) und dem Ostspot (Großbritannien, Frankreich, Westdeutschland). Diese Reflektorantennen bündeln so scharf, daß Frequenzen im 4/6 GHz-Bereich und im 11/14 GHz-Bereich zweifach genutzt werden. Im 4/6-GHz Bereich werden darüber hinaus die Frequenzen mit links- und rechtsdrehender Zirkularpolarisation der Strahlung doppelt genutzt.

Bild 8.10

Intelsat V, Ausleuchtzone Atlantik
(ohne globale Ausleuchtung)

Intelsat V überträgt 12000 Fernsprechkanäle und 2 Fernsehprogramme. Seine Solarzellen leisten 1600 W, sein Antennenturm ist 6,8 m hoch und die Solarzellenausleger haben 16 m Spannweite. Er wiegt im Orbit 945 kg.

8.5   Bodenstation

Bild 8.11 zeigt die Blockschaltung der Sende- und Empfangseinrichtungen
in einer Bodenstation. Das Videosignal einer Fernsehsendung oder viele
Fernsprechsignale, die mit Einseitenbandmodulation wie in der Trägerfrequenztechnik oder beim Breitbandrichtfunk im Frequenzmultiplex angeordnet
sind, modulieren einen
Zwischenfrequenzträger
mit großem Hub in der
Frequenz (1). Nach Ver-
stärkung (2) wird auf
die Sendefrequenz umge-
setzt und im Sendever-
stärker aus Treiber (4)
und Endstufe (5) mit
Wanderfeldröhre auf die
Sendeleistung verstärkt.
Durch die Sende/Empfangs-
weiche (6) gelangt das
Sendesignal zur Antenne,
die bei den meisten Bo-

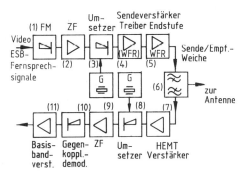

Bild 8.11

Blockschaltung von Sende- und Empfangs-
zweig einer Satellitenbodenstation

denstationen als Cassegrain-Antenne mit 20 bis 30 m Durchmesser des parabolischen Hauptreflektors ausgeführt ist. Bei der stationären Lage von Synchron-Satelliten braucht die Antenne nur den ganz geringen Lageschwankun-
gen nachgeführt zu werden, hat also praktisch immer dieselbe Orientierung.

Das Empfangssignal gelangt über die Sende/Empfangsweiche zum Vorverstärker mit HEMT (7), der oft mehrere Stufen hat. Anschließend wird auf
eine Zwischenfrequenz umgesetzt (8) und verstärkt (9). Die Frequenzdemodulation (10) erfolgt mit Hubgegenkopplung. Der Basisbandverstärker (11)
gibt schließlich das Videosignal bzw. die Fernsprechsignale im ESB-Fre-
quenzmultiplex mit genügender Leistung zur weiteren Verarbeitung ab.

Die Standorte müssen für Bodenstationen so gewählt werden, daß terrestri-
sche Funkdienste, insbesondere bei 4 GHz, möglichst wenig stören, und daß
für eine Elevation größer als 5^0 der Horizont frei von Hindernissen ist.

8.6   Satelliten-Fernsehen

Von den verschiedenen Fernsehsatelliten erfreuen sich die drei Satelliten
Astra 1A, 1B und 1C größten Zuspruchs. Sie stehen über dem Äquator bei
19,2 Grad Ost. Jeder dieser Satelliten strahlt bis zu 16 oder sogar 17 Kanäle aus, die in West- und Mitteleuropa mit Parabolantennen, der in Bild
8.12 angegebenen Durchmesser, empfangen werden können. Die 48 verschiedenen Sendefrequenzen sind zwischen 10,9 und 11,7 GHz gleichmäßig verteilt.
Jede von ihnen ist mit einem Fernsehsignal der spektralen Verteilung gemäß

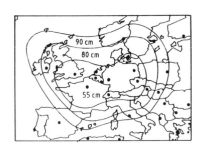

Bild 5.9b in der Frequenz moduliert. Der Frequenzhub ist dabei
nur so groß, daß 26 MHz Bandbreite pro FM-Träger ausreichen. Ein
Sendeverstärker mit Wanderfeldröhre für jeden FM-Träger verstärkt auf 45 bis 63 W Sendeleistung. Ausgestrahlt wird in vertikaler und horizontaler Polarisation in abwechselnder Folge auf
der Trägerfrequenzskala.

Bild 8.12
Empfangszonen für die Fernsehsatelliten der Astra-Serie

Die Empfänger müssen, um mit Pa-
rabolantennen, der in Bild 8.12 angegebenen Durchmesser, auszukommen, eine
Rauschzahl F < 1,8 = 2 dB haben. Zieht man davon 0,5 dB entsprechend 40 K
äquivalenter Rauschtemperatur ab, wie sie von Antennenverlusten kommen,
dann darf der Empfänger vom Anschluß an das Speisehorn der Antenne ab nur
noch F < 1,4 = 1,5 dB haben. Dazu wird ein rauscharmer Umsetzer, kurz LNC
für Low Noise Converter oder auch LNB für Low Noise Block genannt, unmit-
telbar am Speisehorn montiert. Er enthält einen rauscharmen Vorverstärker
mit HEMT gefolgt von einer Mischstufe, die das ganze 11 GHz-Band auf ein
erstes ZF-Band von 0,95 bis 1,75 GHz umsetzt. Nach ZF-Verstärkung noch im
LNB führt ein Koaxialkabel zum Standort des Fernsehempfängers, wo ein sog.
Tuner auf eine zweite ZF bei 470 MHz umgesetzt und damit auf jeweils einen
der 48 Kanäle abgestimmt wird. Nur dieser wird dann demoduliert und im eigentlichen Fernsehempfänger des Bildes 5.8 dort eingespeist, wo eine Weiche die Bildsignale im Basisband von dem FM-Träger der Tonsignale trennt.

9 Radar

Radar ist ein Acronym aus dem englischen Radio Detection And Ranging. Es bezeichnet die Funkmeßtechnik im allgemeinen, im speziellen aber solche Verfahren der Funkmeßtechnik, die elektromagnetische Wellen ausstrahlen, ihre Reflexion von irgendwelchen Körpern oder Stoffverteilungen empfangen und aus dieser Reflexion auf die Lage und Beschaffenheit dieser Körper oder Stoffverteilung schließen. Anwendung findet diese spezielle Radartechnik in der Kontrolle und Sicherung des Flug-, Wasser- und Landverkehrs, in der Meteorologie zur Überwachung und Prognose des Wetters, in der Raumfahrt und Astronomie sowie auch für viele militärische Zwecke.

9.1 Radarquerschnitt und -reichweite

In der Funkmeßtechnik nach dem Rückstreuprinzip wird als Maß für das Reflexionsvermögen des Ortungsobjektes oder Zieles sein Radarquerschnitt definiert. Nach Bild 9.1 liegt das Ziel praktisch immer im Fernfeld der Radarantenne, so daß vom Radarsender im Zielbereich eine homogene ebene Welle einfällt. Mit der Leistung P_s des Radarsen-

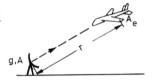

Bild 9.1
Radar nach dem Rückstreuprinzip

ders, dem Gewinn g der Radarantenne und der Entfernung r zum Ziel ist die Strahlungsdichte dieser einfallenden Welle

$$S_e = \frac{g \, P_s}{4\pi \, r^2} \, . \tag{9.1}$$

Vom Ziel wird ein Teil der einfallenden Leistung reflektiert, so daß zum Radargerät eine Welle zurückfällt, die bei entsprechend begrenzten Zielabmessungen am Radargerät Fernfeldcharakter hat, also dort homogen und eben ist. Die Strahlungsdichte dieser rückgestreuten Welle am Radargerät sei S_s. Gemäß

$$\frac{A_e \, S_e}{4\pi \, r^2} = S_s \tag{9.2}$$

wird nun eine Größe A_e definiert, die nicht nur die Dimension, sondern auch die physikalische Bedeutung einer Fläche hat. Sie heißt Radarquerschnitt oder auch Rückstreu- bzw. Echoquerschnitt des Zieles. Das Produkt $A_e S_e$ bildet die Leistung, welche die vom Radarsender einfallende Welle durch einen Querschnitt der Größe A_e führt. Die linke Seite von (9.2) ist eine Strahlungsdichte, welche am Radargerät auftritt, wenn diese Leistung $A_e S_e$ isotrop, d. h. gleichmäßig in alle Raumrichtungen gestreut wird. Nach der Definitionsgleichung (9.2) strahlt die einfallende Welle mit S_e durch den Radarquerschnitt soviel Leistung, wie erforderlich ist, um bei isotroper Streuung durch das Ziel am Radargerät die tatsächliche Streustrahlungsdichte S_s zu erhalten.

Praktisch streuen Radarziele natürlich nie gleichmäßig in alle Richtungen, so daß der Radarquerschnitt im allgemeinen verschieden vom geometrischen Querschnitt des Zieles ist, so wie er vom Radargerät gesehen erscheint. Er kann größer, aber auch kleiner als der geometrische Querschnitt sein. Dennoch ist, abgesehen von Sonderfällen, der Radarquerschnitt von derselben Größenordnung wie der geometrische Querschnitt des Zieles, weil eben normale Ziele mit ihren komplizierten geometrischen Formen im Mittel doch in alle Richtungen streuen.

Einfach berechnen läßt sich der Radarquerschnitt nur für Grenzfälle von Körpern aus homogenen Stoffen, die entweder sehr groß oder sehr klein gegen die Wellenlänge sind und die einfache Formen haben. Man geht dazu von der Auflösung der Gl. (9.2) nach A_e aus

$$A_e = 4\pi r^2 \frac{S_s}{S_e} \tag{9.3}$$

und berechnet für die Strahlungsdichte S_e der einfallenden Welle das Streufeld am Ort des Senders und daraus seine Strahlungsdichte S_s. Das dabei vorliegende Beugungsproblem kann man oft näherungsweise durch die Einführung effektiver oder äquivalenter Quellen am Ort des Streukörpers [2, S. 91] lösen. Mit Variationsverfahren lassen sich diese Näherungen verbessern [4, S. 134].

Für das einfache Beispiel einer ebenen, gut leitenden Platte, deren Abmessungen groß gegen die Wellenlänge sind, und die mit ihrer Fläche F senkrecht zur einfallenden Welle steht, ergibt sich der Radarquerschnitt zu [2, S. 97]

$$A_e = 4\pi \frac{F^2}{\lambda^2} \tag{9.4}$$

Wegen der scharf gebündelten Rückstreuung ist also hier $A_e \gg F$.

Mit der einfallenden Strahlungsdichte (9.1) am Ziel und der Streustrahlungsdichte (9.2) am Radargerät sowie einer Wirkfläche A der Empfangsantenne wird die Leistung

$$P_E = S_s A = \frac{A_e A g P_S}{(4\pi\, r^2)^2} \qquad (9.5)$$

vom Radargerät empfangen. Für einen genügend sicheren Empfang muß diese Leistung einen gewissen Störabstand S_r von der äquivalenten Eingangsrauschleistung

$$P_r = k_B T B F \qquad (9.6)$$

haben. Dabei ist B die Bandbreite und F die Rauschzahl des Radarempfängers. Damit $P_E = S_r P_r$ wird, muß nach (9.5) und (9.6) mit der Leistung

$$P_S = 16\,\pi^2 k_B T\, \frac{BFS_r}{gAA_e}\, r^4 \qquad (9.7)$$

gesendet werden. Bei auf P_S begrenzter Sendeleistung kann andererseits bis zu einer Entfernung

$$r = \sqrt[4]{\frac{gAA_e P_S}{16\,\pi^2 k_B TBFS_r}} \qquad (9.8)$$

geortet werden.

Radargeräte nach dem Rückstreuprinzip benutzen meist ein und dieselbe Antenne zum Senden und Empfangen, so daß mit (1.64)

$$Ag = 4\pi\, \frac{A^2}{\lambda^2} \qquad (9.9)$$

gilt. Unter diesen Umständen ist die erforderliche Sendeleistung einfach

$$P_S = \frac{4\pi}{A_e} (\frac{r^2\,\lambda}{A})^2 k_B TBFS_r \qquad (9.10)$$

bzw. die Radarreichweite beträgt

$$r_{max} = \sqrt[4]{\frac{A_e A^2 P_S}{4 \pi \lambda^2 k_B T B F S_r}} \quad .$$

$$(9.11)$$

Um ein bestimmtes Ziel A_e noch über möglichst weite Entfernung r orten zu können, sollte die Antenne eine große Wirkfläche A haben, und es sollte bei kurzer Wellenlänge λ mit möglichst hoher Leistung gesendet werden. Der Empfänger sollte möglichst wenig rauschen (F) und nur das Band B ausfiltern, welches das Spektrum des Radarsignales einnimmt. Er sollte außerdem mit möglichst wenig Störabstand auskommen. Mindestbandbreite und -störabstand werden durch die Modulation bestimmt, mit dem das Radarverfahren arbeitet, und durch die Präzision, mit der Ziele aufgelöst werden sollen.

9.2 Impulsradarverfahren

Die HF-Schwingung, welche vom Radarsender ausgestrahlt wird, muß in Amplitude oder Frequenz moduliert werden, damit man beim Empfang der Reflexion aus der Phasenlage der Modulation auf die Laufzeit und damit auf die Entfernung des Zieles schließen kann. Meistens arbeitet man mit kurzen Impulsen und langen Tastpausen dazwischen zum Empfang der Echosignale. Es ist dies das einfachste und universellste Verfahren; mit ihm kann man bei hohen Impulsleistungen große Reichweiten erzielen.

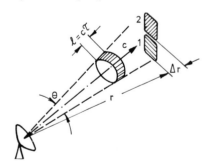

Bild 9.2 veranschaulicht wie beim Impulsradar, welches Impulse der Dauer τ ausstrahlt, sich ein Wellenpaket mit Lichtgeschwindigkeit c ausbreitet, sich dabei mit dem Öffnungswinkel θ der Antennenstrahlungskeule aufweitet und sich in Ausbreitungsrichtung über die Länge l = cτ erstreckt.

Bild 9.2   Wellenpaket beim Impulsradar

Durch den Öffnungswinkel θ ist die Winkelauflösung begrenzt, so daß äquidistante Ziele in einer Entfernung r nur voneinander getrennt werden können, wenn sie in Umfangsrichtung mindestens

$$\Delta s = r\,\theta \qquad\qquad (9.12)$$

auseinanderliegen. Durch die Impulsdauer τ ist die Entfernungsauflösung begrenzt. Wenn zwei Ziele nach Bild 9.2 im radialen Abstand Δr voneinander liegen, wird zuerst die Reflexion vom Ziel 1 empfangen. Ohne Ausdehnung des Zieles in radialer Richtung dauert diese Reflexion die Impulszeit τ. Die Reflexion vom Ziel 2 beginnt um $2\,\Delta r/c$ später als die erste Reflexion. Damit sie von der ersten getrennt ist, muß $2\,\Delta r/c > \tau$ sein. Die Entfernungsauflösung beträgt demnach

$$\Delta r = \frac{\tau c}{2}\; . \qquad\qquad (9.13)$$

Um die Entfernungsauflösung zu steigern, müssen die Impulse verkürzt werden. Kürzere Impulse haben aber ein breiteres Frequenzspektrum und erfordern ein breiteres Band B im Empfänger. Die Radarreichweite wird dadurch beeinträchtigt.

Durch die gewünschte bzw. mögliche Reichweite eines Impulsradarsystems wird die Impulsfolgefrequenz eingeschränkt. Um Mehrdeutigkeiten beim Empfang zu vermeiden, müssen erst alle Echos eines Impulses eingetroffen sein, bevor der nächste Impuls gesendet werden darf. Das letzte Echo kann noch nach einer Laufzeit $2\,r_{max}/c$ eintreffen. Darum muß die Tastpause länger als

$$T_i = 2\,\frac{r_{max}}{c} \qquad\qquad (9.14)$$

dauern. Dabei muß r_{max} mit dem größtmöglichen Echoquerschnitt berechnet werden. Außerdem ist T_i noch um die Zeitspanne zu verlängern, die der Rücklauf bei der Strahlablenkung auf dem Bildschirm benötigt.

Zusammen mit T_i sind auch der Drehgeschwindigkeit der Antenne bei der Überwachung eines bestimmten Winkelbereiches Grenzen gesetzt. Für die sichere Erkennung eines Zieles reicht es nämlich meist nicht aus, nur ein Echo von ihm während einer Antennenschwenkung zu empfangen. Es müssen vielmehr 10 bis 20 Echos empfangen werden, deren Intensitätsbeiträge sich auf dem Schirmbild und im Auge zu einer deutlichen Markierung aufaddieren. Für eine so hohe Trefferzahl muß die Antennenkeule genügend langsam über das Ziel schwenken. Bei einer Drehgeschwindigkeit Ω schwenkt die Strahlungskeule in der Zeit θ/Ω über das Ziel, was bei T_i Impulsabstand zu einer Trefferzahl

$$n = \frac{\theta}{\Omega \, T_i} \tag{9.15}$$

führt, bzw. die Drehgeschwindigkeit auf

$$\Omega \le \frac{\theta}{n_{min} \, T_i} \tag{9.16}$$

begrenzt. Für Weitbereichsanlagen mit großem Impulsabstand lassen sich ausreichende Trefferzahlen nur mit schwacher Antennenbündelung oder langsamer Antennendrehung und entsprechend geringer Informationsfolge erzielen.

9.3 Impulsmodulation

Impulsradaranlagen arbeiten mit einem Magnetron als Impulssenderöhre. Solche Impulsmagnetrons erzeugen HF-Spitzenleistungen bis zu 10 MW und müssen dazu mit Gleichspannungsimpulsen von bis zu 50 kV getastet werden, wobei sie gleichzeitig Ströme bis zu 500 A ziehen. Das Tastverhältnis ist allerdings niedrig, typischerweise 10^{-3}, so daß z.B. bei den 10 µsec Impulsdauer von Höchstleistungsradaranlagen nur 10 kW mittlere HF-Leistung erzeugt werden.

Um die Stromversorgung nur für die mittlere Leistung auszulegen, benutzt man Energiespeicher, die während der langen Tastpause allmählich aufgeladen werden und während des kurzen Impulses ihre gespeicherte Energie mit hoher Spitzenleistung an das Magnetron abgeben. Bild 9.3a zeigt die Prinzipschaltung. Die Energiespeicherung und Entladung verläuft in ihr folgendermaßen: Die Gleichspannungsquelle mit U_o lädt über die Drossel der Induktivität L_D die Kapazitäten C der Tiefpaßkette aus L und C auf. Die Aufladung verläuft so langsam bzw. L_D ist so groß, daß die Induktivitäten L der Tiefpaßkette und auch die Primärinduktivität des Transformators T dabei keine Rolle spielen. Es gilt also für die Aufladung die Ersatzschaltung in Bild 9.3b. Ladestrom und -spannung verlaufen wie in Bild 9.3c sinusförmig. Die Gesamtkapazität ΣC der Tiefpaßkette und L_D werden so aufeinander abgestimmt, daß

$$L_D \, \Sigma \, C = (\frac{T_i}{\pi})^2 \tag{9.17}$$

ist. Dann wird die Tiefpaßkette während der Tastpause T_i gerade voll auf die doppelte Gleichspannung geladen.

Bild 9.3

Impulstastung des Magnetrons

a) Prinzipschaltung mit Tiefpaßkette

b) Ersatzschaltung für die Aufladung der Tiefpaßkette

c) Spannungs- und Stromverlauf bei der Aufladung

d) Ersatzschaltung für die Entladung der Tiefpaßkette

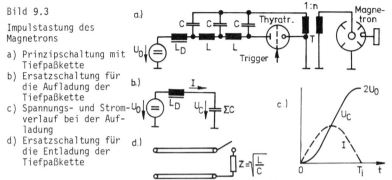

Am Ende der Tastpause wird das <u>Thyratron</u> gezündet. Ähnlich wie eine Triode enthält es eine Entladungsstrecke aus Glühkathode und Anode mit einem Steuergitter dazwischen, ist aber mit Edelgas oder Quecksilberdampf geringen Druckes gefüllt. Eine positive Spannung am Gitter zündet die Lichtbogenentladung zwischen Kathode und Anode, welche erst erlischt, wenn die Anode keine genügend hohe Spannung gegenüber der Kathode hat. Diese Bogenentladung verbindet die Tiefpaßkette mit dem Transformator. Für den jetzt folgenden sehr schnellen Ausgleichsvorgang ist der induktive Widerstand von L_D so groß, daß die Tiefpaßkette links praktisch leerläuft. Es gilt also die Ersatzschaltung in Bild 9.3d, in der die Tiefpaßkette durch die ihr für nicht zu hohe Frequenzen äquivalente Leitung mit der Laufzeit $\tau = \sqrt{\Sigma L \, \Sigma C}$ und dem Wellenwiderstand $Z = \sqrt{L/C}$ nachgebildet ist. Der Transformator ist so bemessen, daß er den Gleichspannungswiderstand des Magnetrons auf diesen Wellenwiderstand übersetzt. Die äquivalente Leitung war auf $-2U_0$ aufgeladen. Beim Zünden des Thyratrons wird darum die Magnetronkathode auf $-nU_0$ vorgespannt, und eine Sprungwelle der Spannung U_0 läuft auf der äquivalenten Leitung zurück. Am offenen Anfang wird sie gleichphasig reflektiert und baut beim Wiedervorlaufen die restliche Leiterspannung $-U_0$ ab. Nach 2τ hört der Ausgleichsvorgang auf, die Spannung am Magnetron verschwindet, das Thyratron wird stromlos, der Transformator von der Tiefpaßkette abgetrennt und ein neuer Ladevorgang beginnt. Während des 2τ dauernden Ausgleichsvorganges liegt am Magnetron die Spannung nU_0, so daß ein 2τ langer HF-Impuls erzeugt wird.

Die Tiefpaßkette bildet bei dieser Impulstastung die Funktion einer Leitung nach. Eine eigentliche Leitung kommt für diese Aufgabe praktisch nur
in Frage, wenn die Impulse so kurz sind, z. B. kürzer als 0,1 µs, daß die
Leitung nicht zu lang wird.

9.4 Sende-Empfangs-Duplexer

Die Antenne wird von Senden auf Empfang mit dem sog. Duplexer umgeschaltet. Der Duplexer ist eine Art Sende-Empfangsweiche, aber für gleiche Sen-
de- und Empfangsfrequenz. Im Prinzip kann dazu ein Zirkulator dienen.
Praktisch ist es aber schwierig, Ferritschaltungen für so hohe Leistungen
und Entkopplungen von Sende- und Empfangsarm aufzubauen, wie sie beim Impulsradar verlangt werden. Es muß nämlich die hochempfindliche Schottky-
Diode im Empfängereingang vor der gewaltigen Spitzenleistung des Sende-
magnetrons geschützt werden. Darum
setzt man Ferrit-Duplexer nur dort
ein, wo sie sehr verzögerungsfrei
arbeiten müssen.

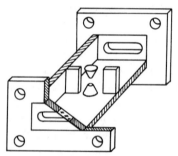

Normalerweise werden Duplexer mit
Gasentladungsröhren aufgebaut, die
als Sperröhren wirken und Nulloden
genannt werden. Bild 9.4 zeigt eine
Nullode im Rechteckhohlleiter. Die
Kapazität zwischen ihren beiden Elektroden wirkt zusammen mit den induktiven Blenden im Rechteckhohlleiter

Bild 9.4 Nullode in einem gasdicht
abgekapselten Rechteck-
hohlleiter

wie ein Parallelresonanzkreis parallel zur äquivalenten Doppelleitung. Bei
Resonanz läßt sie zunächst durch. Wenn aber durch entsprechend hohe Wechselspannung die Nullode zündet, schließt die Gasentladung den Hohlleiter
kurz und sperrt ihn.

Ein kompletter Sende-Empfangs-Duplexer mit Nulloden im Rechteckhohlleiter
ist in Bild 9.5 teilweise aufgeschnitten skizziert. Der kräftige HF-Impuls
des Senders zündet zuerst die ATR-Nulloden, so daß sie die in Serie zur
Hohlleiter-Breitseite liegenden λ/4-langen Blind-Hohlleiter kurzschließen
und den Sendeimpuls reflexionsfrei durchlassen. Dann zündet er die TR-

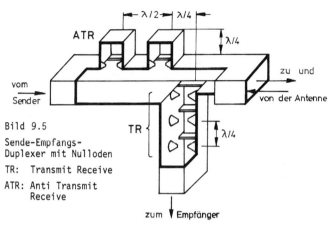

Bild 9.5
Sende-Empfangs-
Duplexer mit Nulloden
TR: Transmit Receive
ATR: Anti Transmit
Receive

Nulloden in der Abzweigung zum Empfänger. Der in diesem Beispiel dreifa-
che Kurzschluß des Empfangshohlleiters jeweils im Abstand λ/4 dämpft den
Sendeimpuls im Empfangshohlleiter so stark,daß der empfindliche Empfängereingang gut geschützt ist. Der Sendeimpuls passiert so auch die Abzweigung zum Empfangshohlleiter reflexionsfrei und wandert zur Antenne.

Nach wenigen Mikrosekunden entionisieren sich die Nulloden wieder und
schalten den Duplexer auf Empfang um. Ein HF-Echo von der Antenne geht in
voller Größe in den Empfangshohlleiter. Der Sendehohlleiter wird durch
die beiden λ/4-langen Serienblindleitungen im Abstand λ/2 voneinander und
im Abstand λ/4 von der Verzweigung hier effektiv kurzgeschlossen, so daß
der Antenneneingang zum Empfängerarm durchgeschaltet ist.

9.5 Aufbau von Impulsradaranlagen

Radaranlagen nach dem Rückstreuprinzip bestehen aus dem Sender, der Antenne, dem Empfänger, dem Sichtgerät und einem Taktgeber zur Steuerung.
Bild 9.6 zeigt den Übersichtsplan einer einfachen Impuls-Radaranlage. Der
Sender mit dem impulsgetasteten Magnetron ist im Prinzip so aufgebaut und
arbeitet so,wie es schon mit Bild 9.3 erläutert wurde. Das Thyratron wird
vom zentralen Taktgeber gezündet, der auch die Strahlablenkung in der
Bildröhre des Sichtgerätes triggert. Der Sende-Empfangs-Duplexer enthält

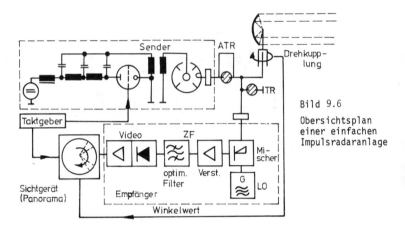

Bild 9.6

Übersichtsplan
einer einfachen
Impulsradaranlage

ATR- und TR-Nulloden, so wie es Bild 9.5 detaillierter zeigt. An die dreh-
oder schwenkbare Antenne wird die Antennenleitung über eine Drehkupplung
angeschlossen. Für koaxiale Antennenleitungen mit ihrer axial-symmetri-
schen Feldverteilung lassen sich Drehkupplungen durch mechanische Unter-
brechung im Innen- und Außenleiter schaffen, wobei die Spalte durch $\lambda/4$-
lange Blindleitungen entsprechend Bild 9.7a elektrisch überbrückt werden.

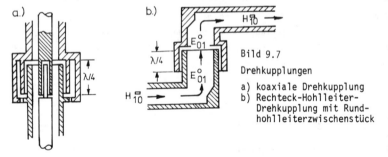

Bild 9.7

Drehkupplungen

a) koaxiale Drehkupplung
b) Rechteck-Hohlleiter-
   Drehkupplung mit Rund-
   hohlleiterzwischenstück

Bei Rechteckhohlleitern zur Antenne muß die H_{10}-Welle aber erst in eine
axial-symmetrische Welle umgewandelt werden. Auch hier läßt sich die Drehkupplung koaxial ausführen mit Übergängen auf die H_{10}-Welle des Rechteckhohlleiters zu beiden Seiten. Einfacher arbeitet man aber mit der E_{01}-
Welle des Rundhohlleiters und $H_{10}^{\square}$-E_{01}°-Übergängen zu beiden Seiten, so wie
es Bild 9.7b zeigt. Diese Übergänge dürfen allerdings nicht die H_{11}°-Welle

anregen, die eine niedrigere Grenzfrequenz als die E_{01}°-Welle hat und die Übertragung an der Drehkupplung winkelabhängig machen würde.

Das Echosignal gelangt über Antenne, Drehkupplung und Duplexer zum Empfänger , wo es in der Schottky-Diode des Mischers mit der Schwingung aus dem Lokaloszillator überlagert und in den Zwischenfrequenzbereich umgesetzt wird. Bei der Zwischenfrequenz wird das Echosignal soweit verstärkt, daß es den anschließenden Gleichrichter genügend aussteuert. Es wird außerdem optimal gefiltert. Optimal heißt dabei, das Echosignal ohne Rücksicht auf seinen genauen zeitlichen Verlauf so aus dem ihm überlagerten Rauschen herauszuheben, daß man es hinterher auf dem Bildschirm möglichst deutlich wahrnehmen kann. Das Durchlaßband des ZF-Filters wird dazu meist enger bemessen als das Spektrum des Echosignales und seine Durchlaßcharakteristik so geformt, daß das Rauschen relativ zum Nutzsignal möglichst wirkungsvoll unterdrückt wird.

Der Gleichrichtung ins Basisband folgt die Videoverstärkung, nach der das Echosignal die Intensität des Elektronenstrahles in der Bildröhre des Sichtgerätes steuert. Abgelenkt wird der Elektronenstrahl dabei sowohl nach Triggerung durch den Taktgeber als auch nach Maßgabe des Winkelwertes, den das Sichtgerät von einem Drehmelder am Antennengestell erhält.

Für die Darstellung der Radarinformation gibt es je nach Aufgabe der Anlage verschiedene Formen. Da die Fläche des Bildschirmes zwei Dimensionen bietet, ist auch die Radardarstellung meist zweidimensional. Bild 9.6 deutet mit der Form des Sichtgerätes die Darstellung für eine Rundsichtanlage an. Das Rundsichtradar ist eine viel verwendete Art von Impulsradaranlage. Ihre Antenne strahlt mit einer Fächerkeule, die in der Horizontalen scharf, in der Vertikalen weniger scharf bündelt, und rotiert dabei azimutal. Normalerweise wählt man für das Rundsichtradar eine Panorama-Darstellung (PPI für Plan-Position Indicator).In Polarkoordinaten des Bildschirmes wird dabei der Elektronenstrahl zeitlinear in radialer Richtung so abgelenkt, daß die Echosignale ihre Ursprungsobjekte in einer Entfernung vom Nullpunkt anzeigen, die der tatsächlichen Entfernung proportional ist. Die Winkelkoordinate dieser radialen Auslenkung entspricht dabei der azimutalen Winkelstellung der Antenne.

Impulsradaranlagen arbeiten mit Frequenzen angefangen von 400 MHz bis zu 75 GHz. Sie strahlen je nach Frequenz und Ortungsaufgabe Impulse aus, die von 10 µs bis hinunter zu nur wenigen Nanosekunden dauern. Bei den niedrigeren Radarfrequenzen bis zu 3 GHz werden Impulsleistungen bis zu 10 MW erzeugt. Sehr viele Impulsradar verwenden Frequenzen im Bereich von 9 bis 10 GHz. Eine typische Rundsichtanlage kleinerer Leistung, die mit 9,4 GHz arbeitet und als Schiffsradar dient, hat folgende technische Daten:

Frequenzband: 9320 - 9480 MHz

Impulslänge: 0,1 µs für Nahbereiche

0,2 µs für Weitbereiche

Impulsfolgefrequenz: $\frac{1}{T_i}$ = 1000 Hz

Impulsspitzenleistung: 10 kW

Zwischenfrequenz: 30 MHz

Horizontale Antennen-Bündelung: $1,75^o$

Winkelauflösung: $1,2^o$

Vertikale Antennen-Bündelung: 20°

Nahauflösung: 30 m

Abstandsauflösung: 20 m

Entfernungsbereiche: 0,5 1 3 8 15 30 Seemeilen

Antennendrehzahl: 24 min^{-1}

Leistungsbedarf: 200 W

9.6 Sekundärradar

Sekundärradar ist ein Funkortungsverfahren mit Impuls-Laufzeitmessung, das im Gegensatz zum normalen Radar nicht mit dem rückgestreuten Signal von einem passiven Ziel arbeitet. Vielmehr befindet sich dafür an Bord des Zieles ein aktives Antwortgerät, der Transponder. Das Radargerät arbeitet hier als Interrogator, auf dessen Abfrage der Transponder antwortet. Die wichtigste Anwendung findet das Sekundärradar in der Flugsicherung. Weil nicht alle Flugzeuge mit einem Transponder ausgerüstet sind, wird Sekundärradar immer mit normalem Impulsradar kombiniert, welches in diesem Zusammenhang Primärradar heißt.

Sekundärradar hat gegenüber Primärradar folgende wichtige Vorteile:

1. Die Empfangsleistung nimmt mit zunehmender Entfernung r nur proportional zu $1/r^2$ ab, gegenüber dem Primärradar, bei dem sie nach Gl. (9.5) proportional zu $1/r^4$ verläuft. Daher genügt wesentlich weniger Sendeleistung. Während ein übliches Primärradar bei einer Reichweite von 360 km etwa 1,5 MW Impulsspitzenleistung aussendet, reicht beim Sekundärradar-Bodengerät eine Leistung von 1,5 kW aus.

2. Durch die Übertragung von Abfrage und Antwort mit verschiedenen Trägerfrequenzen entfallen unerwünschte Störechos.

3. Der Transponder kann neben der Identifizierung auch andere Daten senden, z. B. die barometrische Höhe des Flugzeuges oder seine Geschwindigkeit. Es findet also ein aktiver Informationsaustausch statt.

Ein typisches Sekundärradar hat folgende Daten:

Reichweite:	r = 200 NM (ca. 360 km)
Abfragefrequenz:	1030 MHz
Antwortfrequenz:	1090 MHz
Sendeleistung (Impulsspitze)	
Bodengerät: (Interrogator)	1,5 kW
Bordgerät: (Transponder)	500 W
Impulsanstiegszeit:	$\Delta t \leq 100$ ns
Videobandbreite:	B = 5 MHz

Die Sekundärradarantenne ist mechanisch mit der Primärradarantenne gekoppelt, so daß beide die jeweils gleiche Richtung erfassen.

9.6.1 Informationsverschlüsselung

Die Abfrage erfolgt synchron mit der Impulsfolgefrequenz des Primärradars bis zu einer Häufigkeit von 450 Abfragen/s. Es gibt sechs verschiedene Abfragemodi, die in Bild 9.8 dargestellt sind. Die eigentliche Abfrage besteht aus dem Impulspaar P_1 und P_3, deren zeitlicher Abstand die Frageinformation darstellt. Ein zusätzlicher Impuls P_2, der 2 µs nach P_1 folgt, dient einem speziellen Verfahren zur Neben-

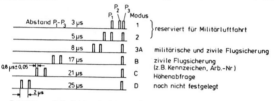

Bild 9.8 Abfrage an alle beim Sekundärradar, Abfragemodi
Abfragewiederholungsfrequenz < 450 pro Sekunde

keulenunterdrückung, auf das später noch eingegangen wird. Die Antwort des Transponders (Bild 9.9) ist ein Impulstelegramm, das aus zwei Rahmenimpulsen mit einem Abstand von 20,3 µs besteht und das auf festgelegten Plätzen eines dazwischen liegenden 1,45 µs-Zeitrasters bis zu zwölf Informationsimpulse enthalten kann. Damit sind 2^{12} = 4096 verschiedene Antworten möglich. Die Informationsimpulse sind in vier Dreiergruppen eingeteilt und binäroktal verschlüsselt. Die Bedeutung des Codes läßt sich nur mit dem zugehörigen Abfragemodus entschlüsseln.

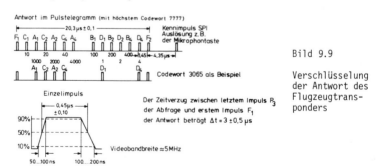

Bild 9.9

Verschlüsselung der Antwort des Flugzeugtransponders

4,35 µs nach dem abschließenden Rahmenimpuls kann noch ein zusätzlicher Kennimpuls SPI gesetzt werden, der immer dann folgt, wenn gerade Sprechfunkverkehr mit der Bodenstation besteht. Auf dem Radarschirm wird dann automatisch das Ziel, mit dem die Verbindung besteht, besonders markiert.

Eine besondere Bedeutung hat die Übertragung der Höheninformation des Zieles. Für die Flugsicherung muß die Flughöhe der einzelnen Ziele bis auf 30 m genau bestimmt werden. Das ist bei größeren Entfernungen mit einem Höhensuchradar nicht zu erreichen. Die barometrische Höhenmessung im Flugzeug selbst ist dagegen sehr genau, und da bei Streckenflügen sowieso auf Flächen gleichen Luftdruckes (Isobaren) navigiert wird, ist die Übermittlung der barometrischen Höhe für die Flugsicherung besonders geeignet. Der Antwortcode wird dabei durch eine im Höhenmesser angebrachte Codierscheibe erzeugt. In der Bodenstation befindet sich ein Höhen-Decoder, der das Antworttelegramm direkt in eine Höhenanzeige, gemessen in Stufen von 100 Fuß (30 m), umwandelt.

9.6.2 Anzeige

Für die Anzeige der Sekundärradar-Information gibt es verschiedene Möglichkeiten. Die einfachste Form wird passive Decodierung genannt. Hierbei wird die Information in Form von Strichen neben der Primärradaranzeige auf dem Radarschirm eingeblendet. Die verschiedenen Anzeigemöglichkeiten sind in Bild 9.10 dargestellt.

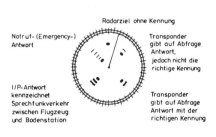

Radarziel ohne Kennung

Notruf- (Emergency-) Antwort

Transponder gibt auf Abfrage Antwort, jedoch nicht die richtige Kennung

I/P-Antwort kennzeichnet Sprechfunkverkehr zwischen Flugzeug und Bodenstation

Transponder gibt auf Abfrage Antwort mit der richtigen Kennung

Bild 9.10 Passive Decodierung
Kennzeichnung von Antworten
auf dem Radarschirm

Als aktive Decodierung wird die numerische Anzeige der Sekundärradar-Information eines ausgewählten Zieles bezeichnet. Die Auswahl des Zieles kann mit einer Lichtpistole, die auf das gewünschte Ziel am Bildschirm gesetzt wird, erfolgen.

Eine Helligkeitsmodulation des Zieles auf dem Schirm wird dann von einer Fotodiode aufgenommen und daraus ein Auslösesignal gewonnen.

An anderen Geräten ist die Auswahl mit einem Steuerknüppel oder einer Roll-
kugel möglich, durch die sich eine Markierung auf dem Bildschirm bewegen
läßt. Die Steuergrößen für diese Markierung liefern dann das Auslösesignal
für die aktive Decodierung. Die Anzeige erfolgt numerisch neben dem Bildschirm.

Die Decodierung kann noch weiter automatisiert werden, wenn Primär- und
Sekundärradardaten digitalisiert und in einer Datenverarbeitungsanlage
weiterverarbeitet werden. Aus diesen Daten wird dann ein synthetisches
Radarbild hergestellt, in dem alle Informationen alphanumerisch bzw. durch
bestimmte Symbole dargestellt sind (Bild 9.11).

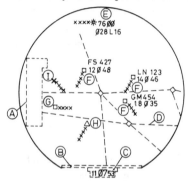

Bild 9.11 Synthetisches Radarbild

Zeichenerklärung:

A,B: Felder für alphanumerische An-
     zeigen
C: Uhrzeit
D: Kartenlinien und -symbole
E: Notsignal (z. B. Funkausfall)
F: Bezeichnete Ziele mit Daten-
   block
G: Bezeichnetes Ziel, Datenblock
   nicht eingeblendet
H: nicht bezeichnetes Sekundärradar-
   Ziel
I: Primärradar-Ziel

Die vier Kreuze hinter den Zielen zeigen ihre Positionen vor dem dargestellten Zeitpunkt an. Dadurch wird der augenblickliche Kurs sofort er-
sichtlich.

Durch die Verbindung von mehreren Bodenstationen und weitere Verarbeitung
der Daten ist man auch in der Lage, Zukunftsbilder herzustellen, die eine
Erkennung künftiger Konfliktsituationen ermöglichen.

9.6.3 Fehlerquellen

Es soll nun auf die wichtigsten Fehlerquellen des Sekundärradars eingegangen und die Methoden zu ihrer Unterdrückung sollen erklärt werden. Da
die Abfrage an alle jeweils in einem Azimutwinkelbereich befindlichen
Ziele geht, kann es beim Empfang zu einer Überlappung mehrerer Antworten
von verschiedenen Transpondern kommen. Dieses Phänomen wird als Schlüsselverwirrung (engl.: garbling) bezeichnet. Man unterscheidet hierbei zwei
Fälle (Bild 9.12)

Bild 9.12 Schlüsselverwirrung
(Garbling)

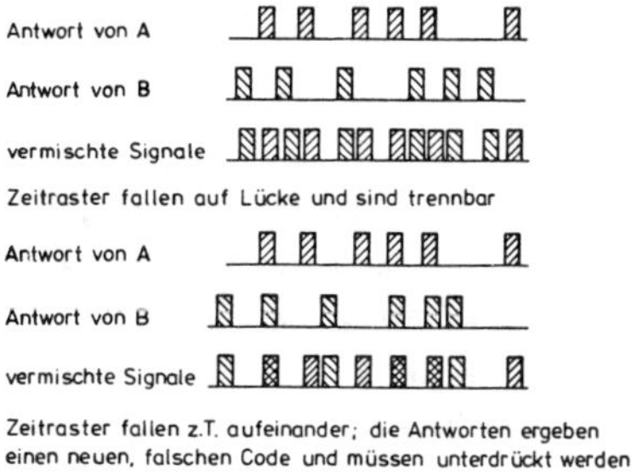

Antwort von A

Antwort von B

vermischte Signale

Zeitraster fallen auf Lücke und sind trennbar

Antwort von A

Antwort von B

vermischte Signale

Zeitraster fallen z.T. aufeinander; die Antworten ergeben
einen neuen, falschen Code und müssen unterdrückt werden

Nichtsynchrone Antwortüberlappung: Die Antworten liegen
so übereinander, daß sich ihre
Zeitraster nicht decken. Solche
Antworten können vom Decoder getrennt und entschlüsselt werden.

Synchrone Antwortüberlappung:
Die Zeitraster oder Antworten
decken sich, eine Unterscheidung, welcher Impuls zu welcher
Antwort gehört, ist nicht mehr
möglich. Im Decoder werden die
Zeiträume 21 µs vor und nach dem Antworttelegramm auf das Vorhandensein
synchroner Fremdimpulse untersucht. So kann dieser Fehler sicher erkannt
und die weitere Auswertung eines solchen Antworttelegramms unterbunden werden.

Nebenkeulenunterdrückung (Side Lobe Suppression, SLS)

Das Richtdiagramm einer Radarantenne weist neben der Hauptkeule noch zahlreiche Nebenkeulen auf. Beim Sekundärradar wirkt sich dies besonders
störend aus, da sich die Nebenkeulendämpfung nur auf die Einwegausbreitung
bezieht. So können im Nahbereich Flugzeuge auch über Nebenkeulen abgefragt
werden. Dadurch ist eine eindeutige Winkelzuordnung nicht mehr möglich.
Zwei Verfahren schaffen hier Abhilfe:

1. Nebenkeulenunterdrückung auf dem Interrogator-Weg (ISLS)
   Ein Impuls P_2, der 2 µs nach dem ersten Abfrageimpuls P_1 erfolgt,
   wird nicht über die Richtantenne abgestrahlt, sondern über eine zusätzliche Antenne mit Rundstrahlcharakteristik. Hauptkeulensignale
   können dann im Transponder dadurch erkannt werden, daß sie um mindestens 9 dB größer sind als der SLS-Impuls P_2.

2. Nebenkeulenunterdrückung auf dem Empfangsweg
   (Receiving path SLS, RSLS)
   Auch hier ist in der Bodenstation neben der Richtantenne eine Rund-

strahlantenne nötig. Die Antwortsignale werden über beide Antennen
in getrennten Kanälen empfangen und anschließend in ihrer Amplitude
verglichen. Auch so ist eine eindeutige Erkennung von Nebenkeulen-
signalen möglich.

Nichtsynchrone Empfangsstörungen (Fruit)

Eine typische Störerscheinung ergibt sich beim Sekundärradar dadurch, daß
eine Bodenstation Antworten auf Abfragen anderer benachbarter Stationen
empfängt. Auf dem Bildschirm erscheint dann eine Fülle von Antwortsignalen,
die in keinem Zusammenhang mit der eigenen Abfrage stehen. Das entstehende
Schirmbild 9.13 gleicht einer aufgeschnittenen Grapefruit.

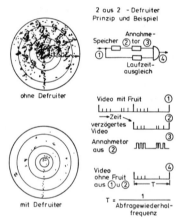

Bild 9.13 Nichtsynchrone Empfangs-
störungen (Fruit)

Die Unterdrückung dieser Störungen erfolgt mit einem Zeitfilter, dem sogenannten Defruiter, der die Antworten
auf den Synchronismus mit der eigenen
Abfrage überprüft. Im einfachsten Falle,
dem 2 aus 2-Defruiter erfolgt diese
Prüfung durch Speicherung aller Antworten über eine Abfrageperiode T und
Vergleich mit den Antworten der un-
mittelbar folgenden Periode. Zur Ver-
meidung von Toleranzeinflüssen werden
die Impulse der Information in einem
Annahmetor etwas verbreitert. Die
Filterwirkung läßt sich durch mehr-
malige Zwischenspeicherung und Ver-
knüpfung mehrerer Abfrageperioden noch
verstärken.

9.6.4 Blockschaltbild

In Bild 9.14 ist das Blockschaltbild eines kombinierten Primär- und Sekundärradars zusammenfassend dargestellt. Auf der linken Seite erkennt man die
Komponenten einer Rundsuch-Primärradaranlage mit einer typischen Ausgangsleistung von 1 MW bei einer Reichweite von ca. 360 km. Die Impulszentrale
liefert Synchronimpulse für die gesamte Anlage, also Primärradar-Sender,
Sichtgerät und Sekundär-Interrogator. Ein Modulator tastet die Senderöhre,

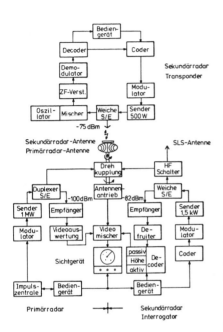

üblicherweise ein Magnetron.
Die HF-Impulsleistung gelangt über
die ATR-TR-Kombination des Sende-
Empfangsduplexers und über die
Drehkupplung auf die Primärradar-
Antenne. Der Empfänger hat eine
typische Empfindlichkeit von
-100 dBm. Die Videoauswertung
umfaßt beispielsweise verschiedene Möglichkeiten zur Störziel-
unterdrückung. Das aufbereitete
Video gelangt dann auf den Video-
mischer, wo es zusammen mit den
Informationen des Sekundärradars,
der Azimutinformation des An-
tennenantriebes und evtl. einer
Landkarteneinblendung gemischt
und auf das Sichtgerät gegeben
wird. Anstelle des Videomischers
tritt oft ein digitaler Zielex-
traktor, der das Videosignal
digitalisiert und daraus ein
synthetisches Radarbild gewinnt.

Bild 9.14 Blockschaltbild vom kombinierten Primär- und Sekundärradar

Auf der rechten Seite des Block-
schaltbildes findet man die Komponenten des Sekundärradars. Über das Bediengerät wird ein Abfragecode gewählt, der von dem Coder in Form von Im-
pulszügen erzeugt wird, die synchron zur Pulsfolge des Primärradars auftreten. Modulator und Sender liefern HF-Impulse mit einer Spitzenleistung
von 1,5 kW. Da auf dem Abfrage- und Antwortweg verschiedene Frequenzen benutzt werden, dient eine Frequenzweiche zur Trennung des Sende- und Empfangs-
kanals. Ein schneller HF-Schalter führt den SLS-Impuls P_2 zur SLS-Antenne,
während der übrigen Zeit ist der Sende- und Empfangsweg auf die Sekundär-
radar-Antenne geschaltet, die starr mit der Primärradar-Antenne verbunden
ist.

Im Transponder (oberer Bildteil) wird die Abfrage im Empfänger mit einer

Empfindlichkeit bis zu -75 dBm empfangen, auf eine Zwischenfrequenz umgesetzt, verstärkt und demoduliert. Die Abfrage wird im Decoder entschlüsselt, der auch den Coder aktiviert. Je nach Abfrage und Einstellung am Bediengerät wird ein Antwortcode für Kennung, Höhe oder sonstige Angaben erzeugt und vom Sender als Impulszug mit einer Spitzenleistung von 500 W abgestrahlt. Der Empfänger des Interrogators hat die höhere Empfindlichkeit, von -82 dBm, um mit der geringeren Sendeleistung des Transponders auszukommen. Das empfangene Signal wird im Defruiter von nichtsynchronen Störungen befreit. Im Decoder wird die Antwort nach verschiedenen Verfahren ausgewertet, so daß sie als Zusatzanzeige am Bildschirm (passive Decodierung) oder als numerische Anzeige (aktive Decodierung) dargestellt werden kann.

Literaturverzeichnis

[1]   Lautz, G., Elektromagnetische Felder, Teubner, Stuttgart, 1985

[2]   Unger, H.-G., Elektromagnetische Theorie für die
      Hochfrequenztechnik, Teil I, Hüthig, Heidelberg, 1988

[3]   Unger, H.-G., Elektromagnetische Wellen auf Leitungen,
      Hüthig, Heidelberg, 1991

[4]   wie [2], jedoch Band II

[5]   Landstorfer, F., Liska, H., Meinke, H., Müller, B.,
      Energieströmung in elektromagnetischen Wellenfeldern,
      Nachrichtentechnische Zeitschrift, Berlin, 5/1972, S. 225 - 231

[6]   Meinke, H., Gundlach, F. W., Taschenbuch der Hochfrequenztechnik,
      4. Auflage, Springer-Verlag, Berlin, 1986

[7]   Unger, H.-G., Schultz, W., Elektronische Bauelemente und Netzwerke,
      Band I, Vieweg & Sohn, Braunschweig, 1968

[8]   Voges, E., Hochfrequenztechnik Band 1: Bauelemente und Schaltungen,
      Hüthig, Heidelberg, 1986

[9]   Unger, H.-G., Harth, W., Hochfrequenz-Halbleiterelektronik,
      Hirzel, Stuttgart, 1972

[10] Unger, H.-G., Schultz, W., Weinhausen, G., Elektronische Bauelemente
      und Netzwerke, Band I, 3. Auflage, Vieweg & Sohn, Braunschweig, 1979

[11] Unger, H.-G., Schultz, W., Weinhausen, G., Elektronische Bauelemente
      und Netzwerke, Band II, 3. Auflage, Vieweg & Sohn, Braunschweig, 1981

[12] Petke, G., Energiesparende Modulationstechniken bei AM-Rundfunk-
      sendern, Rundfunktechnische Mitteilungen 26/1982, S. 97 - 105

[13] Schönfelder, H., Bildkommunikation, Springer-Verlag, Berlin, 1983

[14] Bourdon W. u.a., Richtfunksysteme für die Synchrone Digitale
      Hierarchie, ANT Nachrichtentechnische Berichte, Heft 9, April 1992

Liste der wichtigsten Formelzeichen

a	Funkfelddämpfung; Anoden-Kathoden-Abstand
A	Wirkfläche
$\underline{\vec{A}}$	magnetisches Vektorpotential
A_e	Echoquerschnitt, Radarquerschnitt
b	differentieller Blindleitwert
B	magnetische Induktion; Blindleitwert; Bandbreite
c	Lichtgeschwindigkeit im freien Raum
C	Kapazität
C'	kapazitiver Leitungsbelag
d	Durchmesser; Abstand
d_e	Elektrodenabstand von ebener Diode
D	Zeilenrichtfaktor; Durchgriff
δ	kleine Größe; Dämpfungsfaktor; Dirac-Stoß
Δ	Differenz
Δ_t	transversaler Laplace-Operator
E	elektrische Feldstärke
ε	Dielektrizitätskonstante
ε_0	Dielektrizitätskonstante im freien Raum
ε_r	relative Dielektrizitätskonstante
e_z	elektrisches Wechselfeld in z-Richtung
η	Wirkungsgrad; Wellenwiderstand
η_0	Wellenwiderstand des freien Raumes
F	Fläche; Feldfaktor; Rauschzahl;
$\underline{\vec{F}}$	elektr. Vektorpotential
f	Funktion; Frequenz
f(R)	Funktion von Randbedingungen
f_B	Bildträgerfrequenz
f_g	Grenzfrequenz
f_p	Plasmafrequenz

f_T	Tonträger-Mittenfrequenz
g	Antennengewinn; differentieller Leitwert
G	Leitwert; Leistungsverstärkung
γ	Ausbreitungskoeffizient
h	Höhe; Spannungsausnutzung; Plancksches Wirkungsquantum
H	magnetische Feldstärke
I	Leitungsstrom
I_i	Influenzstrom
I_s	Schrotrauschstrom
j	$\sqrt{-1}$; Stromaussteuerung; Konvektionsstromdichte
J	Leitungsstromdichte
J_F	Flächenstromdichte
$J_{0,1}$	Zylinderfunktionen 1. Art
k	Wellenzahl; k_B Boltzmannkonstante
K	Korrekturfaktor (Erdradius); Kraft
l	Länge
L	Induktivität; Kanallänge des MESFET
L'	induktiver Leitungsbelag
λ	Wellenlänge
m	nat. Zahl; Modulationsindex; Elektronenmasse
M	Modulationsindex
M_F	magnet. Flächenstromdichte
μ	Permeabilitätskonstante
μ_0	Permeabilitätskonstante im freien Raum
μ_n	Elektronenbeweglichkeit
μ_r	relative Permeabilitätskonstante
n	nat. Zahl; Elektronendichte; Brechzahl; Korrekturfaktor (Schottky-Diode)
n^+	hohe Elektronendichte

ω	Kreisfrequenz
Ω	Winkelgeschwindigkeit
p	Segmentabstand beim Magnetron; Löcherdichte
p^+	hohe Löcherdichte
p_e	Fehlerwahrscheinlichkeit
P	Leistung
P'	Leistung/Bandbreite
P'_r	Rauschleistungsdichte
φ	Kugelkoordinate; Phase
Φ	magnetischer Fluß; elektrisches Potential
ψ	Wendelsteigungswinkel
$q = |q|$	Elementarladung
Q	Ladung
Q_R	Raumladung
r	Kugelkoordinate; Reflexionsfaktor
r_E	Erdradius
R	Widerstand
R'	Widerstandsbelag
R_i	Innenwiderstand
ρ	Raumladungsdichte
s	Spitzenzahl; Windungsabstand; Schlitzbreite
$s(t)$	Signal (digitales)
S	Strahlungsdichte; Steilheit
S_r	Rauschabstand; r-Komponente der Strahlungsdichte
σ	Leitfähigkeit
t	Zeit; Sperrschichttiefe
T	absolute Temperatur; Taktzeit
T_i	Tastpause
T_r	äquivalente Rauschtemperatur
τ	Impulsdauer
ϑ	Kugelkoordinate

Θ	Stromflußwinkel
U	Spannung
U_{st}	Steuerspannung
v	Geschwindigkeit
v_L	Leitbahngeschwindigkeit
V	Spannungsverstärkung
w	MESFET-Kanalbreite
W	Energie
W'	Energie/Bandbreite
W_{Bit}	Trägerenergie pro Bit
W_F	Ferminiveau
x	kartesische Koordinate
X	Blindwiderstand
y	kartesische Koordinate
Y	Aperturbelegung
z	kartesische Koordinate
Z	komplexer Widerstand; Aperturbelegung

Indizes

a	Anode
A	Ausgang
c	Grenze
d	Drain
e	Ende; einfallend
E	Eingang; Empfangs-
g	Gitter; Gate
G	Generator
h	Hilfs-
k	Kathode

L   Last

m   Modulation; maximal

M   Mischer

p   Pump-

φ Komponente in φ-Richtung

r   Rausch-; Komponente in r-Richtung

s   Signal; Source; Strahlungs-; gestreut

S   Sender

T   Träger-

ϑ Komponente in ϑ-Richtung

Ü   Überlagerungs-

v   Verlust

V   Vierpol; Verstärker

x

y   }   Komponenten in den jeweiligen Richtungen

z

Z   Zwischen(frequenz)-

Sonstige Zeichen

^   Amplitude

_   Phasor

=   Matrix

→   Vektor

*   konjugiert komplex

Komplexe Größen sind nicht besonders gekennzeichnet.

Sachregister

A-Betrieb 108
Abfragemodus 242
Absorption 86
Absorption, molekulare 93
Abstimmregelung 173
AFC 173
Aktivdatei 211
Amplitudenlinearität 180
Amplitudenmodulation 166 ff
Amplitudentastung 188 ff
Anlaufstrom 98, 101
Anode 95
Anoden-B-Modulation 168
Anodenmodulation 168
Anodenrestspannung 109
Antenne 11 ff
Antenne, isotrope 21
Antenne, kurze lineare 19 ff, 25,
  27, 32 f
Antenne, lineare 11 ff
Antenne, schlanke 16
Antenne, schwundmindernde 40
Antenne, verlängerte 38 f
Antenneneingangswiderstand 24 ff
Antennengewinn 19 ff
Antennenverlustleistung 22 f
Antennenwirkungsgrad 22
Antwortüberlappung, nichtsyn-
  chrone 245
Antwortüberlappung, synchrone 245
Apertur, kreisrunde 72 f
Apertur-Koordinaten 68
Aperturfeld 65
Aperturstrahler 66

Arbeitsgerade 108
ASK 188 ff
ASK-Empfang 191 f
ATR 237
Aufwärtsmischer 183, 185
Augendiagramm 189 f, 192, 195
Ausleuchtung, gleichmäßige 71
Austrittsarbeit 97

B-Betrieb 109
Bändermodell 97
Balun 47
Bandbreiteausnutzung 204
Basisstation 207, 209 f
Besucherregister 211
Beugung 87
Bild-Tonweiche 175
Bildtheorie 12, 54, 78
Bildträger 175
Bitfehlerwahrscheinlichkeit 193
Blindwiderstandskompensation und
  -reduktion 47 f
Bodenabsorption 81 f
Bodenleitfähigkeit 12
Bodenreflexion 59, 91
Bodenstation 227
Bodenwelle 40, 80 ff
Boltzmannkonstante 96
Breitbandantenne 49
Breitbanddipol 47 ff
Breitbandrichtfunk 76, 179
Breitbandrichtfunk, digitaler 212 ff
Breitbandverstärker 127
Brennweite, effektive 75
Bündelungsschärfe 56

C-Betrieb 112 ff
C-Netz 209
Cassegrain-Antenne 75, 227

Dämpfungsmaß, logarithmisches 37
Decodierung, aktive 243
Decodierung, passive 243
Defruiter 246
Dekameterwelle 94
Demodulation 191
Dezimeterwelle 94
Dibit 198
Dichtemodulation 120
Differenzcodierung 196 f
Digitale Trägerfrequenz-
  technik 188 ff
Diodenmischer 153 ff
Dipol, magnetischer 42
Dipolantenne 12 ff
Dipolfeld 56
Dipolzeile 53, 56
Direktordipol 52 f
D-Netz 207 ff
Doppelgitter 120
Doppelkegelantenne 49
Doppelkegelleitung 26
Drahtantenne 57 ff
Drain 136
Drainleitwert 144
Drehkreuz 79
Drehkupplung 238 f
Duplexer 236 f
Durchgriff 103
Durchschaltung, HF- 224 f

Echoquerschnitt 230

Eingangswiderstand 24 ff
Einseitenbandmodulation 179
Elektroden 95
Elektronenemission, thermi-
  sche 95 ff
Elektronenfahrplan 121
Elektronenlaufzeit 119
Elektronenpakete 120, 126
Elektronenröhre 95
Elektronenwolke 131
Elementrichtfaktor 57
Emissionsstrom 96
Empfindlichkeit 157
Empfänger 172 ff
Endkapazität 39
Energiebandmodell 95 ff, 153
Entfernungsauflösung 233
Entzerrung, adaptive 214
Erdkrümmung 82
Erdnetz 38
Eulersche Konstante 23

Faltdipol 45 ff
Fangreflektor 75
Farbhilfsträger 175
FDMA 208, 226
Fehlanpassung 76
Fehlerfunktion 192
Fehlerwahrscheinlichkeit 191, 196
Fehlerquote 191, 204, 206
Feldfaktor 50
Feldrichtfaktor 55
Feldwellenwiderstand 17
Fermifunktion 96
Ferminiveau 96
Fermistatistik 96

Fernfeld 16, 56 f, 81
Fernfeldfaktor 56
Fernsehempfänger 177
Fernsehsatellit 177, 228
Fernsehsender 174
Ferritantenne 41 ff
Flächenstrahler 62 f, 66 ff
Flächenstrom, magnetischer 64, 78
Flugsicherung 240
Fouriertransformierte 69
Fremdregister 211
Frequenzhub 205
Frequenzmodulation 166, 170 ff,
    179 ff, 221
Frequenzmodulationscharakte-
    ristik 180
Frequenzmultiplex 207, 214, 222
Frequenzumsetzung 135
Frequenzumtastung 188, 205 ff
Fresnel-Ellipsoid 90
Fresnel-Zone, erste 89
FSK 188, 205 f
Funkfelddämpfung 37
Funkmeßtechnik 229
Funkzelle 210
Fußisolator 41
Fußpunktersatzschaltung 27
Fußpunktinduktivität 41

GaAs-MESFET 136 ff, 213, 220
Ganzwellenantenne 28
Gate 136, 221
Gate-Drain-Kapazität 145
Gate-Kapazität 145
Gate-Widerstand 145
Gegentaktmischer 156

Gegentaktprinzip 180
Geländeschnitt 90
Gesamtrauschzahl 166
Geschwindigkeitsmodulation 120
Gitter 102
Gitterverlustleistung 115
Gleichfelder, gekreuzte 127
Gleichkanalabstand 209
Gleichverteilungssatz 159
GMSK 206, 207
Grenzzustand 114
Grenzfrequenz, FET- 147, 150
-, unilaterale Schwing- 150
Gruppenstrahler 49 ff
GSM 212

Hauptmaximum 40
Hauptreflektor 75
Hauptstrahlungskeule 55
Heimatregister 211
Heizleistung 97
Hektometerwelle 94
Hemisphäre, Ost- bzw. West- 226
HEMT 220 f, 228
Hertzscher Dipol 11 ff
Hochfrequenz-Empfang 134 ff
Hochfrequenzlage 135
Hochfrequenz-Vorverstärkung 135
Höheninformation 243
Hörrundfunk 167 ff
Hörrundfunk, stereophoner 170
Hörrundfunk-Empfänger 172 ff
Hornparabol 76
Hornstrahler 63 f, 69, 226
Hubgegenkopplung 221 f, 227

Huygensquelle 64, 88
Huygenssches Prinzip 13, 63 f,
   78, 88
HF-Ausgangsleistung 108

Impulsmodulation 234 ff
Impulsnebensprechen 189 f
Impulsradarverfahren 232 ff
Induktion, kritische 129
Integralkosinus 23
Interferenzschwund 40, 87, 91
Interrogator 240
Ionosphäre 40, 83 ff

Kanal, MESFET- 136
Kanalrauschen 162
Kantenbeugung 87 ff
Kathode 95
Kathodenbasisschaltung 107
Kegelantenne 49
Kelchstrahler 49
Kettenleiterwelle 130
Kilometerwelle 94
Klystron 120 ff
Kompensation 48
Konversionsverlust 155
Kreisbahn, synchrone 216
Kreuzpolarisation 214
Kugelstrahler 21, 23
Kugelwelle 17
Kurzwelle 94

L-Antenne 39
$\lambda/2$-Dipol 19, 21, 23, 25, 27
$\lambda/4$-Vertikalantenne 38
Längsstrahler 53

Längsstrahlerbedingung 61
Längstwelle 94
Langdrahtantenne 57 ff
Langwelle 94
Larmorfrequenz 129
Laufzeitröhre 120
Leistung, verfügbare 149
Leistungsanpassung 30, 149
Leistungsverstärkung 36
-, maximale unilaterale 149
Leitbahngeschwindigkeit 129
Lichtgeschwindigkeit 11
LNB (Low Noise Block) 228
LNC (Low Noise Converter) 228
Lokaloszillator 151
Luftkühlung 118
Luminanzsignal 175

M-Reflexion 86
Magnetron 120, 128 ff
Mehrgitterröhre 116
Mehrkammerklystron 124
Mehrspiegelsystem 75
Mehrwegeausbreitung 210
MESFET 136 ff
MESFET, GaAs- 136 ff, 213, 220
MESFET-Mischer 152
MESFET-Verstärker 148 ff
MESFET-Verstärkerrauschen 161 ff
Meterwelle 94
Mikrowellenantenne 74
Mischerrauschen 164 ff
Mittelwelle 94
Mobile Service Switching Cen-
   ter (MSC) 210 f
Mobilfunk 207 ff

Mobilfunknetz 207 ff
Mobilfunknetz, zellulares 209
Mobilstation 208 ff
Modulationscharakteristik 168
Modulationsindex 205
Modulationstransformator 167
Modulationsverfahren 221 f
Modulationsverstärker 167
MSC 210 f
MSK 206, 207
MSK-Modulatoren 206
Muschelantenne 76

Nachrichtensatellit 216 ff
Nahfeld 25
Nahnebensprechen 207
Nahschwund 40
Nebeldämpfung 93
Nebenkeulenunterdrückung 242, 245
Nebenmaximum 40
Nebenzipfeldämpfung 60
Netze, zellulare 209
Neutralisation 118
Nullode 236, 238
Nutzbitrate 208
Nyquist-Bedingung 189
Nyquistflanke 177

Obenspeisung 41
OOK (On-Off-Keying) 188 f
Orientierung, optimale 30

Parabolantenne 74
Parabolspiegel 74
Partial Response 207
PDM-Signalaufbereitung 168

Phasendifferenzde-
  modulation 197 f, 200
Phasen-Differenzcodierung 196 f
Phasenlinearität 180
Phasensynchronwort 195
Phasenumtastung, digitale 180, 188,
  193 ff
Phasenzustandsdiagramm 198 ff
Plancksches Wirkungsquantum 97
Plasma 83 f
Plasmafrequenz 84 f
Poissongleichung 99
Polarisationsweiche 187
Poyntingvektor 18, 33, 59
PPI 239
Primärgruppe 181
Primärradar 241
Primärstrahler 75
Produktdemodulation 197
PSK 188, 193 ff
Pulsdauermodulation 168

QAM 199, 202 ff
QAM-Demodulator, 2^m- 212 f
QAM-Sender, 2^m- 203
Quadratur Amplitudenmodulation 199
QPSK 199
Quartärgruppe 181
Quelle, effektive 13 ff
Querstrahler 53 ff

Radar 229 ff
Radarquerschnitt 230
Radarreichweite 231
Rahmenantenne 41 ff
Raumladungsbegrenzung 98

Raumladungsgesetz 101
Raumladungsstrom 97 ff
Raumladungs-Stromdichte 101
Raumwelle 40, 48, 82 ff
Rauschabstand 163, 201
Rauschanpassung 163
Rauschen 157 ff, 218
Rauschen, atmosphärisches 218
Rauschen, kosmisches 157, 217 f
Rauschleistung 158
Rauschtemperatur 220, 221, 228
Rauschzahl 159 f, 166, 219, 228
Rayleigh-Streuung 93
Rechteckhorn 69 f
Reduktion 48
Reflektor 53
Reflektordipol 53
Regenverlust 93
Rekombinationsrauschen 161
Relaisstation 179
Relaxationsfrequenz 12
Resonanzwiderstand 123
Restseitenmodulation 175
Reziprozitätstheorem 36
Rhombusantenne 60
Richtantenne 51
Richtcharakteristik 20, 52
Richtdiagramm 19 ff
Richtfaktor 50 ff
Richtfunk 178 ff
Richtfunk, digitaler 212 ff
Richtfunklinie 179
Richtfunksystem 183 ff
Richtfunksystem, digitales 212 ff
Richtkoppler, 3 dB- 156
Richtungsleitung 185

Rising-Sun-Magnetron 133
Röhrengleichung, innere 105
Rohrschlitzantenne 79
Rollkreisdurchmesser 129
Roll-off 190
Rückstreuprinzip 229
Rückstreuquerschnitt 230
Rundfunk 166 ff
Rundfunkempfänger 172 f
Rundfunksender 170 f
Rundsichtradar 239
Rundstrahler 49

Sättigungsstrom 98, 101
Satellit, geostationärer 216
Satellit, Synchron- 216, 227
Satelliten-Fernsehen 228
Satellitenfunk 216 ff
Schattenzone 81
Schirmantenne 39
Schirmgitter 116
Schlankheitsgrad 28
Schlitzstrahler 62 f, 66, 77 ff
Schlitzwelle 77
Schluckleitung 60
Schlüsselverwirrung 244 f
Schmalband-TDMA 207 f
Schmetterlingsantenne 79
Schottkydiode 153 ff, 236, 239
Schrotrauschen 165
Schwingung, parasitäre 133
Schwund 40, 87, 91
Schwunderscheinung 87, 210
Schwundregelung 174
Schwundreserve 183
Sekundärelektron 117

Sekundärgruppe 181
Sekundärradar 240
Sende-Empfangsweiche 227, 236
Sendeleistung 182
Senderöhre 95 ff
Sendetriode 118 ff
Sendeverstärker 107 ff
Siebung 135
Siedewasserkühlung 118
Signalzustandsdiagramm 202
Source 136, 221
Source-Schaltung 148 f
Spannungsausnutzung 108 ff
Spannungsverstärkung 124
Spitzenzahl 113
Spot-Beam-Antenne 225 f
Stabilität 127
Steigungswinkel 126
Steilheit 104, 142
Steilstrahlung 40
Steuergitter 116
Steuerspannung 103
Störabstand 163
Störstrahlung 157
Strahlblende 116
Strahlkollektor 123
Strahlspannung 120
Strahltetrode 116
Strahlungscharakteristik 20 ff, 58
Strahlungsdichte 18 ff, 35
Strahlungsdirektor 53
Strahlungsdämpfung 60
Strahlungsfeld 18 f
Strahlungskopplung 52
Strahlungskühlung 118
Strahlungsleistung 22 f

Strahlungsleitwert 25
Strahlungsquelle, äquivalente 13
Strahlungswiderstand 24 ff
Streustrahlung, troposphärische 92
Streuung, ionosphärische 92
Streuverbindung, ionosphärische 93
Strom, magnetischer 78
Stromaussteuerung 108 ff
Stromflußwinkel 112
Symmetriertrafo 47
Synchrondemodulation 199, 201

T-Antenne 39
Tastpause 232
Tastverhältnis 234
TDMA (Time Division Multiple
    Access) 207 f, 222 f
Tertiärgruppe 181
Thyratron 235, 237
TR 237
Trägerfrequenztechnik, digi-
    tale 188 ff
Trägerumtastung, höher-
    wertige 201 ff
Training 208
Transponder 224 f, 240
Transponder, HF- 225
Trefferzahl 233 f
Tribit 201
Troposphäre 92 f
Tuner 228

Übergruppe 181
Überlagerungsempfang 151 ff
Überlagerungsfrequenz 151
Überreichweite 92

Übertragungsdämpfung 34
Übertragungsfaktor 30 f, 35
UKW-Empfänger 173
UKW-Sender 170
Ultrakurzwelle 94

V-Antenne 59 f
Vakuumdiode 95 ff, 101
Vakuumtriode 102 ff
Variationsverfahren 29, 230
Vektorpotential 13 ff
Vektorpotential, magneti-
  sches 65, 78
Verlusthyperbel 106
Verlustleistung 106
Verlustwiderstand 24

Verstärkung 135
Vertikalantenne 38 ff
Vertikalcharakteristik 59
Verzögerungsleitung 125
Videoband 174
Vielfachzugriff 217, 221 ff
Vielschlitzmagnetron 133
Vierkammerklystron 124
Vierphasenumtastung (4-PSK) 198 ff
Vorgruppe 181
Vorverstärker 224
Vorverstärkung 135
Vorwärtsstreuung 92

Wärmerauschen 159
Wärmerauschen, atmosphärisches 218
Wärmestrahlung 157
Wanderfeldröhre 120, 125 ff
Wasserkühlung 118

Wellenausbreitung 80 ff
Wellentransformation 49
Wellenwiderstand 19
Wellenzahl 14
Wendelantenne 61 f
Wendelleitung 127
Wendelwelle 125 ff
Widerstand, innerer 104
Widerstandsmatrix 36
Widerstandsrauschen 158 ff
Winkelauflösung 232
Wirkfläche 30 ff
Wirkleistungsfluß 33
Wirkungsgrad 109
Wolfram-Thorium-Kathode 118

Yagi-Antenne 53

Zeilenrichtfaktor 55
Zeitmultiplex 207, 222 f
Zellenradius 209
Zentimeterwelle 94
Zirkulatoren 186
Zone, tote 85
Zustand, unterspannter 114
Zustand, überspannter 115
Zweikammerklystron 120
Zweifrequenzumtastung (2-FSK) 188,
  205 ff
Zweiphasenumtastung (2-PSK) 188,
  193 ff
Zwischenfrequenzlage 135
Zwischenfrequenzverstärker 135
Zwischenzeilenverfahren 174
Zyklotronfrequenz 129
Zylinderfunktion 73